KB081039

전술의 정석

승리를 위한 전투력 운용의 원리

ON TACTICS : A THEORY OF VICTORY IN BATTLE

전술의 정석
ON TACTICS : A THEORY OF VICTORY IN BATTLE

2023년 12월 28일 초판 2쇄 발행

저 자	B.A. 프리드먼
번 역	진중근, 신의철, 장찬규, 모영진
편 집	오세찬
디 자 인	김애린, 김예은
마 케 팅	이수빈
발 행 인	원종우
발 행	㈜블루픽
주 소	(13814)경기도 과천시 뒷골로 26, 2층
전 화	02-6447-9000
팩 스	02-6447-9009
이 메 일	edit@bluepic.kr
가 격	22,000원
I S B N	979-11-6769-200-9 03390

ON TACTICS : A THEORY OF VICTORY IN BATTLE

전술의 정석

A THEORY OF VICTORY IN BATTLE

ON TACTICS

B. A. 프리드먼 지음

진중근·신의철·장찬규·모영진 공역

승리를 위한 전투력 운용의 원리

길찾기

추천의 말

클라우제비츠가 전쟁의 본질을 논했다면 프리드먼은 전술의 본질을 탐구하고 있다. 저자는 전술적 사고의 유연성과 기민성이 전술적 사고에 왜 중요한지 살핀다. 역자들도 저자의 오류까지 역주를 붙여 바로 잡아 주고 있다. 이 책은 전술을 이해하기 위해 전략 교육과 학습을 강화해야 하는 이유를 설파하고 전술교육은 판단력 배양에 주안을 두어야 한다는 점을 강조하면서 작전술에 관해서도 강한 태클을 걸고 있다. 전술에 대한 통찰을 우리말로 유려하게 옮긴 역자들의 노고를 치하한다.

〈주은식, 예비역 육군 준장, 한국전략문제연구소장〉

성공적인 전략은 전쟁과 전술에 대한 올바른 이해를 요구한다. 전쟁에 이기기 위해서는 전략적 고민과 함께 전술적 역량도 중요하다. 저자는 원리Principles나 법칙Rules을 제시하기보다는 승리의 가능성을 높일 전술적 준칙Tenets을 제시하는데 노력했다. 법칙이 가지는 경직성을 피하기 위해서다. 이 책의 진정한 미덕은 전술적 사고뿐만 아니라 전략에 대한 교육의 중요성도 강조했다는 점이다. 교육의 본질은 '무엇을 할 것인가'가 아니라, '어떻게 생각할 것인가'이다. 전술적, 전략적 차원에서 우리 군 간부들에게 이토록 유용한 책도 없을 것이다. 빨리 번역되어 초급 간부들의 배낭 한구석을 차지할 수 있기를 간절히 바랐던 책이다. 바쁜 업무에도 불구하고, 꼼꼼히 번역해준 육군대학의 전략학 교관들에게 고마움을 전한다.

〈최영진, 중앙대학교 정치국제학과 교수, 합동참모본부 정책발전자문위원〉

제임스 매티스 국방장관은, 시대의 변화에 따라 무기체계는 발전을 거듭했지만 전쟁의 본질은 변하지 않았다고 말했다. 본인은 그의 말에 전적으로 동의하며 그 본질은 앞으로도 변하지 않을 것이라 확신한다. 저자는 불변의 본질을 담은 인류의 전쟁사 속에서 시대와 공간을 초월하여 승리할 수 있는 전투력 운용의 정수를 간단명료하게 담아냈다. 수준 높은 영관장교 교육을 위해 고심하면서도 양서 번역 등의 연구에 전념하는 육군대학 교관단의 노고를 치하하며, 이 책의 출간으로 전략과 전술, 그리고 육군의 교육훈련 혁신을 위한 활발한 논의가 일어나기를 기대해 본다. 군복을 입으려는, 군복을 입고 있는 사람들, 특히 군사교육, 훈련의 책임자들에게 필독을 권한다.

〈이규준, 육군 중장, 육군교육사령관〉

전술의 정석! 이 책을 접하고 학창시절 '수학의 정석'이 생각났다. '수학의 정석'은 고등학생이라면 누구나 소유했던 필수 참고서였다. 전술의 정석도 이 시대에 전술을 공부하는 사관생도, 간부후보생, 부사관과 장교, 모두가 반드시 읽어야 하는 필수 참고서로의 가치를 지닌다. 저자는 손자와 클라우제비츠, J.F.C 풀러, 존 보이드의 사상을 그대로 이어받아 다양한 전쟁, 전투사의 맥락 속에서 승리를 위한 물리적, 정신적 준칙들, 그리고 도의적 단결력의 중요성에 관해, 짧지만 핵심적이고도 소중한 통찰을 제공한다. 또한 고대 전투사로부터 현대의 이라크 전쟁에 이르기까지 시대를 꿰뚫는 전술이론과 실제를 제시한다. 이 책의 발간을 계기로 우리나라에서도 훌륭한 전술 전문가가 많이 배출되기를 기대한다.

〈하대봉, 육군 준장, 육군대학총장〉

전술의 정석은 단순히 기술된 용어의 정의만으로는 이해하기 힘든 전술개념들의 정체를 풍부하고 적절한 사례를 들어 명확하고 쉽게 설명해 주고 있다. 이를 출발점으로 전술에 대한 이해의 폭을 연역적으로 확장시킬 수 있을 것으로 기대한다. 그런 의미에서 전술에 입문하는 모든 이들이 읽어야 할 필독서라 하겠다.

〈김인석, 육군 대령, 육군대학 전술1학처장〉

저자는 교리에 머물러 있던 전술의 이론적 체계화를 시도한 작은 도전이라고 하면서, 시간과 공간을 초월하여 언제 어디서든, 어떤 전투에서도 승리할 수 있는 방법에 관한 패러다임을 제공한다. 평범한 승리를 결정적 승리로 이끌어 줄 수 있는 비법이 가득하고, 전략이 전술로 이어지는 맥락을 전쟁사례들을 통해 매우 논리적이고 간결하게 설명하고 있다. 초급장교 시절부터 전쟁과 전략전술을 연구한 진중근 중령과 교관단 삼총사의 탁월한 번역이 돋보이고, 최고의 전술가가 되고 싶은 리더들에게 꼭 필요한 전술의 참고서가 될 것이며 일독을 권한다.

〈이상칠, 육군 대령, 육군대학 전술2학처장〉

군사전문가로서 군인에게는 현재의 교리만을 학습하고 연구하는 것만으로는 부족하다. 다양한 군사이론가와 전문가들의 저작을 연구하여 자신만의 확고한 전술관을 정립해야 한다. 이 책에는 한국 육군의 교리나 미 육군의 교리와는 상충되는 부분이 있다. 하지만 전략-작전술-전술의 연계성이 잘 설명되어 있고 전술에 대해 깊이 있는 연구 결과물로써 탁월한 전술가가 되기 위해 기본 소양을 쌓는데 더없이 훌륭한 책이다. 미래의 전략가와 전술가들을 양성하기 위해 끊임없이 연구하면서도 이 책을 이해하기 쉽게 번역해준 전략학처 교관들의 노고에 경의를 표한다.

〈권영호, 육군 대령, 육군대학 전략학처장〉

지금까지 전술가들은 '전술의 정의'라는 문자에 집착하여 승리라는 단어를 잊고 있었던 것은 아닐까? 저자는 '승리'라는 궁극적인 목표 달성을 위한 체계적인 접근방법과, 고착된 사고의 틀을 벗어날 기회를 제공한다. 전장의 지휘관, 참모, 특히 초급간부들에게는, 무엇을, 왜 해야 하는지를 스스로 절감하게끔 하는 책이다. '전술'을 대중적인 군사이론으로 해설하여, 이론화하기 위한 저자의 도전과 고민이 돋보인다. 한국 독자들이 이해하기 쉽게끔 용어 하나부터 전문적으로 연구하고 고민한 역자들의 배려 또한 훌륭하다. 군인의 길을 선택한 또는 이미 군복을 입고 있는 자들이 읽어볼 만한, 아니 여러 번 탐독할 만한 가치있는 책이다.

〈류의걸, 육군 대령, 육군대학 전투발전처장〉

목차
CONTENTS

PART 2

일러두기

1 본서에서 사용되는 용어는 한국군에서 보편적으로 사용하는 용어에 따르는 것을 원칙으로 하고 있다. 단, 현재 한국군에서 사용하고 있지 않거나 아직 도입되지 않은 용어 및 개념의 경우, 원어의 의미를 최대한 살리는 방향으로 번역했으며, 주석을 통해 해당 용어의 번역 의도와 배경에 대해 해설하였다.

2 본서의 주석은 가독성을 감안하여 원저인『On Tactics : A Theory of Victory in Battle』과 달리 각주를 채용하였으며, 한국어역 과정에서 추가된 주석에는 각주 끝에 (역자 주)를 붙여 구분하였다.

서문

본서는 개정증보판이다. 저자는 16년간 장교, 즉 전술의 실행가로서의 경험을 해보았으며 5년 동안 연구생으로 전략을 연구한 적도 있다. 이유를 분명히 말하기는 어렵지만 전술과 전략 중에 후자인 전략 쪽이 본인에게는 좀 더 수월한 주제이다. 전략 연구가로서, 일단 개념의 중요성에 대해 이해한 이들은 스스로 지적 개발의 싹을 틔울 수 있는 잘 정리된 밭을 얻은 셈이라 할 수 있다. 전략에는 각 분야의 고랑이 반듯하고 나란히 구별되어 있으며, 이를 경작할 때 쓰일 좋은 도구도 잘 준비되어 있다. 또한, 충분한 이용가치가 있음에도 잘 사용하지 않는 분야, 즉 휴경지까지도 명확하게 정의되어 있다. 반면, 전술의 연구는 그 시작부터가 쉽지 않다. 이 분야에서는 들판이란 것도 없다. 토양은 뒤엉킨 잡풀들과 가시덤불, 우뚝 솟은 큰 나무들로 뒤덮여 있다. 우후죽순처럼 무성한 전략 이론과 난해한 교리, 여기에 군사사까지 조잡하게 얽혀, 전술의 본질을 파악하는 것조차 난해하기 그지없다. 칼 폰 클라우제비츠Carl von Clausewitz가 자신의 저서 『전쟁론On War』(1832/1976)[1]에서 언급한 바와 같이, 전략과 달리 전술은 조직화된 구조 자체가 없다. 저자는 그런 구조 또는 적어도 그것의 단초를 제공하고자 하는 시도로 본서를 집필하였다. 각각의 이론에는 그 이론을 제창한 자의 목표가 있듯 나 또한 그러한 목표를 추구하고자 했다.

---

1 | 1832년은 클라우제비츠의 『전쟁론』이 그의 부인에 의해 출간된 해이며, 1976년은 피터 파렛과 마이클 하워드의 공동번역으로 프린스턴 대학 출판부에서 영문으로 번역된 해이다. (역자 주)

이론이 ① 전쟁을 구성하는 요소들을 밝혀내고, ② 언뜻 보기에 복잡하게 보이는 것들을 정확히 구분해 내며, ③ 수단의 속성들을 완벽하게 설명하여, ④ 수단의 개연적인 효과를 설명하고, ⑤ 목적의 본질을 명확히 결정하여, ⑥ 끊임없는 비판적 고찰을 통해 전쟁의 영역을 완전히 해석하게 되면 이론의 주요 과업은 완수한 것이 된다. 이를 통해 이론은 책을 통해 전쟁을 터득하고자 하는 자들에게 좋은 길잡이가 될 것이다. 이론은 그에게 길을 밝히고 발걸음을 가볍게 해주며 판단력을 길러주며 잘못된 길로 빠지는 것을 방지할 것이다.[2]

전략 이론은, 전술의 실행가가 전장에서 무엇을 해야 하는지가 아니라 전쟁을 어떻게 인식해야 하는지를 체계적으로 정리한 것이다. 하지만 지금까지 전술을 체계적인 방식으로 정리하려던 시도는 분명히 없었다. 저자가 본서를 집필한 이유 즉, 전략이 아닌 그 하위의 집합체인 전술을 설명하려고 시도한 것은 바로 그 때문이다. 페르디낭 포슈Ferdinand Foch와 J. F. C. 풀러J. F. C. Fuller를 포함한 여러 사람들이 각자의 저작에서 전쟁의 원칙을 기술했다. 대부분의 저술가들은 자신의 전술적 인식들을 전술의 원칙 대신에 전략의 원칙으로 바꾸려고 했다.

본인은 두 가지 이유로 의도적으로 과학기술에 초점을 맞추지 않았다. 그 이유는 첫째, 과학기술이 승리를 결정짓지 않는다는 스티븐 비들Steven Biddle의 주장에 동의해서이다. 그리고 둘째, 최근의 거의 모든

---

2   Clausewitz, *On War*, p.141.
    클라우제비츠의 『전쟁론』을 현대적 의미로 역자가 재해석한 것으로 『전쟁론』의 제대로 된 한국어역이 왜 필요한지 그 중요성을 절감하는 부분이라 하겠다. ①~⑥의 표기는 이해를 돕기 위해 역자가 추가한 것임. (역자 주)

저작들이 전술과 과학기술의 상호작용을 다루었고 앞으로도 이런 경향은 계속될 것이기 때문이다. 그런 책들은 발간되기도 전에 이미 시대에 뒤떨어진 내용을 담게 되며, 오늘날에는 더욱 그런 모습을 보이고 있다. 교리의 역할은, 본서에서 제시한 전술 원칙들을 특정한 과학기술에 적용하는 것이기에 대부분의 교리는 지속적으로 개정된다. 과학기술이 전술에 영향을 미친다는 사실을 저자도 부정하지는 않는다. 다만 본서를 집필하면서 과학기술에 초점을 맞추지 않기로 했을 뿐이다.

클라우제비츠는, 전쟁 이론이 세 개의 본질 즉 강한 열정과 적개심, 개연성과 우연성, 그리고 이성을 담고 있어야 한다고 믿었다. 비록 본서가 전쟁에 관한 이론서는 아님에도 그렇게 자신 있게 말할 수 있는 것은 저자도 그 세 가지 본질을 토대로 기술했기 때문이다. 저자가 중요하게 생각한 규율의 영역, 개연성의 존재, 전술이 전략에 종속된다는 논리는 모두 클라우제비츠의 삼위일체에서 비롯된 개념이다.

본질적으로 전술은 전략의 기초이자 동시에 하위개념이기에 전략을 무시하고 전술 이론을 논하거나 설명하는 것은 불가능하다. 따라서 저자는 본서에서 전략 사상, 그리고 이에 관련된 요소들을 곳곳에 기술했는데, 이는 필수적인 것으로 전략과 전술 간에 긴밀한 관련성이 있다는 논리에 따른 것이다. 하지만 이것이 별도의 전술 체계를 발전시킬 수 없다는 것을 의미하지는 않는다. 전략이 없는 상태에서는 그렇지 않을 수도 있다. 또한, 전략이라는 개념에 친숙하지 않은 독자에게 이것을 설명하는 의미도 있을 것이다. 그리고 본서를 간략하게 기술한 데에는 또 다른 의도가 있다. 본서의 독자층은 대체로 전술의 실행가일 것이라 생각되지만, 가능한 전술을 잘 모르는 이들도 쉽게 이해할 수 있도록 집필했다. 대학의 수준 높은 전문가와 학자들은 수많은 사례와 반증으로 가득한, 장황한 논문을 작성하고 평가한다. 그리고 이를 위해서는 장기간의 훈련이 필요하다. 하지만 하사나 소위와 같은 초급 간부나 병사는 그런 수준이 아니다. 본서는 초급 간부들이 전쟁에 대해 심도 있는 연구가 필요한 고급 간부가 되기까지 전쟁 연구를 위한, 간단하면서도 유용한 기초를 제공해 줄 것이다.

돌이켜보면 본인이 전술가-처음에는 보병, 그 후에는 포병-로서, 전문 직업 군인으로 훈련을 받을 때, 전략 연구를 통해 학문적 지평을 넓힐 때 많은 문제에 봉착했고, 본서는 그런 문제들에 대한 대안을 제시하고 있다. 임관하기 전에 장교로서 임무수행을 준비하던 시기에 누군가가 내게 이런 책을 건네주었으면 했던 마음으로 본서를 집필했다.

전쟁의 원동력은 무한한 경제력이다. 반면, 전술적 무용武勇의 원동력은 '공통의 관觀, common outlook'이다. 즉 공통의 관이란 군사력을 초월한 교리와 역사 그리고 경험을 포함하고 이들이 통합된 것이다. 하지만 모든 것, 특히 경험은 획일화할 수 없다. 다만 부대원들에게 교리와 역사, 그들이 얻은 경험을 분석하는데 사용할 '공통의 관'을 심어 줄 수는 있다. 본서를 집필한 의도는 특정한 상황에서 승리하는 방법, 그 지침을 제공하는 것이 아니다. 본인은 과거의 사건들과 미래의 계획을 평가하고 분석하기 위해 공통된 용어들을 정리하고 인지적 틀cognitive framework을 제공하고자 한다. 이것이 바로 이론이 제공할 수 있는 전부이나, 이론적 체계는 그리 간단하지 않다. 이론과 실제 사이의 최종적인 간극은 결코 메울 수 없다. 이것을 극복하는 것은 오직 전투의 위험과 공포를 극복할 수 있는 신념 뿐이다. 이러한 체계는 개별적인 개체를 제외하고 소규모라도 모든 군부대의 전술에 적용된다. 여기서 개별적인 개체란 한 명의 군인, 베테랑, 또는 한 척의 함정, 한 대의 전투기 등을 의미한다.

본서는 비스마르크Bismarck[3]나 후드Hood[4]의 결투처럼 두 사람이 대결하는 전술을 다루지 않는다. 오늘날 전술을 논할 때, 통상 '전술 tactics, 테크닉techniques과 절차procedures'라는 용어를 사용하는데, 이는 참으로 안타까운 일이다. 첫 번째 단어는 두 번째, 세 번째 단어와 거의 관련이 없다. 본서에서의 전술은 첫 번째 단어에만 해당한다.

전술 이론을 설명할 때, 개념들은 건물의 골조가 되지만, 대못과 이음쇠의 역할을 하는 것은 역사적 사례이다. 분명히 밝히지만, 저자는 역사가가 아니다. 다수의 저명한 역사가의 저작들을 인용했지만, 저자 스스로를 그들의 반열에 올리고 싶은 생각은 추호도 없다. 만일 본인이 그런 역사적 기록들을 해석하는 과정에서, 오류를 범했다면 그 책임은 전적으로 본인에게 있으며 내가 선택한 인용문의 오류가 아니다.

전술 이론은 시대와 시간을 초월하여 어디서든, 언제라도 어떤 전투에서도 적용될 수 있어야 한다. 어느 정도의 군사 전문가들은 오래전부터 이러한 사실을 알고 있었다. 전술가들은 B.C. 216년 8월 2일에 벌어진 칸나이Cannae 전투를 끊임없이 연구했다. 이 전투는 슐리펜 계획 Schlieffen Plan[5]에 영감을 주었다. 제1차 세계대전 발발 당시 독일이 프

---

3 ｜ 학창시절의 비스마르크는 검투를 즐겨했다. (역자 주)

4 ｜ 로빈후드를 말한다. (역자 주)

5 ｜ 독일 제2제국의 총참모장을 역임한 알프레드 폰 슐리펜 백작이 1905년에 작성한 전쟁 계획. (역자 주)

랑스를 조기에, 그리고 쉽게 격파하기 위한 시도였다. 수 세기에 걸쳐 전쟁을 기술한 수많은 저작이 이러한 전투를 다루었고 본서도 그런 책들과 같은 맥락에서 기술되었다.

먼저 부모님께 감사드린다. 내 아버지, 밥 프리드먼Bob Friedman은 내가 열네 살 때부터 자신이 소장했던 다양한 군사사 자료들을 접할 수 있게 해주었고 어머니인 지지 프리드먼Gigi Friedman은 어릴 적부터 글을 쓰는 방법을 가르쳐 주셨다. 내 아내 애쉬튼Ashton이 없었다면 이 책의 출간은 불가능했을 것이다. 내가 이 책에 관해 이야기하면 그녀는 매우 진지하게 함께 고민하면서 집필에 대한 신념을 잃지 않게 도와주었다. 미 해병대 소속의 존 윌킨스Jon Wilkins 소령은 보병 전술 측면에서 전문가적 조언을 아끼지 않았으며 기꺼이 초고를 읽어 주었고 나아가 교정 과정에서 합격 수준의 원고를 완성할 수 있도록 큰 도움을 주었다. 물론 해군연구소 출판부Naval Institute Press에도 감사의 인사를 전한다. 그들은 해군과 군사 분야 저작의 지속적인 출간에 아낌없는 지원을 하고 있으며 내게도 두 번의 기회를 주었다. 그들은 정말로 재능있고 친절한 사람들이며 팀워크가 탁월하다. 특히 글렌 그리피스Glenn Griffith, 주디 헤이스Judy Heise와 클레어 노블Claire Noble이 대표적인 사람들이다.

중위 시절 나의 근무평정권자 중 한 사람은 평정표에서 나에 대해 "전문분야에서 지적인 리더가 될 능력이 있다."라고 기술했다. 그 평정표를 재검토하던 다른 장교는 그 의견에 동의하지 않았다. 어떤 중위에게서도 그런 재능을 식별하는 것 자체가 불가능하다는 이유를 덧붙였다. 동기부여와 관련된 것은 적절한 수준의 신념이 있느냐, 없느냐는 것이다. 그런 동기부여와 신념이 본서를 집필하는데 크게 기여했다.

앞서 언급한 내 평정권자는 미 해병대 소속 웨인 리카르도 '릭' 헌트 Wayne Ricardo 'Rick' Hunte 소령으로, 그는 2009년에 퇴역하고 2016년 1월에 세상을 떠났다. 영원한 안식을 기원하며 그에게 이 책을 바친다.

1

이론과 전술에 관하여
ON THEORY AND TACTICS

오늘날 많은 지식인들이 "4세대 전쟁"을 이야기한다. 그들은 전쟁의 본질이 근본적으로 변했고 완전히 새로운 전술이 등장했다고 주장한다. 그러나 나는 정중히 "사실은 그렇지 않다"고 말하고 싶다. 오늘날 이라크에서 우리가 싸우고 있는 적들을, 알렉산더 대왕Alexander the Great이 나타나 대적한다고 해도 그는 조금도 당황하지 않을 것이다. 현재 전투 중인 아군의 지휘관들이 앞서간 선조들을 연구 – 단순히 읽는 것이 아닌 심도 있게 공부를 하는 것 – 하지 않는다면 그 결과로 초래되는 피해는 고스란히 그 부대원들에게 돌아갈 것이다. 우리 인류는 이 지구에서 5,000년 동안 싸워왔기에 선조들의 경험을 이용해야 한다.

2003년 11월 20일 미 해병대 제임스 매티스James Mattis

역사상 진정한 전술 이론가는 없었다. 전략 이론의 거장들이 전술에 관해 언급한 적은 있지만 그들의 관심은 언제나 전략이었다. 전술은 통념상 이론화하기 어려운, 기술적인 문제였고, 특히 병력과 물자의 이동에 관한 과학기술적 관념에 가깝다고 여겼기에 이론가들의 시선을 사로잡지 못했다.

한편, 전술가들은 다른 생각을 갖고 있었다. 그들은 전쟁이 술術, art 과 과학이라 말하며 자신들을 아티스트Artist라고 생각한다. 그리고 전쟁에 내재되어 있는 확률과 우연 그리고 그 속에 스며들어있는 도의적인 요소들은 과학적 분석을 불가능하게 만든다. 하지만 분명히 전장에도 과학이 존재한다. 저격수는 총을 쏘기 전에 풍속과 풍향을 계산하며, 기관총 사수는 자신의 탄환이 얼마나 멀리 날아가고, 어느 정도의 거리에서 효과적인지 알고 있다. 포병은 포탄을 명중시키기 위해 탄도학을 이용한다. 또한 아티스트들도 과학을 활용하는 것에 호감을 갖는다. 화가는 붓이나 캔버스를 만드는 것은 아니지만 자신의 작품 뒤에 숨어있는 과학을 예술로 승화시킨다. 마찬가지로 전술가 역시 기술적인 도구를 사용하고 기술을 구사하지만, 그가 기술자인 것은 아니다.

전술가는 자신의 예술성을 보완하기 위해 세 가지의 자산 또는 원천을 적극적으로 활용할 수 있다. 바로 교리, 자신의 경험, 그리고 군사사 연구를 통해 얻은 타인의 경험이다.

전술은 예술적인 영역이기에 성문화, 즉 체계적으로 정리하기란 어렵다. 그러나 전 세계의 군대는 전술을 교리화하여 교범이라는 이름으로 정리하고 있다. 이는 특정한 상황에 부합하는 특정한 전술들을 인위적으로 목록화한 것에 지나지 않는다. 교리는 일종의 규칙서 rulebook로 쓰이지만, 프로이센의 이론가인 칼 폰 클라우제비츠는 이렇게 말했다. "소소한 규칙들을 일일이 지키느라 애쓰는 군인들을 보면 한심할 따름이다. 그런 규칙들은 하나같이 천재들에게는 부적절한 것들이고, 천재들이라면 무시하거나 비웃을 만한 것들이다."[1] 특히 군사교리에는 사태의 전후 관계, 즉 맥락이 누락되어 있는데, 어쩌면 전술가에게는 이 맥락이 전부일 수도 있다. 하지만 군사력이 투입되는 모든 상황과 지형을 망라하는 교리를 만들어 낼 수는 없다. 교리는 특정한 상황에서 특정한 군사조직이 특정한 무기, 과학기술, 구조를 적용하는 전술적 준칙이기에 유용한 것이다.

때로는 전술가 자신의 경험이 가장 확실한 길잡이가 될 수 있지만 인간의 경험에는 한계가 있고 특히 아마추어 전술가에게는 이런 경험이 부족하다. 그래서 우리는 군사사에서 그 해법을 찾을 수 있고 과거 수천 년 동안의 경험을 얻게 된다. 그러면 전술가는 어떻게 이러한 다양한 자산, 원천들을 습득하고 진정한 이해의 경지에 도달할 수 있을까?

그 해답은 바로 이론이다. 훌륭한 전략 이론은 검증할 수 없는 것들을 과학적 기법을 통해 검증하고 분석하는 방법을 제공한다. 우리는 나폴레옹 전쟁을 재현할 수 없다. 그리고 특정 변수가 사건의 귀결에 결정적이었는지를 검증하기 위해 여러 변수를 바꿀 수도 없다. 그 전쟁이 프랑스 내부의 사회적 변화의 결과였을까? 아니면 나폴레옹 스스로가 만들어낸 결과물이었을까? 어떤 실험으로도 그 문제를 검증하는 데 필요한 조건들을 재현할 수 없다. 그러나 우리는 어느 정도의 지식을 바탕으로 추측할 수 있고 불비하겠지만 그러한 실험을 위한 대용물로서 이론적 지식을 바탕으로 문제를 분명히 검증할 수 있을 것이다. J. C. 와일리J. C. Wylie는 이렇게 언급했다. "[이론은] 사태들의 실질

---

1 | Clausewitz, *On War*, p.136.

적 또는 추정된 패턴을 세련되게 합리적으로 정리한 것이다. […] [이론을 통해] 실행가는 체계적이고 감당할 수 있는 유용한 방식으로 그의 시야를 넓혀 자신이 직면한 현실에 적용할 수 있는 것이다."[2] 실행가는 기술자로서 자신의 기술을 익히기 위해 교리, 역사 그리고 경험을 필요로 한다. 이 세 가지를 벽돌이라고 하면 이론은 그것들을 결합하는 모르타르mortar[3]라 할 수 있다.

전략 이론을 연구하는 기관이나 단체에서는 용어, 개념과 관념들의 정리, 정의가 일상적으로 이루어지고 있고 그런 이론들은 쉽게 접근할 수도 있다. 그러나 전술 이론의 경우는 지금까지 형태나 일관성도 없고 혼란스럽다. 대개 목록화된 원칙들을 요약하는 수준에서 그쳤다. 또한 군 조직마다 각기 선호하는 원칙이 존재한다. 그러나 전술가들은 이러한 원칙이 고정 불변하는 진리가 아님을 잘 알고 있다. 어떤 원칙들은 동시에 활용하면 모순될 수도 있고, 지형, 상황, 전후 관계, 그리고 당연히 전략에 따라서도 실행 중에 적용하기 어려운 원칙도 있다. 대다수 군인들은 이 원칙들이 교리에 제시되어 있지만, 이것들을 체크리스트같은 점검표로 간주해서는 안 된다고 경고한다. 하지만 신병과 사관생도들은 마치 체크리스트처럼 그것들을 암기하고 또 암기한다.

한편 전술 이론을 검토하려면 그전에 전략 이론의 기초에서부터 시작해야 한다. 클라우제비츠는 전쟁을 전술과 전략으로 구분했다. 전술은 적대적인 군대 간의 실제적인 전투 그 자체이고, 전략은 정치에 의

---

2 │ Wylie, *Military Strategy*, p.31.

3 │ 시멘트와 모래를 1:1 또는 1:3 정도의 중량비로 혼합하여 물로 반죽한 것. 벽돌 쌓기, 기계의 본체와 콘크리트 기초의 고착용으로 쓰인다. (역자 주)

해 도출된 목표ends를 달성하기 위해 전술적 교전을 활용하는 총체적인 계획이라고 정의하였다. 각각의 전술적 행동은 전체적인 전쟁 과정에 기여한다. 전략은 전술적 행위자(군대)와 그 군대가 추종하는 세력이 요구하는 정치적 최종상태 사이의 가교 역할을 한다.[4] 종종 전략은 목표ends, 방법ways, 수단means을 결합한 것이라고 말한다. 물론 전술적 행위자의 피드백, 즉 의견제시가 정책결정자의 결심에 영향을 미친다는 점에서 전략이라는 가교가 쌍방향의 통로가 되어야 하지만, 그렇다고 해도 어쨌든 전술은 전략의 하위 개념이다. 그 좋은 사례로 이라크 전쟁에서 이런 일도 있었다. 미국의 정책결정자들은 전략적 우려 때문에 이라크에 주둔했던 미군의 전술을 변경해야 했다. 이에 미군은 새로 발간된 『FM 3-24 대반란전Counterinsurgency』 교범[5]에 기술된 대반란 작전을 실행에 옮겨야 했다. 보다 안정적인 이라크 재건, 즉 요망하는 정치적 최종상태를 달성하기 위해 전술적 행위자들이 전구戰區, Theater에서 전술을 적용, 선택, 시행하는 방법을 수정하는 상황이 발생했다.

그래서 전략과 전술을 구분하는 자체가 이론적인 것이다. 전략이 전술로 구성되고, 전술은 전략을 기초로 선택되거나 수정되기 때문에 그둘 사이에 진정한 구분은 존재하지 않는다. 적어도 전술은 전략에 따라 선택되어야 한다. 전략에 기여하지 않는 전술은 무용지물이며 최악의 경우에는 역효과를 초래한다. 진정한 구분은 바로 행위자들 사이

4   Gray, *Strategy Bridge*.

5   U.S. Army, *FM 3-24 Counterinsurgency*.

에, 즉 전투현장의 각개 병사와 상급 제대의 지휘관, 나아가 지구 반대편에 있는 정치지도자 사이에 존재한다. 전략에 기여하는 전술을 선택하는 것은 전술가의 몫이고, 명확하고 현실적이며 적절한 전략을 제시하여 전술가에게 선택할 수 있도록 지침을 제공하는 것은 전략가의 책임이다. 클라우제비츠의 주장대로, 전투는 전쟁에서 승리할 수 있는 가장 효과적인 방법이지만 '목표 달성을 위한 한 가지 수단'일 뿐이다.[6] 전술가는 항상 전략적 목표를 겨냥해야 한다. 자신이 수단을 사용할 때도 마찬가지다.

클라우제비츠의 전략과 전술의 역학은 우리에게 전쟁을 이해할 수 있도록 해주고, 프로이센인들에게는 전략을 탐구하기 위한 수단을 제공했다. 전쟁을 이해하는 그의 방법론은 한 세기를 넘어 잘 견뎌냈고 아직도 전략 연구에 지배적인 이론이 되고 있다. 반면에, 사실상 전술에 관한 지배적인 이론은 없다. 모든 위대한 전략 이론가들이 분명히 전술에 관해 논했지만 그들의 관심은 항상 전략에 있었다. 전략은 전략가들이 통찰력을 얻을 수 있는 풍부한 설명을 향유하는 반면, 전술은 제대로 정리되지 않은 영역이다.

전술은 정형화되지 않은 학문이다. 일반적으로 인정받는 이론이 없기 때문이다. 예를 들어 클라우제비츠의 전술에 관한 생각들은 대개 진부한 것들이고, 물론 전략보다 전술 이론을 체계적으로 정리하는 것이 훨씬 쉽다는 그의 믿음에도 불구하고 『전쟁론』에 기술된 그의 탁월한 전략적 생각들에 가려져 빛을 잃어버렸다. 그 이유는 이론의 쓰임

6 | Clausewitz, *On War*, p.97.

새 때문이다. "이론이 ① 전쟁을 구성하는 요소들을 밝혀내고, ② 언뜻 보기에 복잡하게 보이는 것들을 정확히 구분해 내고, ③ 수단의 속성들을 완벽하게 설명하고, ④ 수단의 개연적인 효과를 설명하며, ⑤ 목적의 본질을 명확히 결정하고, ⑥ 끊임없는 비판적 고찰을 통해 전쟁의 영역을 완전히 해석하게 되면, 그 이론은 주요 과업을 완수한 것이 된다. 그래서 이론은 책을 통해 전쟁을 터득하고자 하는 자들에게 길잡이가 되어 줄 것이다. 이론은 그에게 길을 밝히고 발걸음을 가볍게 해주고 판단력을 길러주며 잘못된 길로 빠지는 것을 방지할 것이다."[7]

다시 말해 이론은, 어떤 대상을 인식하는 방법이며 일종의 패러다임이다. 이론은 현실에서는 만들어 낼 수 없는 관념적인 실험실 역할을 한다. 전략 이론은 전략가들에게 직면한 상황과 경험에서 얻은 정보, 그리고 군사사 평가에 도움을 준다. 전술가에게도 역사, 교리와 자신의 경험을 연구하는데 도움을 얻을 수 있는 시스템이 필요하다. 전쟁에 관한 이론의 틀은 풍부하다. 그러나 '전투 부대와 관련된 모든 제반사항을 포함하는 전쟁의 이론', 특히 방법론 측면의 이론은 거의 존재하지 않는다.[8] 군사 이론에 관한 대부분의 저작들은 전략이라는 산 꼭대기에서 전술이라는 평지를 내려다보고 있다. 그래서 본인은 정반대의 관점에서 이 책을 기술하였다. 전장의 주변을 살펴보고 전략적인 산의 정상 모습도 설명할 것이다.

---

7 | Ibid., p.141.
　　서문에서 기술했듯. ①~⑥은 역자가 이해를 돕기 위해 추가한 것임. (역자 주)
8 | Ibid., p.95.

전쟁의 원칙들

전술가가 자신의 권한 내에서 전술적 문제를 해결해야 할 때 사용할 수 있는 여러 가지 자원들이 존재한다. 이러한 자원들을 평가할 때 가장 많이 활용하는 체계가 바로 일종의 목록으로 정리된 전쟁의 원칙이다. 거의 모든 목록에 나타나는 공통적인 몇 가지 원칙들은 있지만 획일화된 하나의 리스트[9]는 존재하지 않는다. 아마도 나폴레옹 보나파르트가 제시한 6개의 원칙이 그런 방식으로 도출된 최초의 리스트라고 할 수 있다. 그 여섯 가지의 원칙은 목표, 수적 우세, 공세, 경계, 기습 그리고 기동[10]이다.

한편, 전쟁의 원칙들을 체계적으로 정리한 가장 영향력 있는 이론가는 당연히 클라우제비츠라 할 수 있다. 그는 두 저작에서 전쟁의 원칙을 다루었다. 첫 번째는 『전쟁 지도에 관한 가장 중요한 원칙들, 왕세자를 위한 지침서 *The Most Important Principles for the Conduct of War to Complement My Instruction to His Royal Highness the Crown Prince*』인데, 이는 클라우제비츠가 프로이센 왕세자의 선생이었을 때, 미래 통치자를 지도하기위해 쓴 글이다.[11] 두 번째 저서는, 그가 인생 후반부에 쓴 『전쟁론』으로 여기서 전쟁의 원칙들을 일부 수정하여 각 장에서 기술했다.

클라우제비츠는 첫 번째 저작에서 이 문제를 짧게 기술했지만 독자들에게 전쟁 이론에서 고려해야 할 요소들을 직설적으로 제시한다. 소

---

9 | 시대를 막론하고 모든 국가의 군대가 공통적으로 인정하는 리스트. (역자 주)

10 | 현대의 군사용어는 'maneuver'를 '기동', 'movement'를 이동으로 번역하지만 여기서의 'movement'는 '기동'으로 번역했다. (역자 주)

11 | Clausewitz, *Principles of War*.

위 육체적physical, 물질적material, 도의적인moral [12] 요소를 의미했다. 그는 제1장에서 전술을 '전투 이론'으로 지칭한다.[13] 이러한 초기 저작에 서부터 그는 이미 전술과 전략 이론의 구분을 수용했다. 이 저작에는 나중에『전쟁론』에 포함될 관념들이 가득했고 책의 전반에 걸쳐 다양한 제안과 조언들이 기술되어 있다. 하지만 훗날의 저작보다 체계적이지 않았고 용어들도 제대로 정리되어 있지 못했다. 그러나 수적 우세와 전투력의 효율적 사용이라는 개념의 토대가 되는 내용을 찾을 수 있다.

클라우제비츠가『전쟁론』을 완벽하게 마무리하지 못했지만, 그 저작은 그의 생각을 담은 최종적인 정수精髓이다. 제3장 '전략 일반'에서 제시된 몇 가지 전쟁의 원칙을 포함해서『전쟁론』의 다른 부분에서 다른 전쟁의 원칙들이 오늘날 거의 모두 적용되고 있다. 예를 들면 기동의 원칙이 뒤쪽에 나오는데, 훗날 영국의 이론가, 바실 리델하트 경 Sir Basil Liddell Hart이 주장한 전략개념인 간접접근전략indirect approach strategy도 이미『전쟁론』에 한 단락으로 간결하게 요약되어 있다.[14]

클라우제비츠가 '수적 우세'의 마디Mahdi[15], 즉 '수적 우세'만을 으뜸으로 올려놓은 원흉이라고 비난받아 왔지만, 그것은 클라우제비츠의 첫 번째 원칙이 아니다. 첫 번째 원칙은 바로 대담성이다. 그가 제시한 원칙과 그에 대한 관념은 뒤에서 더 자세히 살펴볼 것이다. 그러나

---

12 | moral은 '도의적' 또는 '도덕적'으로 번역할 수 있는데, 본서에서는 '도덕적 의리', 즉 '도덕'과 '의리'를 포괄하는 의미인 '도의'로, moral force는 '도의적 힘', morality는 '도덕(성)', morale은 '사기'로 번역했음을 미리 밝혀둔다. (역자 주)

13 | Ibid., p.15.

14 | Clausewitz, *On War*, p.261.

15 | 이슬람교의 구세주. 여기서는 수적 우세를 강조하는 사람이라는 의미이다. (역자 주)

정말로 중요한 사실은 클라우제비츠의 원칙들이 단순히 과학적 또는 물리적인 것이 아니라는 것이며 그 원칙들을 체크리스트나 반드시 지켜야 할 규칙으로 사용해서는 안 된다는 것이다.

존 스미다Jon Sumida는 이렇게 주장한다. "클라우제비츠는 전투력 집중과 같은 전쟁 원칙의 존재를 인정했지만, 그는 그 원칙들을 준수해야 할 규범이기보다는 참고하는 수준으로 사용한다. 다시 말해 특정한 상황의 본질을 이해하고 그 이해를 촉진하기 위해 그런 원칙들을 적절히 사용해야 한다는 것이다. 그 원칙들이 행동하는데 지켜야 할 일반적인 지침은 아닌 것이다."[16]

20세기에 들어서, 프랑스 장군인 페르디낭 포슈Ferdinand Foch는 『전쟁의 원칙The Principles of War』(1903)이라는 글을 공개했다. 포슈의 논리는 네 가지의 중요한 원칙들로 구성되었다. 전투력의 효율적 사용, 행동의 자유, 전투력의 자유로운 운용, 방호였다.[17] 그의 아이디어와 논리는 제1차 세계대전 이전에는 널리 인정받았지만 대전 이후로는 타당성을 잃은 듯했다.

전쟁의 원칙이 오래 전부터 있었지만 오늘날 우리가 알고 있는 전쟁의 원칙에 대한 진정한 선구자는 바로 J. F. C. 풀러라고 할 수 있다. 그는 자신의 저서인 『전쟁학의 기초The Foundations of the Science of War』에서 전쟁의 원칙을 전략적 비전의 중심축으로 삼았다.[18] 그의 군복

---

16 | Sumida, *Decoding Clausewitz*, p.19.

17 | Foch, *The Principles of War*, p.13.

18 | Fuller, *The Foundations of the Science of War*.

무 기간 동안 그 원칙들은 몇 차례 변화를 거치긴 했지만 최종적으로 다음과 같이 제시되었다. 목표, 집중, 분산, 결단, 기습, 지속성, 기동성, 공세행동 그리고 경계였다. 여기서 중요한 것은 이 원칙들을 소위 '인간의 3중성the Threefold of Man' 또는 '인간의 3중 구조the Threefold Organization of Man'에 따라 구분했다는 것이다.[19] 3중 구조란, 물리적physical[20], 정신적mental, 도의적인moral 것으로, 인간은 신체, 지능 또는 지성 그리고 영혼으로 구성되어 있다는 뜻이다. 당시에 이미 풀러는 물리적 영역, 정신적 영역, 도의적 영역의 원칙들을 제시했던 것이다. 풀러가 이러한 원칙들을 발표한 후 또 다른 버전의 수많은 전쟁의 원칙들이 만들어져서 각 국가와 군대로 퍼져나갔다. 그러나 물리적, 정신적, 도의적 영역에서 도출된 그의 개념만은 확산되지 않았다.

　이론가들이 이러한 원칙들을 계속해서 논의하면서, 풀러 시대 이래로 거의 모든 군대는 그들의 방식대로 군사교리에 그 원칙들을 담게 되었다. 각 군대의 목록들을 살펴보면 매우 다양하고 고도의 일관성을 갖고 있음을 알 수 있다. 예를 들어, 거의 모든 군대는 집중concentration 또는 종심depth의 정도를 의미하는 수적 우세mass를 전쟁의 원칙으로 채택한다. 기습도 거의 공통적으로 나타나는 전쟁의 원칙이며 다양한 형태의 효율적 사용[21] - 전투력, 노력, 기타 등등 - 도 마찬가지이다. 하지만 문제점이 있다. 각 군의 교리가 다양한 원칙들을 포함하고 있지

---

19 | Ibid. 인류의 본성에 대한 3중의 관점은 B.C. 5세기에서 2세기 사이에 형성된 인도, 특히 바가바드 기타Bhagavad Gita의 초기 힌두교 사상에서 확장된 개념이다.

20 | 클라우제비츠는 physical과 material로 구분했기에 이를 육체적, 물질적으로 번역했지만 풀러와 저자는 physical을 '물리적'인 의미로 사용했다. (역자 주)

21 | 이것이 절약을 의미하는 것은 아니다. (역자 주)

만, 그 원칙들이 어떻게 작동하는지에 대한 논리가 부족하기 때문이다. 각각의 원칙에 대한 정의는 기술되어 있지만 그에 대한 설명이나 논리는 누락되어 있다. 그래서 클라우제비츠가 의도했듯, 이런 원칙들이 현상을 분석하는 도구이기 보다는 오히려 암기해야 할 체크리스트처럼 인식되고 있다는 것이다. 놀랍게도 『합동교범-1 미군의 군사교리 JP-1 Doctrine for the Armed Forces of the United States』에는 전쟁의 원칙들을 단 한 마디 설명이나 해설도 없이 도표 형태로 제시하고 있다.[22] 각각의 원칙의 정의도 기술되어 있지 않다. 원칙의 본질이 누락되어 있고 전술가가 그 원칙을 활용하는데 이해를 돕기 위한 논리도 전혀 없다. J. C. 와일리 제독은 자신의 저서, 『군사 전략 Military Strategy』에서 이 원칙을 필히 준수해야 하는 법칙으로 사용하는 것에 대해 '논리적 넌센스'라고 주장하면서 다음과 같이 기술했다. "뭔가를 착수하는 단계에서 의식적이든 무의식적이든 체계적으로 규정된 기본적인 이론이 필요하다. 그러나 그런 것이 없을 때, '전쟁의 원칙들' 같은 요술쟁이의 주문에 의지하는 것은 아무 생각 없이 구호를 강조하는 것과 마찬가지다."[23] 전술에 관한 이론적인 설명이 부족하기에 이러한 혼란이 초래되었고 결과적으로 그런 원칙들은 무용지물이 되고 말았다.

풀러 시대 이후 또 다른 문제도 대두되었다. 전쟁의 '원칙들'이 과할 정도로 많이 나타났다는 것이다. 나폴레옹과 다른 이들이 사용했던 원칙들, 그리고 클라우제비츠와 그의 후계자들이 주장했던 원칙들은 실

---

22 ｜ Joint Chiefs of Staff, *Doctrine for the Armed Forces of the United States*, p.I-3.

23 ｜ Wylie, *Military Strategy*, pp.19~20.

제로 전장에서 적군을 물리치는데 사용된, 검증된 것들이며 그리 많지도 않았고 단순했다. 하지만 시대가 바뀌면서 그 원칙들은 점점 더 늘어나서 전장에서 적군을 물리치는 것 이상으로 많아졌고, 전술가들에게 점점 더 불필요한 것들로 가득차고 말았다. 급기야는 미군도 전략가들에게는 중요하지만 전술가들에게는 별로 도움이 되지 않는 합동 원칙joint principles이라는 것을 만들어냈다.[24] '원칙들'은 과할 정도로 넘쳐나는 반면, 이에 대한 적절한 설명은 거의 없다.

이러한 원칙들이 계속 늘어나면서 원칙의 풍요로움과 설명의 궁핍이라는 양극단의 혼란이 발생했는데, 로버트 레온하드Robert Leonhard의『정보화 시대의 전쟁 원칙들The Principles of War for the Information Age』에 그 실상이 특히 잘 드러나 있다. 레온하드는 당시 미 육군이 적용한 교리적인 전쟁의 원칙들을 평가하면서 미 육군에 미흡한 부분들을 지적했다. "우리는 수적으로 우세하지 않고도 성공했던 군대들을 잘 새겨야 한다. 우리는 그들이 '효과 측면에서 우세했다'고 주장한다. 전략적 수세를 취하면서도 승리했던, 자신들의 목표를 달성했던 군대를 기억해야 하며, 그들이 때로는 공격 전술을 사용하여 '공세'의 효과를 입증했던 것을 이해해야 한다. 우리는 저스트 코즈 작전Operation Just Cause[25] 또는 사막의 폭풍 작전Operation Desert Storm[26]이 너무나 복잡했다는 것을 잘 알고 있지만 그럼에도 이 작전들이 '간명'의 원칙에

---

24 | Echevarria, 'Principles of War or Principles of Battle?,' p.64.

25 | 1989년에 파나마의 독재자 노리에가를 체포하려 미국이 실시한 군사작전. (역자 주)

26 | 걸프 전쟁 당시, 1991년 1월 17일부터 종전까지 수행된 군사작전. (역자 주)

충실했다는 것을 주장한다. 우리는 서로 이격되어 있지만 승리했던 군대를 '지휘 통일'의 증거로 삼는다. 우리는 '기동'을 증명하기 위해 가장 우직한 정면 공격을 용납하고 묵인한다. [⋯] 그것들이 제대로 작동했기에 [⋯]"[27]

이어서 레온하드는 군사혁신 RMA, Revolution in Military Affairs에 관한 비전을 제시하며 기존의 전쟁의 원칙들은 과거의 낡은 유물이기에 유용하지 않다고 일축하고 정보 혁명information revolution으로 인해 전쟁의 본질이 변했다는 그의 가정 아래, 새로운 원칙으로 대체해야 한다고 주장했다.

레온하드가 비판을 받는 이유는 그와 많은 이들이 이 원칙들을 인식하는 방식에 문제가 있기 때문이었다. 예를 들면, 그는 마치 '수적 우세 + 기동 = 승리' 라는 공식을 통해 이러한 원칙들을 과학적이고 기계적으로 적용하고자 했다. 이러한 원칙들이 단순한 방식으로 작동하지 않으면 폐기해야 한다는 것이다. 조미니는 전쟁에 과학적이고도 고정불변의 원칙들을 적용해야 한다고 언급했고 클라우제비츠는 이를 비판한 적이 있다. 그런 조미니조차도 전쟁의 원칙들이 레온하드가 주장한 대로 작동한다고 말하지는 않았다.[28]

레온하드의 군사혁신은 결코 일어난 적이 없었다. 만일 군사혁신이 있었다고 치자. 하지만 AK-47 소총으로 무장하고 샌들을 신은, 7세기 칼리프caliphate를 되찾기 위해 싸우는 전사들로 인해 군사혁신은 끝장

---

27 | Leonhard, *Principles of War*, p.8.

28 | Whitman, *Verdict of Battle*, p.240.

난 상태였다. 그와 다른 이론가들이 놓친 것은, 바로 클라우제비츠가 제기한, 시대를 초월하는 중대한 진리였다. 곳곳에서 확률과 우연이 나타나고 도의적인 힘이 압도적인 영향력을 발휘했다. 아르당 뒤 피크 Ardant du Picq[29]와 J. F. C 풀러와 같은 이론가들이 이런 전통을 계승해 왔지만, 레온하드를 비롯한 많은 이론가와 산업혁명 시대 이후의 과학기술에 집착한 군인들은 전투의 본질인 도의적 측면을 망각하고 말았다. 그리고 조미니의 노선을 따라 한층 더 과학적이고 기하학적인 개념을 전술에 도입하려고 했다.

이런 경향을 타파한 유일하고도 예외적인 인물도 있었다. 바로 미 공군의 존 보이드John Boyd 대령이다. 기존과 다른 개념들을 제시하여 명성을 얻은 보이드였지만 그의 전략에 관한 핵심 개념은 풀러의 물리적, 정신적 그리고 도의적 영역을 활용한 것이다. 보이드는 동시에 세 가지 영역에서 적을 타격해야 한다고 주장했는데 세 영역은 아래와 같다.[30]

① 물리적 차원 : 인간이 흡수하고 그 안에서 생존하는 물질 – 에너지 – 정보의 세계

② 정신적 차원 : 우리가 물리적 세계에 적응하거나 대처하기 위해 만들어내는 정서적/지적 활동

③ 도의적 차원 : 우리의 정서적/지적 반응을 압박하거나 유지하고 거기에 초점을 맞추는 문화적 행동규범 또는 행동기준[31]

---

29 | 19세기 중반의 프랑스 육군 장교이자 군사 이론가. (역자 주)

30 | Boyd, *A Discourse on Winning and Losing*, 'Patterns of Conflict,' Slide 137.

31 | Ibid., 'Strategic Game of ? and ?,' Slide 35.

32   전술의 정석

존 보이드는 군대를 포함한 모든 조직이 물리적, 정신적, 도의적 기반의 환경과 상호작용해야 하며 전쟁에서 승리하는 것은 물리적, 정신적, 도의적 영역에서의 상호작용에서 적을 고립시키는 것이라고 믿었다. 물리적, 정신적, 도의적 영역은 뒤에서 더 자세히 살펴보게 될 것이며 엄밀하게 말해서 본서의 주제는 보이드의 관념을 전술적 수준에서 살펴보는 것이다. 하지만 여기서는 보이드가 사실상 전투에 관한 풀러의 3중 구조를 이어받아 확대했다는 것 정도만 말해두도록 하겠다.

보이드가 과학적인scientific 학파의 이론가는 아니다. 오히려 손자, 클라우제비츠, 뒤 피크, 풀러와 같이 술적인artistic 학파의 이론가로 보는 것이 더 적절하다. 그러나 술적인 학파와 과학적인 학파 사이에도 몇 가지 공통점이 있다. 보이드가 주장한 대로 클라우제비츠의『전쟁론』은 개념적인 측면에서는 매우 과학적이다. 조미니도 결국 전투에서 도의적인 요소의 중요성을 인정했다. 전쟁에서 술과 과학의 이중성은 전쟁 원칙의 본질을 이해하는데 필수적이기 때문에 이를 구분하는 것도 중요하다.

이러한 구분은 1990년대와 2000년대 초반에 주요 교리들이 발전되면서 나온 산물이었다. 한편에서는, 앞서 언급한 많은 이론가들이 정보 혁명에 따라 군사혁신이 나타날 것이라고 믿었다. 과학기술 - 특히 발달을 거듭했던 통신기술, 디지털화와 무인 항공기의 활용 - 을 통해 '전쟁의 불확실성fog of war', 확률과 우연을 제거할 수 있다는 것이 바로 군사혁신의 핵심적인 아이디어였다. 군사혁신을 전술적 수준에서 표현하면 효과중심작전effects-based operations 또는 네트워크 중심전network-centric warfare이었다. 그러나 다른 성향의 이론가들은 과학기술로 전쟁에서의 불확실성과 확률을 없앨 수는 없다고 믿었다. 또한 분권화된 결심체계와 적군의 허를 찌르게 전투부대를 훈련시키는 것 - 단순히 적부대를 격멸하는 것이 아니라 - 을 통해 불확실성과 확률의 영향력을 최대한 완화시킬 수는 있다고 주장했다. 이러한 접근방식을 담고 있는 대표적인 사례는 바로 미 해병대 기준 교범인 『*MCDP 1 Warfighting*』[32]이라 할 수 있다.

전쟁과 마찬가지로 전투도 불변의 본질을 갖고 있다. 그 본질은 수 세기에 걸쳐 교전국의 행동에 잠재되어 있다. 전투는 상대를 격멸하려는 의도를 지닌 집단 또는 사람들 간의 대결이다. 사람을 흥분시키기도 하고 폭력적이고 비극적이며 끔찍한 일이다. 역시 수 세기에 걸친 전투의 본질을 이론으로 설명해야 할 필요도 있다.

전투의 본질은 변하지 않지만, 전투의 성격은 변한다. 클라우제비츠는 전쟁을 카멜레온에 비유했는데, 카멜레온이라는 전쟁의 실체는 그대로 존재하지만, 그것은 환경에 따라 색깔을 바꾸기도 한다. 전쟁에서는 이러한 역동성이 나타난다. 고대에 매복 전투가 매우 효과적이었지만 지금까지도 그 효력을 인정받고 있다는 점에서 그 이유를 찾을 수 있다. 그 일례로 B.C. 340년에 시칠리아섬에서의 사건을 살펴보도록 하자. 당시, 카르타고의 최정예부대는 이 섬의 남동쪽에 위치한 그리스 식민지 시라쿠사Siracuse를 향해 행군하고 있었다. 카르타고인들이 강을 건너려고 할 때, 매복 중이던 시라쿠사인들이 고지대에서 협로 일대를 향해 급습을 감행했는데, 이 전투로 카르타고인들은 전멸

---

32 | *MCDP*, U.S. Marine Corps Doctrinal Publication. (역자 주)

당하고 말았다.[33] 오늘날, 매복은 아프가니스탄의 탈레반과 같은 반군 세력들이 즐겨 사용하는 전술이다. 물론 매복의 형태는 변했지만, 그 효과를 창출하는 주요 원칙인 기습, 기동, 화력 그리고 수적 우세 등은 시대를 초월한 전쟁의 본질이다. 투창과 화살이 소총탄과 로켓 추진 유탄으로 바뀌었을 뿐, 고대의 시라쿠사인들과 현대의 파슈툰족 Pashtuns[34]은 전술적 수준의 교전에서 승리하기 위해 똑같은 생각을 하고 똑같은 방법을 사용하고 있다.

원칙들의 본질 : 전투의 원칙들

이 원칙들이 어떻게 작동하는지 이해하기 전에 전쟁의 본질과 관련된 필수적인 몇 가지 개념들을 살펴보자.

첫째, 본론에서 다룰 항목들은 전쟁의 원칙과는 완전히 다른 것이다. 엄밀히 말하면 이것들은 전투의 원칙들이다. 안툴리오 J. 에체베리아 II세Antulio J. Echevarria II는 다음과 같이 기술했다. "전쟁수행의 방식은 전쟁에 초점을 두고 있다. 다시 말해 이것은 분쟁을 전체적으로 조망하는 것을 필요로 한다. 즉 정치적, 사회적, 경제적 그리고 군사적 행동 - 전쟁이라는 폭력적인 분위기에서 - 이 요망하는 목표 달성에 어떻게 기여하거나, 저해할 것인지를 이해하는 것이다."[35] 이 원칙들은 전쟁에 적용하기에는 너무 단순한 것들이기에, 전술의 원칙 정도로 이해하면 될 것이다.

---

33 | Miles, 'The Corinthian Threat.'

34 | 아프가니스탄에서 두 번째로 큰 민족 집단으로, 탈레반의 주축을 이루고 있다. (역자 주)

35 | Echevarria, 'Principles of War or Principles of Battle?,' p.58.

이 원칙들은 아주 한정적으로 적용하면 훨씬 더 유용할 것이다. 그 중 일부는 전술이 아닌 단지 누구나 인정하는 좋은 아이디어라고 볼 수도 있다. 간결성, 단순함으로 전술적 수준의 교전에서 승리할 수는 없다. 하지만 일반적으로 적재적소에 간결한 계획을 사용하는 것은 좋은 아이디어라고 할 수 있다. 수많은 전술이 포함된 복잡한 계획은 단순한 계획을 무너뜨릴 수 있다. 예를 들어 수적 우세, 종심, 그리고 상호 연계된 화력을 운용하는 견고한 방어계획은 매우 복잡한 과업이다. 이러한 방자에 대해 공자 입장에서 직접적인 돌격은 매우 간단한 방책이다. 하지만 방어에 능숙한 적을 상대로 공자가 돌격을 감행한다면 실패할 확률이 매우 높다. 이 논리가 원칙들을 무시해도 좋다는 뜻은 아니다. 다만 우리가 알고 있는 원칙들의 현대적인 개념에 결함이 있다는 것은 알고 있어야 할 것이다.

확률과 우연

클라우제비츠가 『전쟁론』에서 제기한 가장 중요한 개념 중 하나는, 전시에 도처에서 시시각각으로 나타나는 확률과 우연성이다. 사실상 전쟁을 구성하는 세 가지 개념 - 삼위일체라고 알려진 - 에서 확률과 우연은 두 번째에 해당한다. 또한 그는 확률과 우연이 '주로 군사 지휘관들과 군대에 관한 것'이라 언급했다.[36] 전술적 전개 또는 운용만으로는 확실한 승리를 장담할 수 없다. 군사사를 살펴보면, 병력의 수나 무장에서 열세였기에 이론적으로는 분명히 패배할 수밖에 없었던 군

---

36 | Clausewitz, *On War*, p.89.

대가 전투와 교전에서 승리한 사례는 매우 많다.

이런 생각으로 원칙을 적용하는 것이 핵심이다. 수적 우세 또는 기습과 같은 전술적 원칙을 활용함으로써 성공을 100% 보장할 수 없지만, 확률을 높일 수는 있다. 둘 이상의 원칙을 결합하면 승리의 확률은 급격히 높아진다. 그러나 전술가와 전략가가 100%의 확률이란 불가능한 것임을 깨닫는 것도 중요하다. 르네상스 시대의 이론가인 니콜로 마키아벨리Niccolò Machiavelli는 인간사에 영향을 미치는 우연의 무작위성을 논하기 위해 로마 신화에 나오는 행운의 여신인 포르투나Fortuna를 활용했다. 전술가는 자신이 계획을 구상하듯, 적군에게도 항상 선택권이 있다는 것을 기억해야 한다. 이는 포르투나에게도 마찬가지이다.

새로운 개념 : 전술적 준칙들 tenets[37]

나는 이 글을 통해 전쟁의 원칙들에 관해 몇 가지 문제점들을 바로잡고자 한다. 전쟁의 원칙들은 확산, 증가, 수정되는 과정을 거치면서 원래의 의미와 개념에서 다르게 인식, 적용되고 있다. 고전을 중시하는 이론가들은 이 원칙들을 일종의 전술적 방법들의 목록으로 이해하고 이 원칙들을 적용하면 전투에서 승리를 보장하지는 않지만, 승리의 확률을 높일 수 있다고 믿는다. 또한 '전략'이라는 용어가 현대적으로 정립되기 전부터 전략과 이 원칙들이 함께 그리고 자주 등장했지만, 그

---

37 | tenet의 사전적 의미는 교의, 주의이나. 군사적 용어와 결합하기에 부자연스럽고, '원 칙'은 어떤 행동이나 이론따위에서 일관되게 지켜야할 기본적인 규칙이나 법칙으로 영원불변의 의미가 내포되어 있는 반면. 준칙은 행위의 규범이나 원칙. 준거할 기준 이 되는 규칙이나 법칙이므로, 원칙보다 준칙이 좀더 주관적, 변용의 가능성을 내포 하기에 준칙으로 번역했다. (역자 주)

들은 전쟁의 원칙을 전략적 수준에서는 적용할 수 없다고 생각했다. 이 처럼 이 원칙들은 원래의 의미에서 벗어나 우후죽순처럼 퍼져나갔다.

이런 오류를 바로잡기 위해, 우리는 이것들의 본질로 되돌아갈 필요가 있다. 우연 속에서 전쟁의 확률에 영향을 미치며 전략보다는 전술 수준에서 우리가 적군과 상호작용하는 물리적, 정신적, 도의적 영역에서 다시금 그 원칙들을 검토할 것이다. 이 원칙들이 다시금 본질에 영향을 받는다면, 우리는 그것들이 종속되고 기여해야 할 총체적인 전략과 어떻게 결합되어야 하는지 검토해야 할 것이다. 나는 이러한 시도를 통해 전략가와 전술가가 전술을 생각하고 연구하며 계획하는데 도움을 주는 이론적인 틀을 구축 - 적어도 그것을 처음으로 시도 - 하고자 한다. 물리학자 스티븐 호킹Stephen Hawking 박사는 물리의 영역을, 서로 다른 실험에 사용하는 두 개의 이론으로 분리하여 기술했다. 첫 번째는 일반 상대성이론the general theory of relativity으로, 이는 기본적으로 인간의 육안으로 볼 수 있는 비교적 커다란 물체에 적용하는 것이며, 두 번째는, 소위 '1조 분의 1인치와 같은 극도로 작은 크기의 물체'에 적용하는 양자 역학quantum mechanic이다.[38] 클라우제비츠를 비롯한 주요 전략 이론가들은 우리에게 전쟁에 관한 일반 상대성이론을 제공했다. 하지만 전장에서 승리하는 방법을 설명하는 이론 또는 아주 미세한 수준의 전쟁 이론을 제공하는 양자 역학과 같은 것은 아직 존재하지 않는다.

---

38 │ Hawking, *Illustrated A Brief History of Time*, p.18.

소결론

따라서 본론에서는 클라우제비츠가 가장 잘 설명했던 전쟁의 '일반 상대성이론'을 보완하기 위한 전쟁 이론, 즉 '양자 역학 이론'을 제공하고자 한다. 그래서 전장에서의 승리라는 한 가지 목표에 초점을 맞춘, 몇 개의 전술적 준칙으로 한정했고, 분쟁의 물리적, 정신적, 도의적 영역에서 활용되는 방법에 따라 정리했다. 맨 먼저 어떻게 승리하는지, 이어서 승리의 의미, 최종적으로 이를 활용하는 방법을 살펴볼 것인데, 이를 통해 전술적 준칙으로 확장되는 전술적 개념에 대해 이해하고 마지막으로 전략을 활용함으로써 전술을 정치, 정책에 연결시켜야 할 필요성에 대해 고찰할 것이다. 한 마디로 이것은 일관성 있는 전술 이론을 제시하기 위한 작은 도전이다. 전술가는 기술자가 아니다. 하지만 전술가가 기술자라고 믿는 사람들로 인해 전술가의 도구는 잘못 사용되어 왔다. 이 책의 기획 의도는 이러한 도구를 정상적인 위치에 올려놓기 위한 것이다.

2

전술가의 과업
THE TACTICIAN'S TASK

전술이라는 프로세스는, 우리가 보유한 테크닉technique들 중에 취
사선택하는 술을 의미하며 이 테크닉을 통해 적, 시간, 공간에 대한
특별한 접근법을 만들어 낼 수 있다. 이를 위한 기본은 교육이다. —
이때 교육이란 무엇을 하는가가 아니라 어떻게 생각하는가를 배우
고 가르치는 것이다.

윌리엄 린드William Lind, 『기동전 핸드북Maneuver Warfare Handbook』에서

전술가가 어떻게 과업을 수행해야 하는지에 대해 논하기 전에 먼저
그 과업을 정의해야 할 필요가 있다. 또한 무엇이 과업이고 무엇이 아
닌지도 살펴봐야 한다. 일반적으로 'tactics'라는 것을 설명할 때 전술
tactics, 테크닉technique, 절차procedures 등의 용어를 사용한다. 하지만
전술은 테크닉, 절차와는 완전히 다른 영역이기 때문에 그런 용어들과
결부시키는 것은 부적절하다. 테크닉과 절차는 각각의 군 조직과 특정
한 무기 체계 및 장비에 따라 구체적이고 명확하다. 예를 들어 어떤 군
조직에는 어떤 상황에서 경고 사격을 하라는 규정이 있다. 하지만 미
해병대는 실사격이 필요한 상황이 발생하기 전까지 발포하지 않는데,

이것이 바로 테크닉의 차이이다. 절차 또한 조직마다 각기 다르다. 미 육군에는 상륙 돌격에 관한 절차가 없는데 이는 상륙장갑차가 육군에 없기 때문으로, 상륙장갑차를 보유한 미 해병대에는 이 장갑차 운용에 관한 여러 절차가 있다. 그런데 우회 기동이란 측방으로 기동하는 것으로, 육군이나 해병대가 그것을 시행하든 시행하지 않든 그것과는 관계가 없는데 이런 것이 바로 전술이다. 특정한 조직이나 장비와는 무관하며, 테크닉이나 절차와도 본질적으로 다르다. 공중 강습[1]을 통해 우회 기동을 수행하는 것이 테크닉이다. 이것은 보다 구체적인 방법으로 전술을 시행하는 것이나 그것만이 유일한 방책은 아니다. 절차의 예는 다음과 같다. 미 해병대 대대장이 공중임무명령서Air Tasking Order에 따라 해병항공대Air Combat Element 소속 CH-53 슈퍼 스탤리온Super Stallion 헬기를 요청하여 A중대를 적군의 측후방으로 침투시킨다. 이 중대가 그곳에 침투하여 적군의 측후방을 공격하는 것 정도로 절차를 설명할 수 있다. 이렇듯 절차는 미 해병대의 교리, 편성, 장비에 따라 구체적으로 표현될 수 있다. 본서는 이 개념들 중에서 첫 번째인 전술만을 다루려고 한다.

가장 기본적으로 전술가는 임무를 부여받는다. 예를 들어, 미군의 교리에서는 일련의 전술적 과업들을 임무의 형태로 기술한다. 이 임무는 적과 지형, 아군을 고려한 과업들이 포함되어 있는데[2] 적군을 고려한 과업의 예는 매복, 화력에 의한 공격과 차단과 같은 것들이다. 지형

1 　 헬리콥터로 기동부대를 수송. 측후방에서 적군을 공격하는 것. (역자 주)

2 　 U.S. Marine Corps, *MCDP: 1-0 Operations*, C-2.

을 고려한 과업은 점령 또는 확보 등이며 아군을 고려한 과업은 엄호 또는 차장과 같은 아군의 지원에 초점을 둔다. 이러한 과업들은 조직과 편성에 따라 다양하다.

우리의 이론에서 중요한 것은 바로 이것이다. 임무가 무엇이든 전술가는 자신의 임무 달성을 방해하려는 적을 상대해야 한다는 것이다. 임무를 달성하려면 전술가는 어떠한 방식으로든 상대를 물리쳐야 한다. 어디선가 이러한 임무가 더 광범위한 전략과 연결되고 또한 군사력을 사용할 필요가 생기면 전술의 영역에 도달한다. '전술'이라는 용어는 그리스의 '조정하다arrange' 또는 '정돈된, 질서 정연한ordered'이라는 말에서 유래했다. 전술은 적군을 물리치기 위해서 어떤 방식으로든 군사력을 조정, 운용하는 것이다.

그러나 물리친다는 의미는 모호하고 그것의 정확한 본질은 당면한 상황에 따라 결정된다. 과업을 달성하기 위해 전술가는 적을 모조리 격멸 또는 없애야 할 때도 있을 것이고, 경우에 따라서는 적군과의 조우를 회피할 때도 있다. 이를테면 수색정찰 임무를 수행할 경우에는 적군의 위치만 식별하고 적정을 상급부대에 보고하는 정도만 해내면 된다. 만일 적군이 아군의 정찰을 회피하면 아군의 과업은 실패한 꼴이 된다. 적군과 맞서야 하는 경우라도 그들을 완전히 격멸하는 것이 목표가 아닐 때가 있다. 클라우제비츠는 적군을 격멸한다는 것을, '적군이 더 이상 전투를 할 수 없는 상태로 만드는 것'으로 정의했다. 이는 적군을 완전히 전멸시키는 것을 뜻하지 않는다. 실제로 그는 그 뒤에 이렇게 기술했다. "우리가 적군을 격멸한다고 말할 때, 이것의 의미를 물리적 전투력으로 한정해서는 안 된다. 도의적 요소도 고려해야 한다."[3] 달리 표현하면 적군의 도의적 단결력을 무너뜨리는 것도 적군을 격멸하는 것이며 이 또한 전술의 진정한 목표라 할 수 있을 것이다.[4]

임무를 달성하는데 있어서는 특정한 전후 사정, 즉 맥락이 중요하며, 그 속에서 적군을 격멸한다는 의미가 무엇이든, 전술가는 어떤 방법으로 적군을 상대하고 전투를 수행할지 준비하고 있어야 한다. 실제 또는 예상되는 적정을 평가하고 1개 화기팀이든, 소대든, 함대든, 야전군이든 자신이 보유한 수단, 전투력과 적군의 전투력을 비교해야만 한다.

전투력을 비교하는 근본적인 이유는 적보다 유리한, 아군의 강점을 찾는 것이다. 강점이란 특별한 자산, 무기의 형태를 취할 수도 있다. 1970년대 영화인 「켈리의 영웅들Kelly's Heroes」에서 오드볼Oddball 하사는, "셔먼 전차에서 멋진 (…) 강점을 발견할 수 있을 거야."[5]라는 말을 한 적이 있다. 또한, 상황에 따라서 적군의 허를 찌르고, 적을 압도하거나 적보다 더 빠르게 기동할 필요도 있다. 특정한 방법으로 적군이 반응하도록 속이고 다른 방향에 적군의 약점을 만들어 그곳을 공격할 수도 있어야 한다. 아군의 사기를 극대화하는 반면, 적군의 사기를 저하시키는 방법도 알아야 한다. 그래서 전투 중에 적군의 진영이 더 먼저 붕괴되어 전장을 이탈하도록 강요해야 한다.

전투력의 비교는 확률이라는 핵심적인 본질이 들어있기에 수학의

---

3   Clausewitz, *On War*, p. 90., p.97.에서 인용.

4   원서의 'as an effective unit'는 일부러 번역을 생략했다. 정확한 번역은 '효과적인 부대인 적군을 격멸'이 되겠으나, 매끄럽고 이해하기 쉬운 한국어 하기 어려우며, '전투력 발휘를 못하도록' 정도로 해석할 수도 있지만 이는 과도한 의역이라 판단했기 때문이다. (역자 주)

5   Hutton, *Kelly's Heroes*, 1970.

방정식이라고도 볼 수 있다. 이 방정식에서 한쪽에 가중치를 둬서 유리하게 만들 순 있지만 100% 승리할 확률을 만들어 내기란 불가능하다. 하지만 그 방정식에서 전술가가 자기 쪽에 강점을 더 많이 축적할수록 승리할 확률은 더 높아진다. 그렇게 전장을 자기 쪽으로 기울어지게 만들 수 있다. 전투에 있어 전술가가 그런 강점들을 증대시킬 수 있는 영역은 세 가지가 있는데, 바로 물리적, 정신적, 도의적 영역이다.

전장에서 물리적 영역은 매우 분명하게 드러난다. 군대가 충돌하는 모든 지역에서는 감각 과부하, 즉 인간의 내성 범위를 초과하는 상황이 발생한다. 검과 방패가 부딪히는 소리, 화살과 총탄이 날아다니는 소리, 부상자들의 비명이 귓가에 계속 맴돈다. 무시무시한 광경을 보면서 두려워하면서도 시선을 피할 수 없다. 갑옷이나 방탄조끼는 무겁고 너무 더워서 땀에 찌들게 만든다. 상처와 피로 때문에 매우 지친다. 그리고 공기 중에 날아다니는 매캐한 화약 냄새는 코와 혀를 자극한다.

이런 상황을 가장 쉽게 설명한 사람도 클라우제비츠이다. 군대와 장비의 이동을 지도상에 표시하는 방법은 매우 단순하다. 텐트 안에 있는 참모장교들은 어두운 불빛 아래 앉아 종이, 사판, 합판 위에서 단대호를, 또는 컴퓨터 화면의 아이콘을 움직인다. 이렇게 적절한 패턴을 반복하면 승리를 보장한다는 착각에 빠지게 되고 결국에는 전술이 기하학적 프랙털geometric fractals[6]의 형태를 띠게 된다. 정보장교는 적군의 병력 수와 위치를 예상하여 피아간의 전투력을 비교한다. 군수장교는 탄약 보유량을 점검하고 또 점검하면서 소모율을 계산하여 부대의

---

6 | 자기유사성을 갖는 기하학적 구조. 일부 작은 조각이 전체와 유사한 모습을 한 도형을 말한다. (역자 주)

재보급계획을 수립한다.

전쟁에서 과학적인 사건들이 발생하는 모든 분야가 곧 물리적 영역이다. 과학에 기초를 두고 전투를 설명한 이론가들 - 뷜로브Bülow, 조미니, 리델하트 - 은 여기서 최상의 논거를 찾는다. 그들이 틀렸다는 것은 아니다. 전술에는 기술적인 측면이 있다. 그럼에도 불구하고 우리가 향후 살펴보겠지만 그것만으로는 충분하지 않다는 것이다.

조미니가 전투를 단지 과학적 법칙으로 정리 - 그는 『전쟁론』을 읽은 후 나중에 정치와 심리적인 요소에 관한 견해를 수정했다. - 했다고 하여 비난해서는 안 된다. 하지만 분명히 그가 전술을 그런 법칙으로 정리한 것만은 사실이다.[7] 그는 전술을 전술tactics과 대전술grand tactics로 구분했고 전투에서 승리하려면 지휘관들이 자신이 제시한 원칙들을 지켜야 한다고 강력히 주장했다. 존 샤이John Shy에 따르면, 조미니가 주장한 원칙들의 핵심은 다음과 같다. "불변의 과학적 원칙들이 모든 전략을 통제하며 그리고 만일 전략적으로 승리하려면 이러한 원칙들이 규정하는 바에 따라, 어떤 결정적인 지점에서 열세한 적군을 상대로 수적 우세를 달성하여 공세행동을 해야 한다."[8]라는 것이다.

조미니가 '전략'이라는 단어를 사용했지만 이것은 엄격히 따지면 승리에 대한 전술적 개념으로, 쌍방의 의지와 도의적 정신력이라는 가상의 전투 밑바탕에 깔린 정치적 목표를 고려하지 않았다. 단순히 수적 우세와 목표, 기동을 합하면 승리한다는 것이다. 그러나 조미니의

<hr>

7   Shy, 'Jomini,' p.172.

8   Ibid., p.146.

이론에 포함된 한 가지 관점만큼은 매우 중요하다. 조미니는 과학기술이 발전하더라도 군사사를 통틀어 이어져 내려온 전쟁의 원칙들을 그대로 적용할 수 있다고 믿었다. 이것 역시 본서의 핵심이다. 매복도 시대를 초월하는 사례가 될 수 있는 것이다.

이것이야말로 전술의 본질적인 역설paradox이다. 어떤 전술적 준칙은 시대를 초월하여 군사사에서 적용되었지만 그 어느 것도 승리를 보장하지는 못하고, 모든 상황에서 효력을 발휘하는 것도 아니다. B.C. 331년의 가우가멜라Gaugamela 전투에서 알렉산더 대왕은 수적으로 열세했지만, 기동성이 우수한 기병으로 측방을 보호하면서, 잘 훈련된 마케도니아와 그리스의 팔랑스palanx로 페르시아왕 다리우스 3세Darius III의 군대를 옴짝달싹 못하게 했다. 알렉산더 대왕이 결정적인 전투에서 직접 공격을 지휘하여 다리우스를 사살하려 했다. 반면, 다리우스의 신하들은 기꺼이 싸우자고 했으나 왕의 퇴각 명령과 함께 도망쳤고 그의 부하들도 전장을 떠나버렸다. 이와 유사한 사례는 서기 1520년에도 있었다. 스페인의 신대륙 정복자, 에르난 코르테스Hernán Cortés는 자신의 군대보다 훨씬 우세한 멕시코인들과 싸워야 했다. 그의 스페인군과 동맹군의 전력은 매우 열세했다. 코르테스는 제대로 된 군사교육을 받은 적은 없었지만 가우가멜라 전투에 관한 글을 읽은 적이 있었다. 그는 자신의 잘 훈련된 중무장 스페인 보병들을 중앙에 집중하고 소수의 기병부대(겨우 약 20~40여 기의 기병)로 측방을 방호했다. 멕시코의 전제주의 지배자가 강제로 군대를 동원하여 스페인군의 정면을 향해 진격시켰다. 이때 코르테스는 알렉산더의 위대한 행동을 따라한 듯, 기병 돌격을 실시하여, 멕시코군의 총사령관을 죽였다. 멕시코군은 고위급 지휘관이 전사한 것을 보자 그들의 단결력은 삽시간에 붕괴되었고 군사들은 전장을 이탈해 뿔뿔이 흩어지고 말았다.[9]

가우가멜라 전투와 오툼바 전투the Battle of Otumba, 비슷한 양상의 두 전투는 우리에게 두 가지 교훈을 준다. 지휘관이 군사사를 연구하고 전술을 이해해야 하고 이것이 유용하다는 것, 그리고 기본적인 전술 이론이 확실히 존재한다는 것이다. 하지만 코르테스가 그렇게 빨리 해결책을 생각해 냈음에도 승리를 거두지는 못했을 수도 있다. 돌격하던 중에 그가 전사했을 수도 있고 스페인군이 전투 의지를 상실했을 가능성도 있기 때문이다. 기본적인 전술의 원칙은 존재하지만, 전투에 내재된 확률과 우연 때문에 그 원칙들이 만고불변의 법칙이 될 수는 없다. 전술을 배우는 학생과 전술의 대가大家 사이의 차이는 본질적인 전술의 역설을 얼마나 통달했는가에 있다.

비록 조미니의 논리가 충분하지는 않지만, 그의 수학적인, 기술적인 전장 개념은, 전술이 작동하는 가장 분명한 영역으로서는 매우 훌륭한 출발점이라 할 수 있다. 이러한 무균, 진공상태의 공간에서 적보다 물리적 우위를 점할 수 있는 확실한 방법은 네 가지가 있다. 바로 기동, 수적 우세, 화력과 템포를 활용하는 방법이다.

이 네 가지 전술적 준칙은 우위를 달성하는 물리적 수단이다. 기동은 적의 약점, 즉 측방, 병참선 또는 방호가 약한 지점을 공격하는 방법이다. 이는 본질적으로 위치와 관련된 우위이다. 수적 우세는 적보다 어떤 물리적 우세 - 대개는 양적인 - 를 취하는 방법이다. 그래서 이는

---

9 | Fehrenbach, *Fire and Blood*, p.144.

규모나 전력과 관련된 우세이다. 화력은, 크세르크세스Xerxes의 화살 또는 이라크 자유 작전Operation Iraqi Freedom 시에 충격과 공포the shock and awe라는 공중 전역에서 그랬던 것처럼, 적군을 압도하는 타격력을 갖추는 것이다. 이는 정밀타격 능력과 탄약의 양적인 우위를 결합한 것이다. 마지막으로 템포는 적이 반응하는 것보다 더 빨리 움직이는 능력 또는 적군보다 더 오래 전투를 지속할 수 있는 능력을 의미한다. 즉 템포 상의 우위를 말한다.

여기서 가장 중요한 것은 이런 전술적 준칙들의 관계가 상호 배타적 이지 않음이다. 기동부대가 적군의 측방으로 기동할 때는 적군의 반응 보다 더 빠르게 움직이는 능력이 관건이다. 일단 기동이 개시되면 그 효과를 증대시키기 위해 충분한 수적 우세와 화력이 필요하다. 나아가 어떤 형태로든 적보다 우세를 달성해야만 성공 확률을 높일 수 있다.

그보다 더 큰 우위를 달성할 수 있는 방법도 있다. 적 전술가의 심리, 즉 정신 상태를 활용하는 것이다. 가장 일반적인 네 가지 방법이 있는 데, 기만으로 적군이 전장의 방정식, 즉 상황을 정확히 파악할 수 없게 하고, 기습으로 적군에게 상황을 파악할 시간을 주지 않으며, 혼란을 조성하여 적군의 의사결정을 방해하고, 충격을 주어 퇴각 외에는 다른 결정을 못하도록 만드는 것 등이다.

끝으로 전술가의 정신에 내재된 전장의 방정식, 즉 전투 상황을 평 가할 때는 반드시 도의적 영역도 고려해야 한다. 교전 중인 부대의 사 기, 특정 임무를 수행하는 부대의 단결력, 그 과업 완수를 위한 용기와 열의 등 이 모든 것은 전장에서 매우 중요한 도의적 영역에 해당한다. 전쟁사에서는 성공 가능성이 충분했던, 완벽한 계획을 세웠음에도 불구하고 결국 패전을 면치 못했던 전술가들의 사례가 수없이 많다. 그들의 상대가 아무리 불리한 상황에서도 굴복하지 않았기 때문인데, 이것은 적군의 도의적 역량을 망각했기 때문이다.

본서에서 승리란 협의狹義의 의미로, 아군이 임무 수행을 방해하는 적보다 우세를 달성, 임무를 완수하는 것이며, 이는 일반적으로 적군의 도의적 단결력이 무너져서 전장을 이탈하거나 전투를 회피하는 상태 또는 단일부대로서 전투 능력을 상실했을 때를 의미한다.

앞서 논의한 대로 전투의 원칙들에 관한 문제가 존재하지만, 이것들은 여전히 길잡이로 활용될 수 있다. 저자는 현재까지 얼마나 많은 원칙들이 나타났는지 파악한 후 이를 기초로 가능한 많은 원칙들을 골라, 각각의 가치를 점수로 매겨 보았고 그 원칙들을 재정리했다. 기본적으로 동일한 원칙들은 결합시켰고 일시적으로 중시되다가 배제된 원칙들은 여기서도 제외시켰다. 또한 속도와 같은 것들은 개념을 구체화하여 명칭을 바꾸었다. 물론 저자가 유용하다고 생각한 다른 것들도 있지만 그것들은 전술과 관련된 것이 아니다. 이런 것들 중 일부는 계획수립의 원칙에 관해 다룬 부록에 기술하였다. 또한 본인은, J. F. C. 풀러가 주장한 세 가지 측면을 바탕으로 아홉 개의 준칙을 선정하고 정리했다. 원칙이 아닌 준칙이라는 용어를 사용한 것은 그것이 영원불변의 의미를 갖고 있지 않다는 것을 강조하기 위함이다.

> 물리적 영역의 네 가지 준칙 : 기동, 수적 우세, 화력, 템포
> 정신적 영역의 네 가지 준칙 : 기만, 기습, 혼란, 충격
> 도의적 영역의 준칙 : 도의적 단결력

이렇게 전술을 체계적으로 정리한 이유는 다음과 같다. 전술가는 적군의 전술가와 그 부대의 심리 상태에 정신적 영향을 미치기 위해 자신이 보유한 물리적 수단을 조정해야 한다. 이러한 조정은 기동, 수적우세, 화력과 템포를 통해 이뤄지고 이것이 정신적 효과를 만들어 내며 그 결과로 바로 기만, 기습, 혼란, 충격으로 나타난다. 이러한 정신적 효과가 축적되면 어느 시점에서 적군을 압도하게 될 것이고 그 지점에서 적군의 도의적 단결력은 무너지게 될 것이다. 모든 군대는 다양한 능력과 자산을 통해 전투력을 유지하고 발휘할 수 있지만, 이들에게는 특정한 한계점이 반드시 존재한다. 일단 한쪽의 도의적 단결력이 무너져버리면 - 일시적일지라도 - 상대는 임무를 완수하고 승리하게 되는 것이다.

다음 장부터 위에 열거한 세 가지 영역을 세부적으로 살펴볼 것이다. 먼저 우위를 달성하기 위한 네 가지 준칙들은 이론의 기초가 될 것이며, 다음으로 네 가지 준칙들이 다양하게 조합되어 나타나는 정신적 효과를 살펴볼 것이다. 그리고 마지막으로 도의적 준칙, 즉 도의적 단결력에 관하여 논할 것이다. 일단 우리가 어떻게 우위를 달성하여 승리할 수 있는지에 관한 이론을 확립하게 되면, 이러한 준칙들을 활용했던 사례에서 개념을 도출할 수 있을 것이며, 이어서 이러한 전술 이론을 그것의 맥락적 환경인 전략과 다시금 연결할 수 있게 될 것이다.

PART 1

전술적 준칙
TACTICAL TENETS

전쟁에서 다른 조건들이 동일하다면, 병력, 포탄, 폭탄 그리고 어떤 것들이든 그 숫자가 가장 중요하다는 것은 틀림없는 사실이다. 그러나 다른 조건들이 절대로 동일하지 않고 그럴 수 없다는 것 또한 분명한 사실이다

J. F. C. 풀러

전술가들이 전술 이론을 통해 얻고자 하는 것은 오직 하나다. 바로 승리하는 방법이다. 이것이 바로 전쟁의 원칙이 존재하는 목적이다. 그러나 전쟁의 원칙들은 기준도 없고 잘 정리되어 있지 않기 때문에 핵심적인 이론은 매우 난잡하여 전술가들에게 혼란만 안겨 주는 상태이다.

전통적인 전쟁의 원칙들은 전술이 시행되는 물리적, 정신적, 도의적 영역에 초점을 두고 있지 않다.

본서에서는 이 세 가지 영역에 따라 선별된 아홉 개의 전술적 준칙을 제시하였다. 네 개의 물리적 준칙은 기동, 수적 우세, 화력, 템포이다. 네 개의 정신적 준칙은 기만, 기습, 혼란, 충격이다. 도의적 영역은 너무 막연하여 엄밀하게, 간단히 정리하기란 어려운 만큼 별도로 다루

었다. 그러나 교전국 쌍방의 도의적인 힘은 간과해서는 안 되는 무기가 될 수 있다.

네 개의 물리적 준칙은, 전술가가 전장에서 자신의 전력을 운용하는 방법이다. 각각의 준칙을 효과적으로 사용하면 자신이 유리한 상황에서 승리할 수 있는 확률이 높아진다. 가장 이상적인 예가 바로 매복이다. 매복 전투 시에 전술가는 병력과 가용한 화력을 예상되는 적군의 측방에 집중하게 되는데, 이것이 바로 기동이다. 또한 적군의 대응 능력을 무력화시키면서 전투의 템포를 조절해야 한다.

그러나 매복의 진정한 효력은 이러한 물리적 전투력 운용에서 나오는 것이 아니라 타격을 받은 이들의 심리 상태, 즉 정신적 효과에서 나온다. 매복이 성공했을 때 기만이 곧 기습, 충격과 혼란으로 나타난다. 아무리 전투 경험이 많고 훈련이 잘 되어 있는 군대라 해도 그런 상황에서는 정신적 효과를 극복할 수 없다.

끝으로 물리적 운용에 의해 야기된 복합적인 정신적 효과는 군대의 도의적 단결력을 저하시킨다. 모든 군대는 다양한 요인들, 몇 가지 예를 들면 의무, 애국심, 훈련, 경험과 고통의 공유, 그리고 구성원의 사기 등을 통해 하나로 결집되어 있다. 도의적 단결력이 견실한 군대는 계속해서 싸울 수 있고 임무 완수를 위해 노력할 수 있다. 일단 부대의 단결력이 완전히 없어지거나 저하되면 부대로서의 기능은 거기서 끝나게 된다. 전술가의 목표, 즉 승리는 아군의 도의적 단결력을 보존하면서 동시에 적군의 그것을 파괴하거나 무너뜨리면 달성된다.

3

기동
MANEUVER

우리는 적군의 불알balls을 잡고 엉덩이를 걷어찰 것이다!

조지 패튼George Patton

미국 남북전쟁 당시, 북군 제11군단의 병사들이 모닥불 주위에 모여서 저녁식사를 준비하고 있을 때, 갑자기 진지 우측 숲속에서 수많은 야생동물이 떼를 지어 도망치는 상황이 벌어졌다. 그 야생동물들의 뒤를 이어 곧바로 토마스 '스톤월' 잭슨Thomas 'Stonewall' Jackson 장군이 지휘하는 남군 2개 사단이 몰려왔고 A. P. 힐A. P. Hill 장군 휘하의 사단 일부도 후속했다. 대략 30,000명의 남군이 함성을 지르며 무방비 상태였던 북군의 진지를 급습했다.[1] 남군의 공격을 막고 있는 것은 뒤집힌 솥들과 방치된 소총들뿐이었다. 남군의 장병들은 하찮은 장애물을 넘어서 북군의 제1선에 배치되어 있던 사단을 격퇴시켰다. 그 후방에 있던 북군의 사단이 방향을 전환하여 그 공격에 맞섰으나 양 측방이 남군에게 포위되어 이 부대도 퇴각했다.

---

1 | McPherson, *Battle Cry of Freedom*, Location 10713.

어느덧 남군의 공세도 무질서해졌고 병사들도 공격을 계속할 수 없을 정도로 지쳐있었다. 당시 그들이 진격한 거리는 약 2마일 정도였고 버지니아주 챈슬러스빌Chancellorsville 일대의 레피든강Rapidan River 남쪽에 있던 북군의 전선은 완전히 무너진 상태였다.

그 날은 1863년 5월 2일이었고 남군의 기세는 아직 사그라들지 않았다. 로버트 E. 리Robert E. Lee 장군은 다시금 불가능할 것 같은 일을 해냈다. 압도적으로 우세했던 북군을 전멸시키지는 못하였지만 격퇴시키는데 성공했던 것이다. 5월 3일, 북군의 지휘관 존 세지윅John Sedgewick 소장은 챈슬러스빌 동쪽의 프레데릭스버그Fredericksburg에 주둔하고 있었고, 남군의 주발 얼리Jubal Early의 부대가 점령했던 곳을 돌파하려 했다. 챈슬러스빌에 남아, 잭슨의 기습적인 기동으로 충격에 빠졌다가 이제 막 회복되었던 조셉 후커Joseph Hooker의 부대와 연결을 도모하기 위한 것이었다. 잭슨은 5월 2일 야간에 휘하 병사들이 쏜 총탄에 맞아 치명상을 입고 주검이 되어 있었다. 5월 4일 얼리는 세지윅의 공격을 저지하는데 성공했고 결국 모든 북군은 강 북쪽으로 철수하기 시작했다.

수적 우세의 원칙에서 보면 윌더니스 전투the Battle of the Wilderness 의 승자는 당연히 북군이어야 했다. 후커의 북군은 130,000명 이상으로, 이는 리 장군이 보유한 60,000명의 두 배가 넘는 병력이었다. 하지만 리 장군은 겨우 15,000명으로 북군의 주력을 고착시키고, 스톤월 장군에게 그의 군단을 이끌고 북군의 측후방으로 기동하라고 지시했다. 후커의 북군은 챈슬러스빌과 프레데릭스버그 양쪽 곳곳에 분산되어 있었지만, 여전히 수적으로 월등히 우세했으며 마찬가지로 리에게도 분산을 강요했다. 사실 후커의 입장에서 이 전투의 승부는 기동으로 결정된 것이나 마찬가지였다. 버지니아군the Army of Virginia, 즉 남군은 래피든강 남쪽에 진지를 구축했다. 앞서 겨울에 프레데릭스버그에서 번사이드Burnside가 어리석은 실수를 범했던 것처럼 후커도 리의 진지를 직접 공격하기보다는 멀리 서쪽으로 우회해서 강을 건너 남군의 후방으로 접근하려 했다. 그러나 결국 그 부대는 전투에 참가하지 못하는 결과를 초래했다. 후커는 자신이 리의 허를 찔렀다고 확신했지만, 리의 측방공격은 무방비 상태였던 후커의 허를 찌른, 대기동對機動, countermaneuver 공격이었다.[2]

챈슬러스빌 전투는 기동의 잠재력과 수적 우세 활용에 실패한 사례 연구로 가치가 있다. 이런 측면에서 리 장군은 매우 탁월했다. 물론 이 전투는 그의 능력이 입증된 무수히 많은 사례 중 하나일 뿐이다.

기동은 상대적으로 유리한 위치에서 적군을 공격하는 것으로 정의할 수 있다. 잭슨이 챈슬러스빌에서 했던 것처럼 적군의 측방을 공격하는 것은 매우 유리하다고 할 수 있다. 적군이 측방보다 정면으로 공격할 것이라 예상한 북군은 정면에 더 많은 준비를 해 놓았기 때문이다. 또한 기동은 인류 역사상 해전이 시작된 시기부터 중요한 요소였다. 페르시아 전쟁에서 페르시아 해군은 함대를 마치 팔랑스처럼 구축하여 빈틈없는 전선을 형성하려 했다. 강력한 청동으로 된 충각ram[3]을 뱃머리에 설치하여 적의 군함을 들이받는 형태로 싸웠다. 그러나 그

---

2 | Ibid., Location 10685.

3 | 적함을 떠받아 침몰시키기 위해 군함의 함수. 흘수선 아래에 장착하는 구조물. (역자 주)

무렵 그리스 해군은 디에크플러스diekplous 기동[4]을 개발했다. 그리스 해군은 3단 노선으로 페르시아 함대의 전선에 발생한 틈새로 침투해 들어가서 선회하여 페르시아 함선의 약점이었던 측방과 후방을 들이받았다. 범선의 시대the age of sail[5]에는 맞바람 속에서 상대를 공격하는 것이 유리했다. 왜냐하면 아군은 그 바람을 이용하여 전투를 강요하거나 회피할 수 있지만, 적 함대는 선택의 여지가 없기 때문이다. 이렇게 기동 측면에서 유리한 위치에 있는 함대 사령관을 가리켜 '그가 바람이 불어오는 쪽을 차지했다.'라는 표현을 사용하기도 했다.

공중전에서는 근본적으로 항공기가 기동의 수단이다. 하늘은 오직 항공기만이 사용할 수 있는 공간이기 때문이다. 항공기는 상대의 항공기를 제외하고 일반적으로 지상군과 해군에 비해 위치적인 강점을 갖고 있다. 예를 들어 A-10 워트호그Warthog 공격기 대대가 적 전차대대를 제압하기 위해 투입되면 기동과 화력 면에서 모두 강점을 갖고 있기에 결과는 불 보듯 뻔하다. 해군이 잠수함을 활용하는 것도 기동의 형태라고 할 수 있다. 기동은 이런 맥락에서 공간이든, 기능이든, 또 다른 측면에서든 일종의 비대칭이 될 수 있다. 적군이 대응하지 못하는 전술을 선택하는 것은 전술적 수준에서 적의 허를 찌르는 지극히 단순한 방법이다.

그러나 엄밀히 말하면 기동이 현대적인 개념만은 아니다. 헬레니즘

---

4   B.C. 480년 9월 발발한 살라미스 해전 당시에 그리스 해군이 구사한 전술. 디에크플러스는 '관통한다'는 뜻으로 적 진형 중앙을 돌파한 후에 180도 회전하여 적 후미를 충각으로 공격하는 방식. 디에크플러스 전술이라고도 한다. (역자 주)

5   유럽사에서 15~16세기 중반에서 19세기 중반까지 범선이 전지구적 교역과 해전을 지배하던 시대를 말한다. (역자 주)

Hellenistic 시대의 전쟁 중 발달한 전술에서도 배울 점이 많다. 그리스 도시 국가들 간의 전쟁은 팔랑스와 팔랑스의 대결 양상이었다. 전문직 업군을 보유했던 스파르타를 제외한 대다수 도시국가의 팔랑스는 데모스demos라는 토지를 소유한 시민계층으로 편성되어 있었다. 두 도시 사이에 정치적 갈등이 촉발되면, "그리스인들은 자신들에게 익숙한, 그리고 가장 몰상식한 방법으로 전쟁을 벌였다. […] 쌍방은 선전포고를 한 후 가장 평평하고 양호한 지역을 찾아서 그곳에서 싸웠다. 결국 승자조차도 대량의 손실을 입은채 전쟁을 떠났다. 패배자들은 말할 필요도 없이 전멸한 상태였다."[6] 처음부터 그리스인들은 오로지 서로를 향해 앞으로만 나아갔던 것이다.

그리스의 호플라이트hoplite들은 장창과 방패로 무장하고 빽빽하게 밀집하여 정사각형의 대형을 만들었다. 전방으로 겹쳐진 창과 방패가 마치 고슴도치같은 형상이었다. 그러나 그것이 효과를 볼 수 있는 곳은 오직 전방 뿐으로, 측방과 후방은 완전히 무방비 상태였다. 특히 호플라이트들 간에 간격이 너무 밀착되어 있어서 방향전환이 어려웠기에 측방이 노출되어 있었다. 문화적 관습을 중시했던 일부 그리스인들은 팔랑스에 팔랑스로 맞서는 것이 효과적이라는 생각에 매몰되어 있었다. 투사 무기와 책략을 사용하는 것을 경멸했던 어떤 그리스인들은 보복전에 투창수들을 투입시키지 않기도 했다.[7] 이러한 문화적으로 편향된 제한사항들이 타파되면서 팔랑스의 전투 효과는 점점 떨어지

6 │ Herodotus, 7.9.2, Hanson, *Western Way of War*, pp.9~10.에서 인용.

7 │ Hanson, *Western Way of War*, p.14.

기 시작했다.

어쨌든 팔랑스의 정면은 매우 강했다. 그래서 누군가는 그 창을 회피하기 위한 전술을 개발해야 했고 이는 당연한 일이었다. 크세르크세스는 페르시아 전쟁 중 테르모필레Thermopylae에서 스파르타의 팔랑스를 우회해야 했다. 그 후 B.C. 425년 펠로폰네소스 전쟁Peloponnesian Wars에서 아테네의 장군 투키디데스Thucydides는 경무장 궁수와 투창을 지닌 경무장 부대인 펠타스트peltast를 활용하여 치고 빠지는 전술로 스팍테리아섬Sphacteria의 스파르타군을 물리쳤고 계속해서 스파르타군을 소모시켜 끝내 항복을 받아냈다.

고대 군사사에서 팔랑스는 상대의 팔랑스에 대응하기 위해 수적 우세와 기동을 바탕으로 발달된 전술의 궁극적인 형태라고 할 수 있다. 그러나 팔랑스는 오로지 정면 공격을 선택한 적군에게만 효과적이었다. 앞서 언급한 대로 그리스의 군대는 팔랑스와 함께 펠타스트와, 일부는 기병대까지 사용하기 시작했다. 하지만 여전히 그리스의 전쟁에서 팔랑스는 기본적인 제대였고 마케도니아의 필립 II 세Philip II 이전까지 기병과 투창부대와 같은 부대들은 팔랑스와 통합, 운용되지 못했다. 마침내 필립이 한층 더 발전된 팔랑스(장창병)와 경무장부대(방패부대), 잘 훈련된 중기병(창기병)으로 편성된 군대를 창설했다.[8] 필립의 전투 방식의 핵심은 창기병을 운용하여 적군의 팔랑스 측면을 타격하는 것이었지만 기존의 팔랑스와 경무장부대도 중요했다. 이러한 군대와 함께, 그리스인들이 거의 사용하지 않은 공성 기술을 발전시킨 필립은

---

8 | Cartledge. *Alexander the Great*, p.163.

그의 통치 기간(B.C. 359~336년) 중에 그리스의 전장과 전체 그리스의 통제권을 장악했다. 이렇듯 기동의 개념을 기반으로 한 최초의 제병협동부대가 탄생했고, 이것이 바로 필립의 아들인 알렉산더 대왕이 세계를 정복하는데 활용한 군대였던 것이다.

등자鐙子, 즉 말안장의 발걸이가 개발된 후 기병의 유용성이 증대되었고 기병을 중심으로 한 군대가 창설되자 기동이 중세의 전쟁을 지배했다. 서양에서는 중무장하고 말을 탄 기사가 기사도를 뽐내며 최고의 전사로 인정받았다. 이에 그들을 위주로 한 전술이 발전되었다. 기사는 통상 '배틀스battles'[9]라 불리는 세 개의 그룹으로 나뉘었는데 이들은 단순히 적을 향해 돌격하는 부대였다.[10] 그 전술에는 그리 많은 생각이 들어 있지 않았다. 왜냐하면 돌격하는 말의 기동성과 충격력이 가장 중요했기 때문이다. 동양에서는 중무장 기병이 아닌 기마 궁수가 전쟁을 지배했다. 몽골인들은 말 위에서 활을 쏘는 훌륭한 기술을 개발했다. 이를 통해 고도의 기동성을 갖춘 기마 궁수들을 집중운용할 수 있었고 군대의 전투력을 증대시켰다. 서양의 기사도와는 대조적으로 몽골인들은 숙고를 통해 전술을 발전시켜 서양 군대와의 전투에서 놀라운 승리를 거두었다. 그 예로 칼카강 전투the Battle of the Kalka River(1222년), 리그니츠 전투the Battle of Liegnitz(1241년), 그리고 모히 전투the Battle of Mohi Bridge(1241년)[11] 등이 있다.

---

9 │ 전투를 의미하는 것이 아니라 고유명사임. (역자 주)

10 │ Oman, Beeler, and Oman, *Art of War in the Middle Ages*, p.60.

11 │ 'Bridge'의 의미를 살려 '모히교 전투'라 번역될 수 있으나, 국내 자료 및 문헌에는 '모히 전투'로 더 널리 알려져 있다. (역자 주)

기동은 나폴레옹 전쟁 중에 특히 그 진가를 인정받았는데, 이 나폴레옹에 관해 기술한 사람은 바로 조미니였다. 나폴레옹이 즐겨 사용했던 전술 중 하나였던 배후 기동manoevre de derriére은 당시의 기동을 설명하는 좋은 사례이다. 그는 강도 높은 훈련으로 힘든 행군도 가능하고 고도의 기동성을 발휘할 수 있는 군대를 육성했다. 이들을 활용하여 이동 중인 적군을 포위하고 적군의 보급로 상에 한 지점을 점령할 수 있었는데, 때에 따라서는 적국 영토에서 자신의 군대 후방이 노출되는 것도 감수했다. 적군은 전방에서 나폴레옹 군대를 맞이할 것으로 예상하였으나 갑자기 방향을 돌려야 했고 자신들이 왔던 길로 부대를 재배치해야 했다. 이렇게 나폴레옹은 자신이 선정한 지점에서 적군과 전투할 수 있었고, 기동을 통해 적군을 혼란에 빠뜨리고 방향을 상실케 한 것은 물론, 모든 적군의 항복을 받아내는 전과를 올리기도 했다. 1805년 울름에서 칼 마크 폰 라이베리히Karl Mack von Leiberich 장군 휘하의 오스트리아 군대가 항복했던 것도 여기에 해당한다. 프랑스군의 기동 속도에 너무나 당황한 나머지 마크 장군의 표정은 '마치 최면에 걸린 듯' 얼음장처럼 굳어있었다고 한다.[12] 참모장교로 울름 전투에 참전했던 조미니의 전술적 사상은 대개 나폴레옹의 기동에 영향을 받은 것이었다.

나폴레옹이 승리할 수 있었던 또 다른 주요 요인은 내선 대對 외선에서의 지휘였다. 그는 두 적군 사이에 자신의 군대를 위치시켜서 싸우는 전술을 선호했다. 간단히 말하면 열세한 상태로 적에게 둘러싸이

---

12 | Chandler, *Campaigns of Napoleon*, p.390.

는 형세다. 그러나 그는 두 개의 적군을 분리시킨 다음 각개 격파해 나갔다. 프랑스군은 짧아진 내선 상에서 우월한 기동 속도로 국지적 우세를 달성하여 먼저 상대할 적군을 격멸시키고, 다시금 모든 부대를 이동시켜 같은 방식으로 다음 상대를 격멸시켰다.

리 장군이 챈슬러스빌에서 보여준 기동은 남북전쟁 이후에 사용된 적이 있지만 당시 전술적 기동의 기본 형태는 여전히 집중적인 정면 공격이었다. 하지만 일찍부터 정면 공격의 효과가 떨어진다는 징후들이 나타났다. 1854년의 그 유명한 경기병대의 돌격the Charge of the Light Brigade과 그보다 더 앞선 1775년 벙커힐 전투the Battle of Bunker Hill가 바로 그 예이다. 그럼에도 불구하고 사람들은 여전히 정면 공격을 선호했다. 잘 알려져 있듯 리 장군도 게티즈버그 전투the Battle of Gettysburg 당시, 전투 돌입 3일차 시점에 정면 공격을 시도했다가 실패한 적이 있었다. 근대적 무기체계가 등장하면서 엄청난 사상자가 발생했지만 집중적인 정면 공격은 프로이센-프랑스 전쟁, 보어 전쟁, 러일 전쟁에서 여전히 각광을 받았다.

제1차 세계대전 당시, 서부전선의 교착 상태는 아마도 집중이 최악의 결과로 나타난 모습이라 할 수 있을 것이며, 이것은 장차 나타날 기동전 전술의 발전을 위한 초석이 되기도 했다. 유럽의 대규모 군대가 막대한 양의 화력을 쏟아부었기에 쌍방은 대륙의 한쪽 끝에서 다른 쪽 끝까지 방어선을 구축했고 양측 모두 측방 기동은 불가능한 상태에 이르렀다. 교착 상태를 극복하기 위해 많은 군대가 침투 전술을 개발했다. 물론 독일군은 그 분야에서 단연 최고 수준이었다. 그들의 침투 전술은 측방 기동이나 진지 상의 적군을 포위하는 것이 아니라 상대편 방어선의 약점을 돌파한 후 강점을 우회하고 적 후방의 (예상되는) 약점들을 타격하는 것이었다. 독단적으로, 신속히 행동할 수 있도록 훈련된 보병들이 그러한 공격 전투를 수행했고 이들은 다양한 강약점을 지닌, 각종 무기체계(경포병, 기관총, 그리고 화염방사기 등과 같은)를 보유했다. 이러한 침투 전술은 전선의 교착 상태를 해소하기 위해 개발된 것이기도 했지만 독일인들이 남아프리카에서 보어인들의 전술을 경험하고 영감을 얻어 만들어낸 산물이기도 했다. 독일군은 소부대급 - 돌격 연대 예하에 대위가 지휘하는 대대급 모형을 만들어 실험을 위해 실제 전투에 투입하기도 했음. - 에서부터 그 전술을 실험하면서 점차 규모를 확대해 나갔다.[13] 그러나 이러한 새로운 전술로도 교착 상태를 해결하기란 불가능했다. 침투 전술에 대응하여 혁신적인 종심 방어전술의 개발이 이어졌기 때문이다. 그러나 이러한 전술은 제2차 세계대전까지 거의 모든 주요 전투에서 공통적으로 사용되었다.

보다 큰 규모의 침투 전술을 제2차 세계대전에서 실제로 사용한 군대도 바로 독일군이었다. 전쟁 초기부터 나치 독일은 현대식 전차와 차량화보병을 결합, 연합군을 상대로 놀라운 승리를 거뒀다. 독일 국방군이 발전시킨 전술의 수준은 연합군에 비하면 월등한 것이었다. 일례로, 그들은 동부전선에서 고도의 기동력을 발휘하여 수십만 명의 소련군Red Army을 지속적으로 포위하고 격멸했다. 독일 국방군이 소련군 4개 야전군 - 417,000명의 병력 - 을 포위한 적도 있었고 독일군의 두 개 기갑군단이 소련군 700,000명을 포위한 적도 있었다. 매우 놀라운

---

13 | Gudmonsson, *Stormtroop Tactics*, p.20, pp.47~48.

전과였다.[14] 전격전Blitzkrieg의 형태로 나타난 독일군의 전술적 능력은 찬사를 받기도 했지만, 동부전선에서 소련군을 물리치는 데 실패했다는 이유로 비판을 받았다. 소련군이 패하지 않은 것은 사실이지만 이 과정에서 그들은 역사상 가장 막대한 병력 손실을 입었다. 따라서 독일군이 승리하지 못한 이유는, 숫자가 증명하듯 전술이 제대로 작동하지 않은 것이 아니다. 그들의 전략이 부적절했기 때문이었다.

영국의 군사 이론가인 리델하트가 주장한 전략 개념의 핵심 내용도 기동에서 나온 것이다. 그는 『전략론Strategy』에서 간접 접근으로 상대편의 균형을 깨뜨려 혼란에 빠뜨리거나 물리칠 수 있다고 주장한다. 아군의 강요에 의해 적군은 균형을 되찾기 위해 노력을 기울이거나 균형이 깨진 쪽에 노력을 집중하게 된다. 이때를 노린다는 것이다.[15] 리델하트는 이러한 논리를 기초로 전략 이론을 제시했지만 그 결과물은 그다지 유용하지 않았다. 하지만 전술적 측면에서 간접 접근은 대체로 타당하다고 볼 수 있다. 창이든 기관총이든 화기가 대량으로 집중 배치된 곳을 향해 돌격하는 직접 접근은 성공할 가능성이 낮으며, 성공한다고 해도 그 피해가 막심할 것이다.

독일군은 그들의 침투 전술을 전구 수준으로 확대했다. 포위(마지노선을 우회하여)와 수적 우세를 결합, 다수의 공세적 돌파구를 만들어 냈으며, 이러한 전술과 함께 뒤에서 살펴볼, 상당한 수준의 기습과 기만도 선보였다. 하인츠 구데리안Heinz Guderian 장군 휘하의 제1기갑사단

---

14 | Beevor, *Second World War*, Location 3930.

15 | Liddell Hart, *Strategy*.

은 1940년 5월 12일에 스당Sedan에 도달했다.[16] 또 다른 방향에서는 에르빈 롬멜Erwin Rommel 장군의 제7기갑사단이 돌파에 성공했다. 선정한 지점에 적군의 방어선을 뚫는 것도 일종의 기동 형태지만 이것은 대개 수적 우세에 의해 효과가 증대된다는 것을 유념할 필요가 있다. 독일군 기갑부대는 그들이 보유한 화력을 집중했고 직접지원포병과 근접항공지원 항공기가 화력을 지원해 주었다.[17] 간접적인 펀치로 약점을 타격할 수 있으나 그 펀치 역시 강력해야 한다.

2003년 이라크 전쟁에서는 크고 작은, 두 가지 규모의 현대적 기동의 사례를 볼 수 있다. 전쟁개시 단계의 지상 전역에서는 중요지형을 확보하기 위한 영국군의 상륙작전, 이라크 주력부대를 고착하기 위한 제1해병원정군에 의한 북진, 바그다드를 목표로 한 제5군단의 대규모 포위작전(아래에서 논할 것임.) 등이 시행되었다.[18] 이는 종심상으로 수백 마일의 거리에 해당하는 대규모 기동 사례에도 해당하지만, 전술적 기동은 최하급 부대에까지 적용되었다. 제1해병원정군 예하의 제5, 제7연대전투단은, 미 육군 제3보병사단과 함께 이라크의 주방어선을 서쪽으로 멀리 우회기동하는 동안 제1연대전투단이 이라크의 주방어선을 직접 공격했다.[19] 최하급 부대 수준에서의 기동을 살펴보면, 제2차 팔루자 전투the Second Battle of Fallujah에서 도심을 장악했던 반군세력이, 예전에 미 해병이 남부와 북동부에서 접근했던 통로 상에 참호와 급조

16 | Beevor, *Second World War*, Location 1794.

17 | Ibid., Location 1812.

18 | Cordesman, *Iraq War*, p.62.

19 | Fick, *One Bullet Away*, p.209.

폭발물들을 설치했고, 수개월 동안 이러한 방어체계를 구축하여 도시를 지키고 있었다.[20] 이는 상대의 향후 행동을 예측하기 위해 과거 그들의 기동을 활용하는 사례이다. 팔루자로 들어갔던 미 해병은 수많은 적 방어체계를 무력화시키기 위해 최고 수준의 대책을 강구해야 했다.

기동의 형태

군사 교리에서는 다양한 형태의 기동을 아래와 같이 분류한다.[21]

정면 공격 Frontal Attack

이 장에서는 정면 공격을 피하고 기동을 활용하는 방법에 초점을 맞추고 있지만 이러한 정면 공격도 기동의 한 형태이며, 아군의 주력이 다른 방향으로 공격하는 동안 적군을 고착하는데 사용된다. 적군의 정면을 지향하는 공격이기에 비교적 간단하다.

측방 공격 Flanking Attack

측방 공격은 정면이 아닌 측방 또는 후방의 적 부대 일부를 지향하는 공격이다. 그 지역은 대체로 방자의 무기체계가 미약하고 방어 준비가 취약하기 때문에 공자가 우세를 달성할 수 있다.

---

20 | West and West, *No True Glory*, pp.257~258.

21 | 여기에서 제시된 기동의 형태는 미국 해병대 교리 특히 *MCDP 1-0 Operations*의 9-9 에서 9-17까지에 기술된 내용이다.

포위 Envelopment

포위는 방자의 후방 지역을 목표로 우회하는 기동의 형태이다. 방자가 전혀 예측하지 못한 지역에 공자가 이미 도달한 상태이므로 방자는 종종 방어 자체를 포기하기도 한다. 후커 장군이 리의 서측으로 멀리 우회하여 래피든강을 건너려 했을 때, 후커 장군이 의도했던 것이 바로 포위였다. 일익 포위는 공자가 적군의 한쪽 측방을 우회하여 공격하는 것이며 양익 포위는 공자가 두 개의 부대로 양쪽 측방을 동시에 우회하는 것을 말한다. 공자가 두 개의 부대로 포위와 동시에 정면 공격으로 적군을 고착할 때, 포위와 고착하는 두 부대는 상호 지원할 수 있도록 근거리에 있어야 한다.

우회 기동 Turning Movement

우회 기동은 포위와 유사하지만 포위하는 것보다 훨씬 더 깊숙한, 종심 상의 적 후방 지역을 목표로 방자를 우회한다는 특징이 있다. 고착 부대를 운용할 시에는 우회 기동부대가 너무 멀리 이격되어 있어 상호지원이 제한된다.

침투 Infiltration

여기서 의미하는 침투 기동은 적군의 방어체계 상에 공자가 진격하는데 사용할 약점 또는 방호되지 않은 곳을 활용하고 그런 지점을 만들어내는 것까지 포함한다. 그래서 강점을 회피하고 약점을 이용, 확장하는 것이다. 이를 통해 다양한 적 부대 간의 연결을 끊고 상호 간의 지원이 불가능하게 하여 적군의 측후방을 노출시키고 아군은 적군의 측방을 공격할 수 있게 된다(단, 이 과정에서 침투부대의 측방도 노출될 수 있다).

공자는 방자보다 우세를 달성한 공간적, 전술적 요소들을 결합함으로써 이렇게 다양한 형태의 기동을 활용할 수 있다. 지리적 우세와 결합하면 - 일례로 남북전쟁 시 남군의 1개 군단이 측방 공격을 은폐하기 위해 울창한 숲으로 이동했음. - 기동은 전술가의 가장 강력한 무기 중 하나가 될 수 있다.

군집 기동 Swarming Maneuver

군집 기동 또는 군집 전술은 최근, 특히 그 유명한 밀레니엄 챌린지 2002년 워게임 Millennium Challenge 2002 war-game에서 페르시아만을 배경으로 모의 전투를 하고 나서부터 많은 주목을 받고 있다. 당시 미 해병대 예비역 중장인 폴 밴 리퍼Paul Van Riper가 다수의 소형보트를 사용하여 미 해군의 기동함대를 격파했다.[22] 군집 기동을 시행할 때에는 기동과 수적 우세 측면에서 둘 다 취약점이 있다. 다수의 소부대 또는 각개 병사들이 마치 벌떼처럼 여러 방향에서, 얼핏 보면 임의의 방향에서 공격하는 형태이다. 이러한 전술은 지상에서도 적용할 수 있다. 소말리아 육군the Somali National Army은 차량화 분대[23]를 운용한다. 이들은 지형에 따라 상호 가시거리 내에서 독립적으로 움직인다. 이렇게 넓게 분산된 방식으로 이동하면서 한 부대가 적군을 식별하면 적

---

22 | Julian Borger, *"Wake Up Call," The Guardian* (UK), 5 September 2002.

23 | 픽업 트럭에 기관총 등의 화기를 설치하고 소수의 병력을 태운. 소위 '테크니컬'이라 불리는 차량을 운용하는 분대. (저자 주)

어도 몇 개의 우군 부대가 적군의 측방에 위치하게 되는 방식이다.[24]
최근 이러한 군집 전술을 새로운 것인 양 발표하는 이들이 있는데, 이
는 이미 나폴레옹이 군단을 운용한 방식과 동일한 것이다. 나폴레옹
은 군단을 편성할 때 독립적인 전투를 수행할 수 있을 만큼 충분한 전
력을 갖추도록 했다. 그 목적은 군단별로 분산해서 전장으로 이동시키
기 위함이었다. 적군이 전투대형을 갖추면 나폴레옹은 분산된 군단들
을 집결시켜 전장에 투입했고 대개 하나 또는 다수의 군단에게는 적군
의 측방을 공격하는 임무를 부여했다. 게릴라 지도자였던 에르네스토
'체' 게바라 Ernesto 'Che' Guevara는, 소규모 게릴라 부대가 여러 지점
에서 정규군 부대를 지속적으로 타격하는 전술을 사용했는데 이를 미
뉴에트 Minuet[25]로 묘사했다.[26] 한 게릴라 부대가 정규군을 공격했다가
퇴각하면 정규군이 그들을 추격하게 되고, 그때 다른 게릴라군이 다른
지점에서 나타나 그 정규군을 공격하고 다시 퇴각하는데, 정규군이 전
멸되거나 격퇴될 때까지 그 과정을 반복하는 방식이다. 1866년으로 거
슬러 올라가서, 프로이센-오스트리아 전쟁 당시를 묘사한 글을 보면
프로이센의 경보병부대들이 착검하고 공격할 때 그런 방식의 군집 전
술을 구사했다는 것을 알 수 있다. "몇몇 멍청한 적군들이 프로이센 군
의 진지, 즉 벌집을 건드리자, 프로이센 군인들은 마치 말벌처럼 온 사
방에서 얼빠진 표정을 짓고 있는 적군에게 달려들었다. 적시, 적소에
서 모여든 무수히 많은 소부대들이 지속적으로 그들을 공격했고 결국

24 │ Kilcullen, *Out of the Mountains*, Location 1522.

25 │ 17~18세기에 유행한 우아하고 느린 춤곡. (역자 주)

26 │ Guevara, *Guerrilla Warfare*, p.13.

적군은 패주하고 말았다. 오스트리아 군대는 명령에 의해 움직이는데 반해 그들은 그렇게 하라는 명령을 받은 적도 없었다. 그러나 프로이센의 군사교육은 탁월했다. 이를 통해 초급장교로부터 장군에 이르기까지 모든 장교가 전장에서 조건반사적으로 적절히 지휘할 수 있는 능력을 보유했던 것이다."[27]

군집 전술과 그 중요성, 그리고 실행 가능성과 약점에 대해서는 많은 논란이 있다. 그러나 이 전술은 위에서 제시된 기동 방식들처럼 단순히 다른 형태의 기동일 뿐이다. 배를 이용하든 여러 방면에 배치된 화기팀이 총포탄을 사격하든, 군집 공격은 정면 공격과 측방 공격을 합쳐 놓은 것으로, 다시 말해서 단일 표적을 향해 분산된 부대들이 동시에 정면과 측방에서 공격하는 것이다.

끝으로 기동이 항상 가능하지 않을 수도 있음을 명심해야 할 것이다. 방자가 양호한 진지를 점령하면 공자는 방책을 선정하는데 제한을 받을 수 있는데, 특히 공중 기동을 해야 할 때 그런 상황이 발생한다. 1982년 포클랜드 전쟁Falklands War 중에 구스 그린Goose Green에서 시행된 영국군의 공격 작전이 여기에 해당하는 사례이다.[28] 공수연대 예하 제2대대는 요새화된 아르헨티나 군의 방어진지를 공격했다. 해당 지형은 협소한 반도로, 측방 공격 자체가 불가능했기에 영국군은 적군의 정면으로 돌격했고, 적군의 진지를 탈취하는데 성공하긴 했지만 그 공격은 그리 훌륭했다고 평가받지 못했다. 따라서 기동의 원칙은 조

---

27 | Griffith, *Forward into Battle*, p.68.에서 인용

28 | the Battle of Goose Green. 포클랜드 전쟁 중이던 1982년 5월 28~29일에 치러진 영국군의 구스 그린 탈취를 위한 전투. (역자 주)

미니가 주장한 전략의 개념과 유사하다. 아군이 적보다 우세를 달성한 지점에서 전투력을 운용하는 것이다. 그 지점은 병참선, 측방, 적군의 전선 또는 계획 상의 약점일 수도 있고, 적에게 결전을 강요하거나 적에게 불리한 효과를 창출해 낼 수 있는 곳일 수도 있다. 그럼에도 불구하고 기동은 다른 세 개의 전술적 준칙에 영향을 받는다. 고도의 템포는 적절한 시점에 충분한 화력과 함께 국지적인 우세를 달성하는데 사용되며 이것이 바로 전술적 승리의 열쇠인 것이다. 아마도 지금까지 살펴본 사례들 중에서는 1930~40년대의 독일군이 이런 전술적 측면에서 최고 수준의 성공을 달성했다고 해도 과언이 아닐 것이다. 독일인이 '전격전'이라는 용어를 만들어내지도, 사용한 적이 없다고 해도 그들이 이뤄낸 성과를 이보다 더 적절하게 표현할 수 있는 용어는 없다. 탁월한 전술적 역량과 현대적 기술을 결합함으로써 완전히 새로운 전쟁수행방식을 발전시켰다고도 볼 수 있다. 하지만 사실은 고도의 템포로 적군의 약점으로 기동함으로써 결정적인 지점에 수적 우세와 화력을 적절하게 적용한 것뿐이었고, 그래서 적 지휘관들이 적시에 대응할 수 없었던 것이다. 즉 조미니의 방식과 리델하트의 간접 접근, 존 보이드가 주장했던 상대보다 더 신속하게 행동하는 것 등을 결합한 것이다. 우리는 이미 결론에 도달한 것이나 다름없다. 상황에 부합하는 방식으로 전술적 준칙을 결합하는 것은 그 일부를 합한 것보다 성공 가능성을 높일 수 있다. 하지만 우선은 다른 전술적 준칙들을 차례로 살펴보도록 하자.

4

수적 우세

MASS

> 양量은 그 자체에 질質이 내재해 있다.
>
> *이오시프 스탈린Joseph Stalin*[1]

1942년 11월 22일, 소련이 파놓은 함정의 입구가 완전히 닫혔다. 소련군은 스탈린그라드Stalingrad 일대에서 독일군 제6군을 포위하는데 성공했다. 이를 위해 천왕성 작전Operation Uranus[2], 즉 양익 포위 작전이 시행되었는데, 바로 이날, 양익을 형성한 두 부대가 칼리치Kalach에서의 연결 작전에 성공했던 것이다.[3] 프리드리히 파울루스Friedrich Paulus 장군[4]이 지휘했던 추축국Axis의 약 265,000명의 병력이 소련의 5개 야전군에 의해 포위되었다. 소련군은 독일군의 포위망 내부에서

---

1   이오시프 스탈린의 발언으로 알려져있으나. 사실 여부는 불분명하다. 양과 질에 관한 논의는 헤겔의 주장을 참조할 것. (역자 주)

2   1942년 11월 19일에서 11월 23일에 걸쳐 소련군이 독일 제5군 및 제4기갑군을 포위하기위해 실시한 작전. (역자 주)

3   Beevor, *Second World War,* Location 7422.

4   당시 그의 계급은 General of panzer troops/General Panzertruppe로 당시 독일군의 병과 장군은 중장에 해당한다. 본서에서는 '장군'으로 번역했다. (역자 주)

의 탈출 시도와 포위망 외부로부터의 구출 작전에 대비해 즉시 방어선을 구축했다. 히틀러는 그 도시를 포기하지 않았고 포위된 독일군에게 공중으로 보급품을 지원하라고 지시했다. 그 유명한 만슈타인Manstein 장군이 시도한 소련군 방어선 돌파 및 제6군 구출 작전은 거의 성공 직전까지 갔으나 실패했고, 결국 독일 제6군은 포위망에 완전히 갇히고 말았다.

기동력을 상실한 제6군이 할 수 있는 것은 대규모 소련군에 맞서서 버티는 방법뿐이었다. 소련군의 지속적인 공세로 포위망은 점점 좁혀지고 있었다. 소련군은 도시 내부의 비행장까지 탈환해서 독일군의 보급을 완전히 차단했다. 식량난에 시달렸던 독일군 장병들은 빵을 두고 서로 다투는 상황까지 벌어졌고 연료가 바닥나서 차량도 곳곳에 방치되어 있었다. 1943년 3월, 마지막까지 남은 독일군은 결국 투항했고 제6군은 완전히 소멸되고 말았다.

소련군은 기동을 기반으로 했던 독일군의 전술을 순전히 숫자로 무력화시켰다. 전술적 측면에서 분석해보면 그들의 공세 대부분은 형편없는 것이었다. 어떤 곳에서는 그들이 독일군의 1개 기갑사단 지역을 정면 공격했지만, 독일군에 전차 수십 대를 격파당하는 큰 피해를 입기까지 했다. 하지만 그런 손실에도 아랑곳하지 않고 소련군은 이틀 동안이나 정면 공격을 고수하는 상황도 있었다.[5] 그들도 독일군을 포위 - 게다가 양익을 형성하여 공격한 곳은 독일군 전선 상의 루마니아 동맹군 진지로 매우 취약한 지점이었음. - 하기 위해 기동을 활용했지

---

5 │ Beevor, *Stalingrad*, p.124.

만, 독일군을 격멸한 공세의 핵심은 수적 우세였다. 한편, 소련군은 천왕성 작전을 지원하기 위해 화성 작전Operations Mars[6]을 시행했다. 소련 지도부는, 독일군이 포위 소멸될 위기에 처한 제6군을 구하기 위해 북쪽에 위치한 제9군을 남쪽으로 투입시킬 수 있다고 판단했고, 천왕성 작전의 목적은 이를 차단하는 것이었다.[7] 사실상 그들이 막대한 수의 병력을 전장에 투입할 수 있었던 것은 무기대여법Lend-Lease에 의한 미국의 지원 덕분이었다. 때마침 독일군의 바르바로사 작전Operation Barbarossa[8]은 모스크바를 목전에 두고 진퇴양난에 빠졌고, 소련은 미국을 통해 보급품을 공급받았다. 이로써 엄청난 병력을 보유했던 그들은 독일군에게 빼앗긴 영토를 서서히 되찾을 수 있었다. 스탈린은 약 백만 명의 병력을 동원하여 양익 포위를 시도했다. 여기에 더해 그들은 기병 부대를 편성하여 T-34 전차와 함께 전장에 투입하기도 했다.

수적 우세는 공간과 시간 측면에서 우위를 달성하기 위해 전투력을 집중하는 것으로, 수많은 원칙들 중에 으뜸이며 가장 일반적인 원칙이다. 리델하트는 클라우제비츠를 수적 우세의 신봉자라고 비판하

---

[6] 르제프 전투Battle of Rzhev라고도 불리며 1942년 1월에 모스크바 근방에서 벌어진 전투. 1941년 9월 30일 독일군은 모스크바 총공세를 감행했지만 소련군의 성공적인 방어작전으로 12월 말 공세가 돈좌되고 전력을 보충한 소련군이 반격을 개시한다. 소련군의 동계 반격 작전의 일환으로서 모스크바 외곽으로 돌출해 있던 르제프 돌출부를 제거하기 위한 시도를 하였으나 결국 실패했다. 르제프는 1943년 초 독일군이 전선을 조정하기 위해 물러날 때까지 소비에트 연방의 수도 모스크바를 위협하는 교두보가 되었다. (역자 주)

[7] Beevor, *Second World War*, Location 7314 and 7345.

[8] 제2차 세계대전의 동부 전선에서 나치 독일이 소련을 침공한 작전명칭이다. 작전 기간은 1941년 6월 22일부터 1941년 12월까지였으며, 작전 이름은 신성 로마 제국의 프리드리히 1세의 별명이었던 '바르바로사(붉은 수염)'에서 유래했다. (역자 주)

기도 했지만, 어쨌든 클라우제비츠는 『전쟁론』에서 수적 우세에 1개의 장을 할애했다. '수적 우세'는 간단하지만 강렬한 표현이다. 그는 수적 우세가 '승리하는데 가장 일반적인 요소'라고 말한다.[9] 그러나 한편으로 그는 스스로 자신의 진술을 번복했다. 압도적인 수적 우세로 승리를 달성할 수도 있지만 다른 변수들 - 한 가지 예로 부대의 전투능력 - 도 승리에 영향을 미치며 사활적 또는 결정적 지점에서 우세를 달성하는 것이 정말로 중요하다고 말한다. 또 다른 부분에서도 자신이 번복한 것을 이렇게 강조한다. "수적 우세를 승리의 필요조건이라고 간주하는 것은 나의 논리를 심각하게 오해하는 것이다."[10] 물론 전투력이 전투 결과를 좌우하는 중요한 지점 - 결정적 지점 - 도 존재한다.

수적 우세에 관해서 말하자면, 그것을 활용하는 것이 유리하면 집중하고 그렇지 않을 때는 분산하는 것이 요령이다. 아군이 대거 분산하면 적군이 어느 곳을 표적으로 선정할지 곤란을 겪게 되고, 아군 모두를 추적하기도 어려울 뿐 아니라 전장에 투입된 아군의 전력이 얼마나 많은지 정확히 파악하지 못하게 된다. 반대로 아군이 전투력을 집중하게 되면, 적군은 아군을 식별하고 표적화하기도 쉽게 된다. 아군 입장에서도 대규모 부대에 지속적으로 식량과 식수, 탄약을 보급하기는 쉽지 않을 것이다. 반면 전투력을 분산하면 군집, 침투 등의 기동 전술을 용이하게 구사할 수 있다. 최근 미 해군의 개념인 '분산된 치명성 distributed lethality'은 집중과 분산의 상호작용을 기반으로 도출된 것이

---

9 | Clausewitz, *On War*, pp.194~197; p.194에서 인용.

10 | Ibid., p.197.

다. 수십 년 동안 해군은 여러 척의 함정으로 구성된 함대에 전투력을 집중하는 것을 선호했다. 그러나 '분산된 치명성'이라는 개념에는 더 작고 빠른 함정, 또한 더 많은 함정, 그리고 모든 함정의 무장을 강화하는 것이 필요하다는 내용이 포함되어 있다. 더 많은 미 해군 함정들이 더 넓은 지역에 배치되면 잠재적인 적들에게 더 큰 딜레마를 줄 것이며, 적군의 화력으로부터 전력을 보호하게 되고 해군 지휘관들이 기동에 관한 방책과 관련하여 더 큰 융통성을 가질 수 있다는 것이다.

수적 우세는 클라우제비츠가 제시한 또 다른 개념 - CoG, Center of Gravity의 개념[11] - 과 뒤섞여 혼란을 초래하기도 한다. 그럴 만한 이유가 있다. 두 용어는 물리학[12]과 밀접한 관련이 있다. 미군의 교리에서는 CoG를 수적 우세와 결부시켜 전술적으로 결정적인 능력을 보유한 피아의 전투력이 집중된 것을 의미하는 용어로 사용한다. 그러나 클라우제비츠의 생각은 조금 다르다. 반드시 군사적, 나아가 물리적인 대상일 필요도 없고 이 용어는 전략 개념에 좀 더 부합한다고 주장한다. 제1차 세계대전의 비극을 클라우제비츠의 탓으로 돌린 사람들도 있는데 사실 그들은 그의 개념을 평가 절하했던 이들을 비난해야 한다.

그렇지만 수적 우세의 중요성을 강조했던 클라우제비츠의 논리도 옳았다. 전투력이 더 많으면 열세한 것보다 더 유리한 것은 자명하다. 제2차 세계대전에서 소련군이 증명했듯, 수적 우세를 적절하게 활용하면, 적군을 이른바 사면초가에 빠뜨리고 다른 전술적 준칙들을 무용

---

11 | 부록 C와 권말의 용어해설을 참조할 것. (역자 주)

12 | 물리학에서 mass는 질량, gravity는 무게를 의미한다. (역자 주)

지물로 만들 수도 있다. 그럼에도 불구하고 이것만으로 성공이 보장되지는 않는다. B.C. 216년 8월 2일, 제2차 포에니 전쟁the Second Punic War 중 너무나 유명한 칸나이 전투the Battle of Cannae를 살펴보자. 로마군은 정예부대인 중무장 보병 전력 면에서 한니발Hannibal 군대에 비해 2:1 로 우세하여 카르타고 군대를 쓸어버릴 수 있다고 자신했다. 하지만 한니발은 중앙에 배치한 부대를 거짓 퇴각시켜 로마군을 유인, 양익 포위하였고, 포위망에 갇힌 로마군의 수적 우세는 무용지물이었다. 로마군 병사들은 검을 들 수조차 없을 정도로 밀착해 있었기에 많은 이들이 전투 대형 안에 갇혀 그대로 선 채로 목숨을 잃었다. 당시 로마군의 전사자는 고대 전쟁에서 천문학적 수치라 할 수 있는 70,000명이었다고 한다.

수적 우세를 달성하여 유리한 상황에서도 그것을 제대로 활용하지 못한 또 다른 군대도 있었다. 1847년 아프가니스탄의 카불Kabul을 떠나 영국령 인도로 향하던 16,000명(그들 중 군인은 겨우 4,500명뿐이었다.)의 영국군이다. 이들은 아프가니스탄의 여러 부족들로 구성된 소규모 집단들에 비해 수적으로도 우세했고 군기 측면에서도 유리한 상황이었다. 그러나 아프가니스탄의 소규모 반군들은 군집 전술로 영국군을 괴롭혔다. 영국군 측에서는 단 한 명의 병사만 살아남았는데, 그도 네 차례나 부상을 입은 상태였다.[13] 그러나 수적 우세를 달성하지 못해서 실패한 사례도 있다. 2001년 아프가니스탄에서는 수적으로 지극히 열세였던 미군 특수부대가 난관에 봉착한 적이 있었다. 미군의 합동특수

---

13 | Tanner, *Afghanistan*, pp.176~187.

작전사령부JSOC, Joint Special Operations Command 소속 특수부대요원들은 오사마 빈 라덴Osama bin Laden을 포함한 알카에다의 지도부 생포를 목표로 한 토라보라 전투the Battle of Tora Bora를 준비했다. 합동특수작전사령부에서는 파키스탄으로 향하는 토라보라 산악지역의 탈출 통로들을 차단하기 위해 병력을 증원해 줄 것을 거듭 요청했다. 그러나 미 육군과 미 해병대 예하의 여러 부대들이 그 지역에 주둔해 있었음에도 상급 지휘부에서는 그들의 건의를 계속해서 묵살했다.[14] 합동특수작전사령부 소속의 작전요원들, 즉 전 세계에서 최고의 훈련 수준과 전투기술을 갖춘 육, 해, 공군의 장병들도 동시에 모든 곳을 통제할 수는 없었다. 또한 그들의 제한된 병력만으로는 알카에다의 후방 경비대 정도도 상대할 수 없었다. 그 결과 그들의 목표물들은 파키스탄으로 탈출하는데 성공했고 합동특수작전사령부는 그 후 10년 동안 오사마 빈 라덴을 잡지 못했다.

율리시스 S. 그랜트Ulysses S. Grant는 기동의 대가인 로버트 E. 리를 상대할 때 다음 세기의 소련군처럼 수적 우세를 매우 적시적절하게 활용했다. 실제로 북군의 장군 네 명은 리의 과감한 공격에 패한 뒤, 조기 전역이나 좌천당하는 수모를 겪었다. 그러나 그랜트는 교활한 남군의 사령관이 보유한 병력보다 훨씬 더 많은 전력을 동원할 수 있음을 깨달았다. 이것이 바로 1864년 북군의 공세 뒤에 깔린 전략 개념이었고 윌리엄 테쿰세 셔먼William Tecumseh Sherman의 해안으로의 진격march to the sea과 그랜트 자신의 북부 버지니아 전역도 그런 전략 개념 아래

---

14 | Naylor, *Relentless Strike*, pp.182~183.

시행되었다.

그랜트는 자신의 회고록에서, "나의 총체적인 계획은 전장에서 남군을 상대로 가능한 모든 부대를 집중하는 것이었다."라고 말하면서, "따라서 동시에 전 전선에서 전장으로 이동하도록 계획했다."라고 덧붙였다.[15] 북군의 4개 야전군이 각각 네 방향에서 동시에 공격하여, 리의 버지니아군과 조셉 E. 존스턴Joseph E. Johnston이 이끄는 또 다른 남군이 수세에 몰리도록, 지형을 포기하도록 강요했다. 존스턴은 애틀란타Atlanta를 향해 셔먼이 진군하는 것을 저지하려고 했지만 계속해서 허를 찔렸다. 리치먼드Richmond를 방어하던 리는 그랜트를 직접 상대하려 했다. 당시 그랜트는, 형식적으로 미드Meade 장군이 지휘관으로 있던 포토맥군the Army of the Potomac을 직접 지휘했다.

그랜트도 빅스버그Vicksburg 전역에서 스스로 기동의 고수임을 입증했지만 리를 상대한 적은 없었다. 위에서 말한 방식대로 계획을 수립한 후, 그랜트와 미드는 1864년 5월에 리에 맞서 전투를 개시했다. 포토맥군은 리의 버지니아군에 비해 거의 2:1로 우세했다. 5월부터 6월까지 그랜트는 계속해서 리와 그의 부대가 주둔한 지역과 리치먼드 사이에 자신의 부대를 투입시키면서 리에게 전투를 강요했다. 리는 월더니스 전투, 노스 애나 전투the Battle of North Anna, 그리고 콜드 하버Cold Harbor에서처럼 싸웠지만 그랜트는 예전에 자신이 상대했던 적과 달랐다. 그랜트는 전술적 패배에 아랑곳하지 않고 불굴의 투지를 보이며 더욱 강력한 공세로 밀어붙였다. 때문에 이런 개별 전투들로는 결정적

---

15   Grant, *Personal Memoirs*, pp.365~366.

인 승부가 나지 않았으며, 압박의 강도를 높혀 리의 부대들이 전투 후의 피로에서 회복할 시간을 주지 않아 남군의 피해는 더욱 커져갔다. 물론 북군의 사상자도 증가했고, 피해가 가중되자 그랜트를 향한 비판이 쏟아졌지만 당시의 북군은 거듭되는 피해를 충분히 감당할 수 있는 자원을 보유하고 있었다. 반면 남군의 상황은 그렇지 않았다. 그랜트는 리의 강점, 즉 기동을 무력화시키기 위해 수적 우세라는 자신의 강점을 활용했고 그것이 제대로 효과를 발휘한 것이었다. 리의 전력은 급격히 줄어들었고 리치먼드를 지키기 위한 필사적인 대안으로 피터스버그Petersburg에서 수성전守城戰을 벌이게 된다.

사실상 수성전이라고 할 수도 없었지만, 오히려 북군이 그들의 강점을 활용할 수 있는 상황이었다. 리는 1862년 6월에 남군의 지휘권을 가지게 된 이래, 줄곧 자신이 선택한 시간과 장소에서 전투를 치렀고 북군을 압도해왔다. 하지만 리치먼드가 위협받게 되면서, 리는 나태했던 북군 지휘관들의 급소를 노리는 자신의 능력을 발휘할 수 없게 되고 말았다. 리는 약 55,000명의 병력으로 수성전을 개시했지만 전사상자, 탈영, 질병 등으로 병력 수가 지속적으로 감소했다. 반면 그랜트는 약 120,000명의 병력을 보유했고 전투 기간 중 계속해서 더 많은 신병이 전장에 도착했으며, 셔먼의 부대도 그랜트의 전투에 합류하기 위해 사우스 캐롤라이나South Carolina를 경유하여 북쪽을 향해 신속히 달려올 채비를 마친 상태였다.[16]

그랜트는 결코 나태하지 않았다. 그는 9개월 동안 수적 우세라는 강

---

16 McPherson, *Battle Cry of Freedom*, Location 14023.

점을 활용하여 버지니아 일대에 산재한 남군의 모든 참호들을 향해 무조건 정면 공격하는 방식으로 남군의 전선을 무너뜨리고자 했다. 그와 동시에 지속적으로 리의 측방을 타격하기 위해 노력했다. 그랜트가 남군을 고착하고, 측방을 타격할 수 있었던 것, 그리고 남군의 보급기지를 공격하기 위해 전력을 투입할 수 있었던 것은 모두 수적으로 우세했기 때문이다. 또한 수적 우세를 통해 다양한 옵션을 보유했던 그랜트는 리의 대항책을 제한하는 방책들을 활용했다. 남군 장병들의 투지와 요새 시설 덕분에 북군의 돌격은 매번 실패했고 많은 피해를 입었다. 이 전투에서는 남군보다 훨씬 더 많은 북군 장병들이 전사했다. 하지만 그럼에도 불구하고 1865년 4월 2일, 그랜트는 끝내 남군의 전선을 돌파하는데 성공했다. 필립 셰리든Philip Sheridan의 기병부대 - 도보로 전투하던 - 가 조지 피켓George Pickett이 지휘했던 남군의 2개 사단을 격퇴한 후 그랜트는 전 전선에 걸쳐 총공격을 명령했다.[17] 이에 리는 어쩔 수 없이 퇴각을 명령했다.

리는 여타의 다른 남군 부대들과 합세하기를 바라며 서쪽으로 향했다. 자신의 군대를 구하기 위한 마지막 몸부림이었다. 그러나 굶주림과 질병에 시달리던 그의 병력은 총 35,000명으로 줄어 있었다.[18] 당시 약 150,000명의 병력을 보유했던 그랜트는 리의 뒤를 추격했다. 북군은 리에게 쉴 수 있는 여유를 주지 않았고 4월 2일부터 4월 9일까지 벌어진 일련의 전투에서 남군을 유린했다. 4월 9일 오후 3시경 세 방향에

---

17 | Ibid., Location 14042.

18 | Ibid., Location 14069.

서 남군을 포위한 끝에 리의 항복을 받아냈다.

위의 두 사례는 수적 우세를 활용하는 능력을 보여주고 있다. 순수하게 병력의 숫자로 적군의 방책과 주도권을 제한하고 적군을 압도할 수 있다는 것이다. 또한 수적 우세를 쥐고 있는 측은 다양한 형태의 기동도 가능하다. 이를테면 소련군이 시행한 양익 포위, 그리고 아포마톡스Appomattox 일대에서 벌어진 최후의 전투에서 리의 부대가 3면 포위를 당한 사례 등을 보면 알 수 있다. 따라서 클라우제비츠가 수적 우세를 강조한 것은 틀린 말이 아니었다. 물론 수적 우세에서는 규모도 중요하지만 이 우위를 어떻게 활용하는가가 당연히 더 중요하다.

조미니가 제시한 두 개의 개념인 내선과 외선도 수적 우세를 활용하는 것을 이해하는데 도움이 될 수 있다. 조미니는 내선을 이렇게 정의했다. "아군이 한두 개 부대로 다수의 적군을 상대할 때 적용하는 것으로, 아군의 모든 전력을 기동, 한 방향에 집중하는 것이다. 단, 적군이 전투력 우세를 달성하기 전에 공격해야 한다." 이때 조건은 모든 전력을 한 지점에 집중할 수 있어야 하고, 어느 지점에서든 적보다 더 빠르게, 외부를 향해 공격할 수 있어야 한다는 것이다. 이때 상대는 외선에서 작전을 하게 된다. 그리고 외선에 대해서는 "하나의 군이 적군의 양 측방에서 동시에 작전을 수행하는 형태 또는 집결된 적군을 상대로 여러 방향에서 공격하는 형태"라고 정의했다.[19] 외선에서 작전하는 지휘관은 모든 지점에서 공격할 수 있지만 상대가 집결해 있는 지역 일대로 자신의 부대를 이동시켜야 한다. 기본적으로 이 개념은 한쪽이 상

---

19   Craighill and Mendell, *Art of War*, p.93.

대적인 수적 우세를 달성할 수 있는 능력을 필요로 한다. 만일 아군이 강력한 방어선을 구축하고 적군이 그 밖에서 움직이고 있다면 적군은 외선에서, 아군은 내선에서 작전을 하는 것이다. 적군으로부터 방해받을 위험이 그다지 크지 않은 상황에서 전투력을 방어 지역 한 곳에서 다른 지점으로 신속히 움직일 수 있다면 내선작전이 유리하다고 볼 수 있다. 외선작전을 선택한 쪽은 한 지점에서 다른 지점으로 전력을 전환하기 어렵다. 왜냐하면 내선에 있는 적군이 이를 방해할 것이고 따라서 그렇게 하려면 부대는 적군의 진지를 우회해야 한다. 이는 효율적이지 못한 부대이동이다. 내선 또는 외선에서의 작전능력이 기동 형태에 영향을 미치는 것처럼 어떤 형태가 유리한지는 대개 지형과 쌍방의 전력 차이에 따라 달라진다. 예를 들어, 내선의 방어선을 유지하고 전투력을 한 지점에서 다른 지점으로 이동시키기 위해서는 충분한 수적 우세가 전제되어야 한다. 마찬가지로 다양한 방향에서 외선에 있는 적군을 공격할 수 있는 충분한 전력을 보유한다면 외선에서 작전하는 것도 유리하다고 할 수 있다. 남북전쟁이 그에 관한 좋은 사례이다. 남군은 지형의 이점을 활용해서 북군의 방해를 받지 않고 한 지점에서 다른 지점으로 부대를 전환할 수 있었고 이런 능력을 활용하여 큰 효과를 거두었다. 그러나 북군의 그랜트는 충분한 수적 우세를 달성하여 동시다발적인 공세에 돌입할 수 있었다. 반면 남군은 이를 상대할 충분한 전력을 보유하지 못했고, 남군의 입장에서 초기 단계에서는 내선작전이 유리했으나 후반부에는 약점이 되고 말았다.

물론 수적 우세가 반드시 승리를 보장하지는 않는다. 그리고 이런 내선과 외선의 개념은 해전에서도 동일하게 적용된다. 미 해군의 이론가 앨프리드 세이어 머핸Alfred Thayer Mahan 제독이 주장한 핵심 논리도 해군을 내선과 외선에서 운용하는 것이다. 물론 여기에는 기동이 적용된다. 1798년의 나일강 전투the Battle of the Nile[20]와 1805년의 트라팔가르 해전the Battle of Trafalgar[21]에서 영국 해군의 호레이쇼 넬슨Horatio Nelson 제독은 자신보다 훨씬 전력이 우세한 프랑스 해군을 격파했다. 그는 자신이 보유한 전력으로 기습과 기동을 활용하여 적군의 기동종대 측방을 공격했다. 바로 국지적 우세를 달성하는 방식이었다.[22] 전쟁사에서 열세였던 - 때로는 크게 열세에 처해 있던 - 군대가 승리한 사례는 너무나 많다. 특히나 프리드리히 대왕Frederick the Great[23]은 월등히 우세한 적군을 물리친 인물로 그 명성이 익히 알려져 있다. 1745년 6월 4일, 호엔프리트베르크 전투the Battle of Hohenfriedberg에서 프리드리히는 기습과 기병을 활용한 공세적인 측방 공격으로 수적으로 우세했던 오스트리아군을 격멸했다. 1757년 로이텐Leuthen에서 그는 수적 우세와 기동을 결합했다. 그의 전술은 B.C. 371년 레욱트라Leuctra 전투(14장 참조)[24]

---

20 | 1798년 8월 1일부터 3일까지 치러진 해전. 이 전투에서 넬슨 제독이 지휘하는 영국 함대는 이집트에 주둔하며 인도 진출을 준비하던 나폴레옹의 프랑스 함대를 격파했다. (역자 주)

21 | 1805년 10월 21일에 영국 해군과 프랑스 및 스페인 연합함대가 벌인 전투. 영국의 넬슨 제독은 27척의 전함으로 피에르 비에누브 제독 지휘 아래 있던 33척의 프랑스-스페인 연합함대를 격멸시켰다. (역자 주)

22 | Andrews, 'Tactical Development,' p.53.

23 | 프리드리히 2세. 프로이센 왕국의 제3대 국왕(재위 1740. 5. 31.~1786. 8. 17)으로, 7년 전쟁 중 오스트리아와의 전쟁에서 승리를 거두며 독일 제국 내에서 프로이센을 패권국으로 부상시켰다. (역자 주)

24 | 레욱트라 전투는 B.C. 371년 7월 6일. 테베가 이끈 보이오티아 동맹과 스파르타 사이에 벌어진 전투. 테베의 승리로 스파르타는 펠로폰네소스 전쟁 승리 이후 그리스 반도 전역에 행사하던 영향력을 상실했다. (역자 주)

에서 테베Thebe의 에파미논다스Epaminodas[25]의 그 유명한 '사선대형 oblique order'을 모방한 것이었다.[26] 프리드리히는 전체 대형에 전력을 동일하게 분산하지 않고 대형의 한쪽 끝 부분에 전투력을 집중시켰다. 수적 비대칭을 통해 전장에서 훨씬 더 큰 유연성을 확보하였고 오스트리아군의 측방을 무너뜨려 결국 그들을 물리쳤다. 이런 사례들은 전투력을 운용하는 방식, 특히 기민한 기동을 통해 적군의 수적 우세를 극복할 수 있음을 보여준다. 수적 우세와 기동, 이 두 가지 전술적 준칙들이 상호작용하는 방식에 중대한 의미가 있다. 줄루족Zulu[27]의 샤카 왕 King Shaka[28]이 개발한 전투대형에서 이 둘의 교묘한 조합을 볼 수 있다. 샤카는 소위 '돌진하는 황소charging bull' 또는 '황소 뿔bull horn'이라는 대형을 개발했다. 전사들을 한데 모아서 황소의 가슴에 해당하는 대형을 형성하였고, 이들에게는 정면 공격을 통해 적군을 고착하는 임무를 부여했다. 그리고 다른 두 개의 보병부대는 황소의 뿔로서, 두 방향에서 양익 포위를 시행했다. 황소의 가슴 후방에는 정면을 보강하기 위한 추가적인 전력도 준비되어 있었고 끝으로 후방에 또 하나의 예비대를 편성하여 황소의 뿔 중 한 곳이 돈좌되거나 가슴 부분에 증원이

---

25 | B.C. 4세기 테베의 장군이자 정치가. 스파르타의 패권을 무너뜨리고 테베를 고대 그리스 세계의 강국으로 성장시켰다. (역자 주)

26 | Archer, Ferris, Herwig, and Travers, *World History of Warfare*, p.337.

27 | 남부 아프리카 토착 원주민 부족 중 하나. 남아프리카 공화국, 보츠와나 등에 거주하는 민족이다. (역자 주)

28 | Shaka kaSenzangakhona(1787~1828). 줄루 왕국의 시조. 작은 부족인 줄루족을 남아프리카의 풍골로와 므짐쿨루 강 사이의 영토를 기반으로 하는 국가로 확장시켰다. 재위 기간은 1816~1828. (역자 주)

필요할 시에 신속대응군으로 운용했다.[29]

여기서 수적 우세가 순수하게 수에 관한 것이 아니라는 사실을 반드시 명심할 필요가 있다. 그러한 수에 상응하는 질質도 매우 중요하다. 1991년, 2003년의 이라크군을 생각해보자. 훨씬 더 강한 상대와 맞서야 했던 전체 이라크군의 숫자는 거의 무의미했다. 최근 몇 년간 특히 서방의 교리에서는 수적 우세를 효과라는 용어로 규정하는 경향이 다분하다. 즉, 수적 우세를 포병, 근접항공지원 등과 전자전과 사이버전에서 지원 화기의 효과를 집중한다는 개념으로 인식되고 있다. 그런 아이디어는 확실히 타당하며, 분명 그런 효과를 집중하는 것은 단편적인 노력보다 더 나은 결과를 얻을 수 있을 것이다. 하지만 화력 운용은 전술에 있어 고유의 역할을 갖고 있다.

29 | Morris, *Washing of the Spears*, pp.50~53.

5

화력
FIREPOWER

신은 최고의 포병을 가진 군대의 편에서 싸운다.

나폴레옹 보나파르트

스파르타인의 관점에서 투사무기는 야비하고 비겁한 무기였지만, 그럼에도 불구하고 인류는 수천 년 동안 원거리에서 적군을 살상하는 방법을 연구해왔다. 칼과 금속 무기가 등장한 것보다 훨씬 앞선, 약 400,000년 전에 아틀라틀atlatl[1]이라는 투창 장치가 출현했다. 오늘날 공격용 드론이 개발되는 것도 그 이면에는 역시 그와 동일한 의지, 즉 위험부담 없이 적군을 살상하려는 생각에서 비롯된 것이다. 하지만 여전히 대부분의 군사연구자들은 근접전투를 훨씬 더 멋진 방법이라고 생각한다. 과거의 팔랑스 전투나 보병연대의 백병전들이 그러한 사례이고 오늘날까지 병사들은 개인전투기술을 훈련하고 있다.

인류는 투척 무기에 대한 유혹을 결코 떨쳐 버릴 수 없었다. 스파르타인들도 투창을 지닌 경무장보병 펠타스트를 운용하기 시작했다. 하

---

1 │ 멕시코의 아즈텍 신화에서 유래한 투창기의 일종. (역자 주)

지만 화약이 개발되기 이전 시대에는 중무장 보병이 결정적인 근접전투를 수행했고 투창병들은 그들을 지원하는 수단에 불과했다. 크세르크세스는 자신의 화살로 태양을 가릴 수 있었지만, 테르모필레 전투에서 이런 화살만으로 스파르타군의 전열을 돌파할 수는 없었다. 또한 투석기를 비롯한 여타 공성무기들로 성벽을 무너뜨릴 수는 있지만 그 틈을 통해 돌격하는 것은 결국 보병이었다. 그리고 여호수아Joshua의 군대도 여리고Jericho 성을 공략할 때 야훼의 계시에 따라 나팔로 성벽을 무너뜨렸지만 최종적으로는 병력을 이끌고 성으로 돌격해 들어가야 했다.

고대 전쟁에서 화력을 가장 효과적으로 활용한 사례는 기병, 다시 말해 기동과 결합한 것이었다. 화약이 없었음에도 페르시아와 몽골 군대에서 기마 궁수의 화력은 매우 효과적이었다.[2] 중세 시대에는 말을 탄 기사들이 적군에게 충격을 가하는 직접적인 집단 돌격으로 전장을 지배했다(제10장 참조). 100년 전쟁the Hundred Years' War 당시, 노르망디Normandy의 크레시 전투the Battle of Crécy의 사례를 살펴보자. 화력이 중무장 기사들의 수적 우세를 압도하기 시작했다는 측면에서 이 전투는 전술의 진화에 중대한 전환점이 되었다. 1346년 여름에 영국의 에드워드 3세Edward III의 군대는 프랑스의 왕위 계승권을 주장하기 위해 프랑스에 군대를 파견하였다. 영국군은 한 달 이상 프랑스의 지방에서 농작물들을 불태우거나 약탈했고 마을을 파괴했다. 프랑스 군대를 전장으로 유인하기 위해서였다. 드디어 약 25,000명의 프랑스군이

---

2 │ 몽골이 화약을 최초로 사용한 군대였을 수 있으나 그들의 주무기는 활이었다. (저자 주)

그곳에 도착했고 영국군 병력은 약 12,000명뿐이었다. 유리한 지형[3]을 차지하고 있던 영국군은 3개 대형으로 편성하여 프랑스의 공격을 기다렸다. 전투는 쌍방이 활을 쏘는 것으로 시작되었는데 영국의 장궁병들이 분당 5~6발의 화살을 날릴 수 있었던 반면, 주로 석궁을 사용한 프랑스군은 기껏해야 분당 2발의 화살을 쏘는 것이 고작이었다. 게다가 사거리가 훨씬 더 길었던 영국의 장궁 화살이 프랑스군의 진영에 빗발치듯 떨어질 때, 프랑스군의 석궁 화살은 영국군 전열에 닿지도 않았다. 이에 대응하고자 프랑스군 기사들이 돌격을 감행했지만 끊임없는 화살 세례에 이마저도 실패하고 말았다. 철판 갑옷도 강력한 장궁 화살을 막을 수 없었다. 또한 영국군은 금속조각으로 만든 포탄과 원시적인 대포를 보유했다. 이 대포는 장궁에 비하면 적에게 거의 피해를 주지 못했지만 화약을 처음 접한 프랑스군에게는 분명히 심리적으로 효과가 있었을 것이다. 프랑스군의 돌격은 계속되었지만 영국군의 막강한 화력 앞에 실패하고 말았다. 프랑스군에서는 1,542명의 기사와 대지주들이 전사하는 등 막대한 피해가 발생했는데, 중세 시대의 전투 양상을 감안하면 이런 피해는 놀랄만한 수준이었다.[4]

화약 혁명이 투사무기체계라고 하는 판도라의 상자를 열었지만, 전투에서의 역학은 한동안 변함이 없었다. 사수들은 궁수들과 마찬가지로 정확도와 타격력의 부족 때문에 집중하여 운용해야 했다. 현대에는 사실상 모든 군인들이 소총 형태의 원거리 사격 무기를 갖고 있다. 때

---

3 │ 당시의 영국군은 해를 등지고 있었다. (역자 주)

4 │ Ibid., pp.393~397.

문에 현대전에서의 '화력'이란 항공지원, 간접사격[5]용 무기, 공용화기를 활용하는 것으로 한정해야 할 필요도 있다. 화력은 적보다 우위에서 원거리 사격 무기를 활용하는 능력이며, 이 장에서는 오늘날 각개 병사가 보유한 개인화기보다는 지원화기에 초점을 두고 다룰 것이다.

수 세기 동안 화력을 사용하는 것은 해군 지휘관들에게 최우선 과제였고, 화약 무기는 특히나 해군 전술에 지대한 영향을 미쳤다. 화력에 기반을 둔 해군 전술의 진화는 해군 지휘관들이 선호하는 대형의 변화로 나타났다. 미 해군 예비역 대령인 웨인 P. 휴즈 주니어Wayne P. Hughes Jr.는 이렇게 주장했다. "두 시대[6]에 걸쳐 해군 제독들이 활용한 전술은 주로 종대 대형이었지만, 범선의 시대에는 함포 사거리가 너무 짧아서 각각의 함선별로 내부에 장착한 화포들을 집중하는 방식으로 움직였다. 반면 동력을 활용한 전함의 시대에는 함대의 전 화력 - 전체 함정의 화력 - 을 한 곳에 집중할 수 있게 되었고, 대구경 화포가 등장하자 이 화포를 활용하여 T자 전법Capping the 'T'[7]을 구사할 수 있게 되었다. 유효사거리 내에 근접한 함정 한 척이 아니라 전 함대가 적군의 선두 함정에 집중 포격을 가할 수 있었던 것이다."[8] 결국 과학기술의 발전으로 화력의 잠재력은 대폭 증가했고, 교전 당사자인 전술가의 입장에서 이제는 화력이 적절한 기동 형태와 수적 우세의 방식을 결정하

---

5 | 목표물을 직접 조준하여 사격하지 않고 관측자의 유도에 따라 사격하는 것. (역자 주)

6 | 범선의 시대와 동력선의 시대를 의미한다. (역자 주)

7 | 정자전법丁字戰法 혹은 정자작전丁字作戰. T자 전법. T자 작전이라고 하는데 적의 함대의 진행 방향을 가르는 형태로 아군 함대를 배치하여 아 함대의 전 화력을 적 함대의 선두에 집중, 적 함대를 각개격파하는 전술이다. (역자 주)

8 | Hughes, *Fleet Tactics*, p.74.

게 된 것이다.

대부분의 군사사에서 화력이 수적 우세나 기동 또는 둘 모두와 결합할 때 가장 효과적이었다. 이러한 양상은 19세기 후반과 20세기 초반부터 변화하기 시작했고 최초로 크림 전쟁the Crimean War[9]에서 확연히 드러났다. 악명 높은 경기병 여단의 돌격[10]은 그들의 종말을 알리는 사건이었다. 마찬가지로 보어 전쟁the Boer War[11]에서도 이런 현상이 나타났다. 영국군 병사들은 똑바로 선 채로 적군을 향해 걸어갔고 반대편의 적군은 소총과 현대식 화포로 무장하고 있었다. 수적으로 우세한, 참호나 요새 - 1775년 벙커힐에서처럼 - 안의 적군에 맞서 이런 방식으로 공격하는 것은 자살행위나 다름없었다. 그런데 심지어 보어인들은 항상 참호를 구축한 것도 아니었다. 지형과 수목을 활용하여 몸을 숨기는 것만으로도 충분했고 화력을 낭비하지 않고도 그런 위장을 이용하여 병력을 산개시킬 수 있었다.

20세기에는 산업혁명 이후 증가된 화력의 파괴력과 그 효과를 감소시키고 생존성을 보장하는 다양한 대책 간의 역동적인 상호작용이 지속되었다. 논란거리가 될 수도 있겠지만 그런 양상이 바로 20세기 전술의 역사일 것이다. 미 육군 예비역 소장, 로버트 스케일스Robert

---

9 | 1853년 10월부터 1856년 2월까지 크림 반도에서 벌어진 전쟁. 오스만 제국, 프랑스 제2제국, 대영제국과 사르데냐 왕국이 결성한 동맹군과 러시아 제국 사이에 발발한 전쟁으로, 러시아 제국의 패배로 끝났다. (역자 주)

10 | 1854년 10월 25일 발라클라바 전투 당시 실시된 영국 기병대의 돌격. 러시아군의 포병에 의해 큰 피해를 입고 실패함. (역자 주)

11 | 아프리카에서 종단 정책을 추진하던 대영제국과 당시 남아프리카지역에 정착해 살던 네덜란드계 보어인 사이에 일어난 전쟁으로 1차 보어 전쟁은 1880년~1881년, 2차 보어 전쟁은 1899년~1902년에 발발했다. (역자 주)

Scales는 이렇게 주장했다. "최근 50년 동안 서방 강대국의 군대는 전쟁을 수행하는데 놀라우리만큼 일관성을 보이고 있다. [⋯] 우리는 병력 손실을 피하기 위해 점점 더 많은 화력을 사용하는 전쟁방식 개발에 노력을 기울이고 있다."[12]

스케일스는 이어서 '위력이 계속 증가된' 미국의 화력에 대해 기술하고 있다. 1943년의 일본군으로 시작해서 코소보의 세르비아인들까지 각각의 적들과 그들이 지속적으로 화력의 위협에 어떻게 적응했는지 묘사했다. 그러나 그의 관점은 너무나 편협하다. 화력과 이에 대한 방어책 사이의 경쟁은 역사적으로 아주 오랜 과거로 거슬러 올라갈 수 있는 것이며 미국에만 한정된 문제가 아니다. 석궁과 영국의 장궁은 말을 탄 기사의 시대를 종식시켰으며, 화포가 성곽을 무너뜨리자, 화포의 위력에 버틸 수 있는 요새가 등장했다. 그리고 1914년까지는 그런 요새가 효과를 발휘했다. 그러나 벨기에가 유럽에서 가장 현대적인 요새를 보유했음에도, 독일군 포병이 그 성벽을 가루로 만들어 버리는 사건이 발생했다. 구경 420mm 야포(오늘날 야포의 구경은 통상 155mm임.)로 2,000파운드 중량의 포탄을 발사했는데, 그때가 바로 1914년이었다.[13] 당시 서부전선에 있던 병사들은 강철비 steel rain를 피하기 위해 땅 위에 성벽을 쌓기보다는 땅 밑에 거대한 참호를 구축했다. 한편 전차가 출현하고 근접항공지원이 효과를 발휘한 제2차 세계대전에 들어서자 지상에 고정된 대구경 화포는 표적으로 전락하고 말았다. 군인들

12 │ Scales, 'Adaptive Enemies,' p.5.

13 │ Keegan, First World War, p.78, p.84, p.86.

은 점점 더 위장에 관심을 가졌고, 생존성 보장을 위해 엄폐된 접근로를 활용했다. 한편에선 속도 또한 방호의 한 수단으로 활용되었다. 그리고 소위 말하는 게릴라전도 유행하기 시작했다. 베트남전에서 북베트남군NVA, North Vietnamese Army은 공중 폭격을 피하기 위해 땅굴, 지하 막사 그리고 울창한 삼림지대를 활용했다. 아프가니스탄에서 탈레반과 알카에다는 동굴로 들어갔다. 다른 테러단체들은 이른바 '인간방패'를 이용하여 인구밀집지역에서 민간인들 사이에 숨어서 활동한다. 이는 특히 중동지역에서 하마스Hamas와 헤즈볼라Hezbollah와 같은 테러단체들이 활용하는 흔한 수법이지만 체첸 공화국Chechnya을 비롯한 여러 곳에서 이런 현상이 나타나고 있다.

피상적이지만 전쟁 양상에서 화력의 역사를 훑어본 이유는 두 가지이다. 먼저 전술가는 끊임없이 화력을 사용하는데 숙달되어 있어야 하며, 둘째로 화력 그 자체에는 별로 효력이 없다는 것을 알아야 하기 때문이다. 연합군은 드레스덴Dresden과 도쿄를 초토화시킬 수 있었지만 독일과 일본은 자신들의 군대가 남아 있는 한 계속 저항할 수 있었다. 그리고 그들의 군대는 화력의 효과를 반감시키는 방법, 즉 요새와 장갑판, 은폐와 엄폐 그리고 분산 등의 대책을 실행했다.

앞의 세 가지는 자세히 설명하지 않아도 될 듯하다. 성, 동굴, 개인호, 요새를 활용하면 적군의 포격에도 아군을 보호할 수 있으며, 전차 또는 병력의 몸에 장갑판을 장착할 수 있다. 엄폐는 콘크리트 벽처럼 적의 관측과 사격으로부터 방호하는 것이며 은폐는 단지 적군의 관측을 방해하는 것이다.

네 번째, 분산은 그 자체가 딜레마dilemma다. 앞서 살펴보았듯 거의 모든 군대에서 전투력 우세, 즉 집중하는 방법을 전술가들에게 교육하고 있다. 그러나 분산은 집중의 정반대 개념이다. 현대의 전장에서 생존을 위해 분산이 필요한 것은 사실이다. 데이비드 챈들러David Chandler는, 자신의 저서, 『나폴레옹 전역The Campaigns of Napoleon』에서 "나폴레옹은 이런 방식으로 수적 우세와 분산의 강점과 약점을 조화롭게 활용하고 상반되는 두 요소를 단일 작전에서 융합했다. 이로써 군사 지휘관으로서의 진정한 천재성을 보여주었다."[14]라고 하며 나폴레옹이 수적 우세와 분산의 상호작용을 능수능란하게 활용했기에 수많은 전투에서 승리했다고 기술했다. 오늘날에도 분산은 단순히 이점을 제공하는 것에 그치는 것이 아니라 때때로 적군이 활용하는 화력의 효과를 저하시키는 유일한 방법이기도 하다.

게릴라전에서 분산은 첫 번째 규칙이며, 최근 몇 년간 이라크와 아프가니스탄 반군들이 미군의 화력 앞에서 살아남기 위해 사용한 방법이다. 그들은 선정된 하나의 표적을 공격하기 위해 집중했다가 타격 후에는 다시 흩어진다. 2008년, 아프가니스탄에서 벌어진 와나트 전투the Battle of Wanat 당시, 탈레반은 미군의 전초기지를 포위, 공격했다. 탈레반의 병력은 약 200~500명이었고 미 육군 병력과 아프간군 병력은 각각 45명, 25명이었다.[15] 비록 수적으로 열세했던 미군은 큰 피해를 입었지만, 중박격포, 대전차미사일, 포병화력과 근접항공지원 등 화력을 통해 탈레반의 공격을 성공적으로 격퇴했다.[16]

14 │ Chandler, *Campaigns of Napoleon*, p.155.

15 │ Staff of the U.S. Army Combat Studies Institute, 'Wanat,' p.iii.

16 │ Ibid., pp.142~148.

이런 상황은 게릴라전에서뿐만 아니라 정규전에서도 벌어질 수 있다. 현대식 화력 때문에 오늘날 전쟁에서 잘못된 장소와 시점에 전투력을 집중하는 것은 자살행위나 다름없다. 아군의 전투력 집중은 적에게 화력을 집중할 수 있는 완벽한 표적을 제공하는 것이다. 아무튼 상대의 화력 효과를 저하시키기 위해 분산, 은폐와 엄폐, 장갑 방어 등이 필요하다. 스티븐 비들에 따르면, "현대전 체계the modern system의 공자와 마찬가지로, 현대전 체계상의 보다 유동적인 형태의 방어 전술에서는 엄폐, 은폐, 분산, 제압, 제병협동 그리고 소부대의 독자적인 기동 등 노출을 감소시키기 위한 대책들이 필요하게 되었다. 물론 이들을 방어라는 특별한 조건에 맞게 효과적으로 적용해야 한다."[17] 타격을 위해서 집중하고 생존을 위해 분산하는 기술을 터득해야 하는 것은 정규군과 게릴라군 모두에게 당연한 일이다.

화력은 강력한 무기이지만 다른 전술적 준칙과 결합했을 때 최적의 효과를 발휘한다. 단순히 화력만으로 적의 존재 자체를 없애는 것은 거의 불가능하다. 그러나 수적 우세 또는 기동과 결합된 화력은 매우 효과적이다. 때때로 원활한 기동을 위해, 적을 제압하거나 고착하는 화력 운용도 필요하다. 이러한 조합에 대한 가장 적절한 예는 너무나도 유명한 해군 전술인 'T자 전법'일 것이다.

이 전술은 아군 함대의 화력을 극대화하고 적군의 화력 효과를 최소화시키는 방법이다. 적군의 함대가 원활한 통신을 위해 일렬로 이동할

---

17 | Biddle, *Military Power*, p.44.
스티븐 비들, 『군사력 : 현대전에서의 승리와 패배』, 현대군사 명저 번역간행위원회, 국방부, 2021. p.78. 참고 (역자 주)

때, 아군 함대 사령관이 발휘할 수 있는 최고의 능력은 자신의 함정들을 'T자'의 상단부의 형태, 즉 횡대대형으로 기동시키는 것이다. 적 함대는 'T자'의 하부, 즉 종대로 진입할 것이다. 이때 아 함대의 모든 함정, 모든 함포는 적군의 선두 함정에 화력을 집중할 수 있고, 반면에 적군은 선두 함정 또는 앞쪽의 몇 척만이 대응사격을 할 수 있다. 후속하는 나머지 적군 함정들은 함포 사격시 혹시라도 앞쪽에 위치한 자기네 함정들에 피해를 줄 우려 때문에 효과적인 사격을 할 수 없게 된다.

이런 상황은 1916년에 영국과 독일 해군이 충돌했던 유틀란트 해전the Battle of Jutland 중 두 번이나 발생했다. 그러나 이 전술로 가장 큰 승리를 거둔 인물은 1905년 쓰시마 해전the Battle of Tsushima Strait 당시 일본 해군 지휘관이던 도고 헤이하치로東鄕平八郎 제독이었다. 러일 전쟁 초기에 사실상 러시아의 태평양 함대가 괴멸된 후, 발틱 함대는 지중해의 서쪽으로, 희망봉the Cape of Good Hope을 돌아서 북태평양에 위치한 항구도시, 블라디보스토크Vladivostok로 항해하라는 명령을 받았다. 이런 정황을 간파했던 도고는 수개월 동안 이들을 제압할 계획을 수립하고 준비를 갖추었다. 잔혹한 6개월의 여정 끝에 18,000해리를 달려온 발틱 함대는 쓰시마섬 일대의 해협을 통과하는 순간에 도고에게 덜미를 잡혔다. 블라디보스토크로부터 불과 300해리를 남겨 놓은 상태였다. 첫 번째 교전은 오후 2시 경에 벌어졌고 일본 해군의 전 함포 500문이 러시아군 기함, 수보로프Suvorov 호, 그 다음으로 오슬랴바Oslyaba 호를 향해 포탄을 쏟아 부었다. 그 반면, 이에 대응한 수보로프

호의 함포는 총 52문이었고 오슬랴바 호의 함포는 61문이었다.[18] 러시아군 수병들은 그날 하루 종일 용감하게 싸웠지만 가장 큰 크기를 자랑했던 장갑함도 일본군의 무차별 사격에 침몰하고 말았다. 러시아군 함대는 포위되었고 밤새도록 일본 해군의 어뢰정으로부터 공격을 받았다. 다음날인 5월 28일 발틱 함대는 결국 항복하고 말았다.

미사일의 시대에 접어들면서 해군의 전술가들에게 화력은 매우 중요한 자산으로 부상했다. 오늘날 해전의 승부는, 누가 목표물을 먼저 공격할 수 있는가, 즉 그런 사거리와 정확성을 보유한 미사일을 가졌는가에 따라 결정될 수도 있다. 1973년 욤 키푸르 전쟁the Yom Kippur War에서 이스라엘이 보유한 가브리엘Gabriel 미사일의 사거리는 겨우 12마일이었던 반면, 시리아와 이집트가 사용했던 소련제 스틱스Styx 미사일의 사거리는 27마일이었다.[19] 이스라엘은 전파교란과 레이더 교란용 로켓을 사용하여 시리아군과 이집트 미사일 고속정이 12마일 이내의 거리에 진입할 때까지 스틱스 미사일을 사격하지 못하게 했다. 이런 방식으로 화력에서의 결점을 보완했던 것이다.[20]

화력은 공군력의 발전과 함께 르네상스를 맞이했다. 항공기의 항속거리, 기동성과 타격력은 오늘날 전장에서 가공할 만한 수준이다. 여기에 관한 적절한 사례는 1968년의 케산 전투the Battle of Khe Sanh이다.

---

18 | Warner and Warner, *Tide at Sunrise*, p.542.

19 | Rabinovich, 'From Futuristic Whimsy to Naval Reality,' pp.41~47.

20 | Hughes, *U.S. Naval Institute on Naval Tactics*, p.72.

당시 북베트남군과 베트콩은 이른바 구정 공세Tet Offensive[21]를 시행 중이었다. 그 무렵 강력한 전투력을 보유한 북베트남 부대가 케산에 위치한 미 해병대 기지를 공격하려고 집결했다. 그곳에는 보병연대 규모인 제26해병단과 1개 포병대대가 주둔해 있었다. 소규모의 미 해병대 기지는 일련의 고지대로 둘러싸여 있었는데, 고지 일대를 점령한 북베트남군은 그 기지를 향해 포탄을 쏟아부었다. 이때의 상황은 1954년의 디엔 비엔 푸Dien Bien Phu 전투와 흡사했는데, 당시 월맹군은 프랑스군을 포위하고 그들이 항복할 때까지 고지대에서 포격을 가했다. 하지만 양자 사이에는 큰 차이점이 하나 있었다. 바로 공군력 운용법이 비약적으로 발전했다는 것이었다. 케산의 미 해병대는 매우 견고하고 빈틈없는 방어 작전을 시행했고, 3개월 간 고립된 상황에서 포병대대도 160,000발의 포탄을 사격했다. 하지만 정말로 위력적이었던 것은 바로 미국의 공군력이었다.[22]

  항공기에 의한 화력은 특히 아크 라이트 공습Arc Light raids[23]에서 그 효과를 발휘했다. 이 공습에는 일본 등에서 날아온 다양한 항

---

21 | 1968년 1월 30일에 실시된 베트콩과 북베트남군의 대규모 공세. 뗏Tet은 구정을 의미하는 베트남어로, 북베트남. 베트콩은 구정 연휴 기간 중에 대규모 공세를 개시했다. 베트콩과 북베트남군은 큰 피해를 입고 전술적으로 패배했다. 하지만 이 과정에서 미국 대사관 시설 등에서 인명 피해를 입었고, 도시지역에서도 베트콩 게릴라를 소탕하는 과정에서의 잔혹한 제압과정이 언론에 공개되면서 미국 내 반전여론이 급증하는 결과로 이어졌다. 북베트남군과 베트콩의 공세는 전술적으로는 실패했으나, 작전 및 전략적인 면에서는 승리했다고 볼 수 있다. (역자 주)

22 | Citino, *Blitzkrieg to Desert Storm*, p.239.

23 | 아크 라이트 작전Operation Arc Light이라고도 하며, Arc Light는 아크에 의해 발생되는 불빛을 이용하는 전기 램프를 의미한다. B-52 폭격기로 수행한 폭격작전의 명칭. (역자 주)

공기가 투입되었는데, 주로 미 공군의 보잉 B-52 스트래토포트리스 Stratofortress 전략 폭격기가 전술적 임무를 맡았다. 미군은 세 시간마다 6대의 B-52를 출격시켜 엄청난 양의 폭탄을 투하했다. 최초 30,000명을 투입했던 북베트남군에서는 50% 이상의 사상자가 발생했고 결국 3개월 후에 철수해야 했다. 그들은 미 해병 기지를 향해 돌격을 감행할 만큼 충분한 수적 우위를 달성할 수 없었다. 역사가인 로버트 M. 시티노Robert M. Citino는 이 사례에서 나타난 화력의 중추적인 역할을 다음과 같이 기막히게 표현했다.

"미 공군은 '아크 라이트' 공습을 통해 포위망을 구축한 북베트남군의 진지에 매일 1.3킬로톤의 폭약 - 다시 말해 소형 핵무기에 해당하는 정도의 화력 - 을 쏟아부었다. 달리 표현하면, 케산에 있던 대략 30,000명의 북베트남군 병사들이 각각 5톤의 고폭탄을 맞은 것이나 다름없다."[24]

화력은 제병협동과 합동의 측면에서도 매우 중요하다. 제3장에서 논의한 바와 같이 제병협동의 개념은 마케도니아의 필립 II세의 시대에 탄생했다. 팔랑스의 정면은 강하지만, 측방과 후방은 취약하다. 제병협동의 이면에 내포된 목적은 적군을 전술적 딜레마에 빠뜨리는 것이다. 예를 들어 적군이 소총, 기관총, 미사일과 같은 직사화기에 타격을 받을 수 있다고 판단한다면, 그들은 당연히 엄폐물을 구축하거나 그런 무기 효과를 최소화하는 대책을 강구할 것이다. 그러나 적군의 머리 위로, 박격포 및 포병 포탄, 항공기의 폭탄이 떨어진다면 그들은 딜레마에 빠질 것이다. 그곳에 남아서 포탄에 맞거나 탈출을 시도하다

24 | Ibid., pp.240~241.

가 아군의 직사화기에 피해를 입을 수도 있기 때문이다. 일반적으로 각 군의 강점과 약점을 보완하는 다양한 무기체계를 보유한, 균형 잡힌 군대가 승리할 가능성이 높다.

시대가 바뀌면서 무기체계의 파괴력과 신뢰도가 증가했고 이로써 수적 우세, 화력, 기동을 결합해야 할 필요성도 증대되었다. 일찍이 근대 이전에 스페인에서는 화승총으로 무장한 병사들이 장창병과 결합하여 대형을 형성하는 테르시오tercio[25]가 개발되었다. 화승총 사수들의 화력을 집중하는 한편, 장전하는데 시간이 소요되기 때문에 이때 적군의 기병 돌격을 저지하여 이들을 보호하기 위해 장창병을 함께 편성하는 방식이었다. 스웨덴의 국왕이자 전설적인 지휘관이었던 구스타프 2세 아돌프Gustav II Adolf[26]는 이 테르시오를 한층 더 발전시켰다. 구스타프 2세는 체스판 형태로 보병과 기병의 대형을 교차해서 배치, 운용할 수 있도록 훈련시켰다. 이는 기병의 기동력과 보병을 활용한 지속적인 수적 우세를 결합한 것이었다. 또한 그는 병력을 다섯 개의 팀으로 구분하여 훈련을 시켜서 사수들의 화력을 증대시켰다. 제1열의 병사가 무릎을 꿇은 상태에서 사격을 하고 제2열의 병력은 제1열의 병사 머리 위로 조준 및 격발했다. 제1열과 제2열의 사수는 격발 후 재장전을 위해 대열의 뒤쪽으로 이동했고 그 자리를 다음 두 사람이 메우는 방식이었다. 이로써 사격이 중단되지 않고, 지속적으로 적에게

---

25   1534년부터 1704년에 걸쳐 스페인 왕국이 채택한 편제이자 전투대형. 17세기 초까지 유럽의 국가들이 테르시오를 모방했다. (역자 주)

26   스웨덴 바사 왕조 제6대 국왕. 30년 전쟁 당시 여러 혁신적인 전술을 내놓아 스웨덴군의 승리에 크게 기여했다. 구스타프 아돌프스는 라틴어식 이름으로, 영미권에는 이 이름으로 잘 알려져 있음. (역자 주)

타격을 가할 수 있었던 것이다.[27] 또한 체스판 형태의 전투대형으로 부대를 탄력적으로 운용할 수 있어서, 예상치 못한 위협에도 신속히 대처할 수 있었다.

30년 전쟁the Thirty Years' War 중이던 1631년 9월 17일, 브라이텐펠트 전투the Battle of Breitenfeld[28]에서 구스타프 2세의 전술은 적중했다. 상대였던 가톨릭군the Catholic army의 기병이 스웨덴군의 우측방에 여섯 차례 돌격을 감행했지만 그때마다 매번 그들은 스웨덴군의 전투대형 사이에 포위되는 형세였고 결국에는 퇴각할 수밖에 없었다. 한때 스웨덴군의 좌측방에 있던 동맹군이 철군하는 바람에 적군의 우회기동에 좌측방이 완전히 노출되었고 가톨릭군이 대거 공격해 들어왔다. 하지만 그 순간 스웨덴군은 재빨리 좌측방으로 전환하여 그 공격에 대응했다. 구스타프 2세 휘하의 최정예 화승총 사수들의 집중 사격으로 가톨릭군은 대량 피해를 입어 사실상 와해되고 말았다. 스웨덴군이 살아남아 퇴각하던 가톨릭군을 추격하자, 그들은 화포와 부상자들을 내팽개치고 라이프치히Leipzig 근처까지 달아났다.[29]

오늘날 화력 운용의 핵심은 적군이 보유한 무기의 강점과 약점을 극복하기 위해 다양한 무기체계를 적절하게 활용하는 것이다. 전차는 적군이 기관총 사격을 가해도 멈추지 않고 적군의 참호를 직접 공략할 수

---

27 | Wedgwood, *Thirty Years' War*, p.288.

28 | 1631년 프로테스탄트 진영의 지휘관이었던 스웨덴 왕 구스타프 2세가 라이프치히 근교 브라이텐펠트 평원에서 로마 가톨릭 군대를 격파하여 30년 전쟁 중 처음으로 프로테스탄트 진영에 승리를 안겨준 전투. (역자 주)

29 | Ibid., p.291.

있다. 그러나 그런 전차를 근접항공지원으로 파괴할 수 있고, 반면 전차의 화력으로는 항공기에 효과적으로 대응할 수 없다. 수 세기 동안 그러했듯, 상대방 무기체계의 특성을 파악하여 아군의 무기체계를 적절히 운용하는 것은 오늘날 전술에서도 중요한 관건이다. 현대적인 제병협동의 열쇠는 화력과 기동을 긴밀하게 통합, 상호 지원이 가능토록 하는 것이다. 이러한 조정, 통제를 위해서는 탁월한 교육훈련과 분권화된 지휘통제 시스템이 필요하다. 이를 통해 전선의 지휘관들이 결심과 시행의 지연을 최소화하고, 전투 현장의 상황을 기초로 특정 지점에서 화력을 운용할 수 있는 권한과 능력을 가질 수 있다(제14장 참조). 또한 원활한 통신과 협조는 효과적인 화력 운용을 위한 필수 조건이다. 군사 역사가인 존 키건 경Sir John Keegan은 제1차 세계대전 당시, 이와 관련된 전술적 상황을 다음과 같이 설명한다. "포탄이 적시적절한 방식으로 정확히 유도되어야 화력이 효과를 발휘한다는 것이 간과되었다. 이때 통신도 필수적이다. 관측자가 낙탄을 수정할 수 없고, 탄착지점을 표적으로 옮기지도, 명중 여부를 보고할 수도 없다면, 그리고 오발을 없애거나 보병의 전투행동과 화력 지원이 유기적으로 협조되지 않는다면, 간접 사격은 노력의 낭비일 뿐이다. 이러한 조정을 위해 통신은 필수적이며, 실시간이 아니더라도 관측반과 사격반 간의 통신은 가능한 최단 시간 내에 이루어져야 한다."[30] 20세기 초기의 군대는 화력과 기동을 최고 수준으로 활용하는 기술을 보유하지 못했다. 그러나 가장 성공적인 오늘날의 군대는 근접항공지원이든 차량탑재 급

---

30 ｜ Keegan, *First World War*, p.22.

조폭발물IED의 형태든 최적의 화력 운용 기술을 완전히 숙달했다. 반면, 작전 개념은 제1차 세계대전 당시의 포병의 공격준비사격과 다르지 않다. 보병을 투입하기 전에 가능한 많은 포탄을 적에게 날려 보내는 것이다. 화력을 투사하는 메커니즘, 즉 기술만이 유일한 차이점이다.

전투에서 쌍방은 적군의 진지에 전투력과 화력을 집중하기 위한 기동을 추구한다. 양측이 이러한 성과를 달성하고자 노력하기 때문에 통상 그것을 가장 먼저, 가장 많이 이뤄내는 쪽이 승리를 쟁취한다. 다음으로 다룰 준칙은 때때로 승리와 패배의 원인이 되곤 하는 템포이다.

6

템포[1]
TEMPO

어뢰다! 빌어먹을! 전속력으로 전진하라!

데이비드 패러거트 *David Farragut* 제독

물리적 영역에서의 마지막 전술적 준칙은 템포다. 대개 템포는 전쟁 원칙에 포함되지 않으며, 만일 포함된다고 해도 템포보다는 속도speed 라는 용어로 자주 표현된다. 물론 적보다 느린 것보다는 빠른 것이 더 낫다. 하지만 때로는 적보다 더 오래 버티는 것이 중요할 때도 있으며, 증원군이나 동맹군이 전장에 도착할 때까지, 혹은 다른 요인들로 인해 아군이 승리할 가능성이 높아지는 순간까지 결전을 지연시키는 것이 유리할 수도 있다. 전술가는 어떤 상황에서든 속도만을 맹목적으로 추구해서는 안 된다. 또한 시간이라는 차원 그 자체와 시간적으로 자신이 유리한지 또는 불리한지를 고려해야 한다. 템포는, 아군이 유리하게, 적군이 불리하게 전투의 경중 완급pace을 제어할 수 있는 능력이다. 전술적 측면에서 시간의 차원을 매우 심도 있게 연구한 이론가 중

---

1 | 적에 대한 상대적인 작전 속도의 변화율이며 리듬. 권말의 용어 해설을 참조할 것. (역자 주)

한 사람이 존 보이드였다.

　존 보이드는 일찍이 템포를 핵심적인 문제로 인식했다. 한국 전쟁에서 F-86 전투기 조종사로 복무한 그는 자신이 경험한 공중전dogfight에서 어떤 조종사가 승리 또는 패배하는지 그 이유를 밝혀내고자 했다. 공중전에서는 항공기 자체의 속도가 아니라 조종사의 신속한 상황판단과 결심에 따른 항공기의 반응 속도가 승부를 결정짓는다고 주장했다. 만약 조종사가 적기의 위치와 속도를 알고 있다면 어떻게 기동하여 적기를 제압할지 결정할 수 있다는 논리였다. 1960년, 넬리스Nellis 공군기지에서 교관으로 재직 하던 중, 그는 '공중 공격 연구Aerial Attack Study' 교범 중 공중전 전술 부분을 집필했다. 그해 말에 미 공군은 그 내용을 공식적인 교리로 채택했다.[2] 훗날 그는 이러한 기본적인 구상을 전쟁에 적용하고자 했던 것이다.

　하지만 전쟁의 본질 자체가 속도와는 반대로 작동한다. 바로 클라우제비츠가 발견해낸, 전쟁에 내재된 마찰 때문인데, 첫째로 때때로 독립적인 의지를 가진 수백만의 사람들과 협력하고 동물들과 함께해야 하는 엄청난 복잡성을 해결하며, 둘째로 병력과 식량, 탄약, 열차의 차축에 이르기까지 시간에 따라 필요한 양을 예측하고, 마지막으로 전체 조직을 일치단결시키는데 필요한 의지력을 창출하는 것은 매우 힘든 일이다. 모든 문제들과 사태의 지연, 그리고 나태한 병사들과 교활한 부사관들, 간섭과 참견으로 명령에 반하는 행동을 일삼고 믿을 수 없는 장교들이 엄청난 마찰을 만들어 내는 주요 요인들로, 군 조직에 부

2　Corram, *Boyd*, p.114, p.115.

정적인 영향을 미치고, 그 조직이 원래의 목적을 추구하지 못하게 방해함으로써 마찰을 초래한다. 강도 높은 훈련과 효과적인 절차, 반복 숙달로 군사작전에 내재된 마찰을 다소나마 완화시킬 수는 있지만 완전히 제거하는 것은 불가능하다. 실제 전투가 벌어지면서 나타나는 공포와 마비, 온 천지를 뒤덮는 혼란은 이러한 마찰을 물리적 수준으로 확대시킨다. 치열한 전장에 있어 본 적이 없는 이들, 적군의 총탄이 빗발치는 순간을 경험하지 못한 이들은 이런 상황을 이해하기 어렵다.

클라우제비츠는 이러한 상황을 마찰이라는 용어로 표현했는데, 아마 이보다 더 완벽한 표현은 없을 듯하다. 그는 전쟁에 인간적 요인들이 존재하고 이것들이 뒤섞여 있기에 전쟁이 완전무결한 상태[3]에 이르지 못한다고 보았다. 그리고 이것은 사실이었다. 그의 관점에서 이런 마찰을 극복하는 것이 전략가와 전술가의 과업이었다.

하지만 보이드는 이 개념에서 한 걸음 더 나아갔다. 그는 클라우제비츠의 『전쟁론』을 제본한 문건을 갖고 있었는데, 그 여백에 적을 상대로 이런 현상을 활용할 수도 있다고 기록하였다.[4] 클라우제비츠가 마찰을 극복해야 한다고 주장했다면, 보이드는 이것을 적극적으로, 특히 무기로 사용한다고 주장한 것이다. 스트레스에 시달리는 조종사는 상대의 행동을 예측하기도, 상대의 급소를 타격하기도 어려울 것이다. 어떤 능력을 갖고 있든 군지휘관도 마찬가지다. 만일 지휘관이 자신의

---

3 ｜ 절대전쟁. 쌍방 중 한쪽이 완전히 섬멸될 때까지 하는 전쟁. (역자 주)

4 ｜ 저자 본인은 운 좋게도 존 보이드가 소장했던 『전쟁론On War』의 복사본을 열람할 수 있었다. 현재 이 사본은 버지니아주 콴티코Quantico, 미 해병대 기지의 그레이 리서치 센터the Gray Research Center의 해병 문서고에 보관되어 있다.

마찰(그중 일부는 상대가 만들어낸)을 극복하는 데만 매몰되어 있다면 상대의 허를 찌르거나 기선을 제압하는데 실패할 것이다.

보이드는 전투에 관해 설명하면서 엔트로피entropy라는 용어를 사용했다. 엔트로피란 '어떤 체계가 유용한 작업을 하는데 필요한 단위 온도당 열에너지의 양'을 의미한다.[5] 이를 전쟁에 대입하면 다음과 같다. 군대가 마찰 - 취소된 명령들, 두려움, 긴장감, 나태한 부하 등 - 을 극복하는데 소모된 에너지는 적과 싸우는데 활용될 수 없다. 따라서 마찰이 승리하는데 사용할 총체적인 에너지potential energy를 감소시킨다는 논리이다. 보이드는 기만 방책과 소모적인 행위를 통해, 그리고 무엇보다 중요한 능력, 즉 적군이 그것을 간파하고 반응하는 것보다 더 빨리 결심하고 그 결심을 이행할 수 있는 능력을 통해 적군의 엔트로피를 가중시켜야 한다고 주장한다. 그렇게 할 수 있다면 그런 엔트로피가 본래 적군이 보유한 에너지를 초과하게 될 것이고 결국 마비나 붕괴로 이어질 수 있다고 보았다. 물론 아군도 나름의 엔트로피를 감당할 수 있다는 전제하에서다.

보이드가 이 개념을 설명하려 제시한 실제적인 방법은 'OODA 루프loop'이다. 전장의 지휘관이 되도록 신속히 결심해야 한다는 논리로 종종 OODA 루프가 제시되기도 한다. 먼저 전술적 상황을 정확히 관찰하고, 자신의 지식을 기반으로 해석하여 상황을 이해하고 평가한다. 이 상황에서 어떻게 행동할지 결심하고 그 결정에 따라 실행에 옮겨야 한다는 의미이다. 즉 관측observe하고 상황을 평가orient하며, 결심

---

5 │ 온라인 브리태니커 백과사전. '엔트로피Entropy'

decide하고, 행동act하는 것이다. 이러한 단계의 주기를 상대보다 더 빠르게 이행하는 쪽이 승리할 수 있다는 논리이다. 이것은 전술가가 자신의 의사결정과정을 이해하고 실행하는데 매우 유용하다. 하지만 적군의 의사결정을 방해하려면 어떻게 해야 할까?

적군의 의사결정을 방해하는 첫 번째 방법은 매우 간단하다. 아군의 행동이 너무 빨라서 적군이 대응하지 못하게 하는 방법이다. 과거로부터 군대는 적보다 속도 면에서 우위를 달성하기 위해 끊임없이 노력했다. 기병을 보유하고, 말을 훈련시켰으며 말에 이륜전차나 등자를 부착하고, 나아가 자동차, 전차, 복엽 항공기, 제트기 등을 도입했다. 보이드도 적보다 더 빨리 결심하고 행동하면 승리할 것이라고 주장한다.

그러나 경우에 따라 템포를 느리게 하여 유리한 상황을 조성할 수도 있다. 클라우제비츠에게로 돌아가서, 그는 전쟁을 쌍방의 의지가 충돌하는 것으로 기술했다. 전쟁 당사국은 상대에게 자신의 의지를 강요하려고 한다. 때때로 한쪽이 상대에게 자신의 의지를 완전히 강요할 수 없을 때도 있다. 이런 경우에 전쟁은 장기간 지속되는 의지의 투쟁이 된다. 승리하기 위해서는 상대보다 더 오랫동안 자신의 의지를 고수해야 한다. J. C. 와일리 제독은, 그의 저서 『군사 전략』에서 전략의 형태를 두 가지, 즉 순차 전략과 누적 전략으로 제시했다. 순차 전략은, "일련의 개별적인 단계 또는 행동으로 시행하는 전략이며, 이러한 일련의 조치들이 각각 앞서 시행한 조치들로부터 자연스럽게 다음 것들로 이어지며, 서로 연계되어 그다음 단계로 나아가는 전략이다." 즉 순차 전략은 단계적step-by-step으로 적을 물리치는 전략인 것이다. 그러나 누적 전략은 다르다. 와일리는 이렇게 말한다. "전쟁을 수행하는 또 다른 방법도 있다. 전체 패턴이 하위 행동의 집합체로 구성되는 전쟁의 형태이다. 그러나 이러한 하위 행동 또는 개별적인 행동은 순차적이지도 않고 서로 관련도 없다. 각각의 개별적인 행동들은 최종 결과에 도달하기 위한 단일의 통계치일 뿐이며 독립적인 가감요인, 즉 플러스 또는 마이너스 요인일 뿐이다."[6]

이런 두 개의 상이한 전략을 때때로 섬멸 전략(순차)과 소모 전략(누적)이라고도 칭한다. 그 차이가 바로 템포이다. 사태가 시간적으로 잇달아 일어나느냐, 아니면 동시에 발생하느냐의 차이인 것이다. 순차 전략은 단계적인 조리법을 통해 요리하는 것과 유사하고 누적 전략은 물주전자를 끓이는 것과 비슷하다. 주전자의 물이 끓는점에 도달할 때까지, 즉 적군의 엔트로피가 가중되어 스스로 붕괴될 때까지 온도를 계속 올리는 것이다.

소규모 전쟁에서 소모 전략의 역학은 더 확연하게 드러난다. 헨리 키신저Henry Kissinger 역시 이에 대해 다음과 같이 기술했다. "게릴라는 지지 않으면 이긴 것이다. 반면, 정규군은 승리하지 못하면 패배한 것이다."[7] 하지만 키신저의 논리는 타당하지 않다. 소모 전략이 시행되고 있을 때 어느 한쪽이 투쟁을 계속하려는 의지를 잃어버릴 수도 있는데 이는 곧 패배하는 것이나 마찬가지였다. 게릴라군과 정규군 모두 패배한 사례들이 있으며 키신저가 기술했던 베트남전쟁에서도 그러한 일이 일어났다. 미국 내에서 전쟁에 대한 인기가 시들해졌고 결

---

6 | Wylie, *Military Strategy*, pp.22~23.

7 | Kissinger, 'The Vietnam Negotiations,' p.214.

국 국민들도 전쟁을 계속하려던 정치인들을 내버려두지 않았다. 즉 국민들이 전쟁에 대한 의지를 상실했던 것인데, 이는 정치적 압박을 받고 있던 미군이 북베트남군을 결정적으로 격퇴시키지 못했기 때문이다. 미군이 남베트남에서 철수하자, 북베트남군은 그들의 정치적 목표였던 하노이에 의한 베트남 통일을 쉽게 달성할 수 있었다.

북베트남군의 소모 전략은 전술적 수준에서 나타났다. 화력 면에서 미군이 훨씬 더 우세했지만 북베트남군은 미군의 화력에 노출을 회피하면서 재빨리 그들을 타격하는 템포를 활용했다. 그들은 이런 방식을 '하나를 느리게, 네 개를 빠르게 one slow, four quick'[8]라고 불렀다. 북베트남군은 철수 계획이 포함된 대규모 공세 계획을 수립하는데 충분한 시간을 가졌으며, 호기를 기다리며 전력을 증강시켰다. 그러다가 일단 공격이 개시되면 그들은 연속적으로 신속히 네 단계의 행동을 시행했다. 분산하여 침투하고, 빠르게 한 곳에 전력을 집중하며, 수적 우세로 재빨리 타격하고, 매복이 포함된 계획적인 철수를 하는 것이었다. 북베트남군이 출현한 방향으로 미군이 부대를 전환하고 증원부대를 파견하거나 지원 화력을 쏟아부으며 역습을 개시할 때쯤이면 그들은 이미 사라져버린 후였다.

그러나 소모 전략이 비정규전에서만 사용되는 것은 아니다. 제1차 세계대전에서 협상국은 전쟁지속 능력 면에서 월등했기에 결국 동맹국을 상대로 승리했다.

하지만 전술가에게 시간은 곧 무기다. 전술가는 순차 전략 또는 누적

---

8 Griffith, *Forward into Battle*, p.161.

전략 중 자신이 현재 시행 중인 전략에 따라 상이한 전술을 선택할 것이고 시간을 조절하여 임무를 수행할 수도 있다. 전술가는 전략의 시간적 측면temporal aspects을 이해해야 한다. 이를테면 전술가는 상황별로 하달된 전략 지침에 따라 손실을 최소화해야할 필요도 있다. 또한 시간이 아군과 적군 중 누구에게 유리하게 또는 불리하게 작용하는지 판단해야 한다(또는 양쪽 모두에게 유리하거나 불리하게 작용할 수도 있음). 일례로 만일 적군이 증원군을 투입할 수 있다는 정보를 입수했다면 시간은 아군에게 불리하게 작용할 수도 있다. 그래서 더 신속하게 행동을 취해야 한다. 반대로 만일 아군의 증원부대가 근처까지 이동 중인 상황이라면 그들이 도착할 때까지 적과의 교전을 미루는 것이 유리할 것이다.

이러한 역학 관계를 가장 잘 보여주는 사례가 바로 제2차 포에니 전쟁이다. B.C. 217년 말까지 로마의 원로원은 공황에 빠져 있었다. 카르타고의 한니발이 스페인에서 알프스를 넘어 이탈리아까지 진군하면서 두 차례 전투, 즉 트레비아 전투the Battle of Trebia와 트라시메네 호수 전투the Battle of Lake Trasimene에서 로마군을 격파했다. 이에 로마 원로원은 정상적인 입헌 정치를 중단하고 퀸투스 파비우스Quintus Fabius를 집정관으로, 마르쿠스 미누키우스Marcus Minucius를 부집정관副執政官에 임명했다.[9]

당시의 전략 상황을 정확히 파악한 파비우스는 대담한 전술적 계획을 발전시켰다. 한니발의 장병들은 평생 전쟁을 수행하기 위한 훈련을 받았고 이제는 로마군을 두 차례나 물리친 역전의 용사들이 되어 있었

---

9 | Polybius, *Rise of the Roman Empire*, p.254.

다. 그럼에도 불구하고 그들이 머물렀던 곳은 이탈리아였고 로마의 동맹국들에게 완전히 둘러싸인 형세였다. 따라서 보급과 식량 문제는 약탈, 징발로 해결해야 했다. 반대로 파비우스의 로마군에게는 전투 경험이 문제였다. 이미 로마군의 사상자가 너무 많았기에 급히 병력을 동원했고 그래서 전투 경험이 부족했던 것이다. 하지만 그들의 전장이 이탈리아인 덕분에 보급도 원활했고 주변에는 모두가 동맹국들이었다. 파비우스는 한니발과의 결정적인 전투를 회피하기로 결심하고 실행에 옮겼다. 그 대신 그는 식량을 약탈하는 카르타고인들과 한니발의 소규모 분견대를 공격했다. 병력 손실을 입은 한니발에게는 현지에서 보충할 자원이 없었지만 파비우스는 피해를 입더라도 쉽게 병력을 보충할 수 있었다. 시간이 자신의 편임을 깨달았던 파비우스는 느린 템포로 한니발의 전력 소모를 강요하는 동시에 로마군에게는 경험을 쌓고 필승의 신념을 가질 기회를 준다는 것을 알게 되었다. 그러나 불행히도 대다수의 로마인들이 파비우스의 계획에 동의하지 않았다. 심지어 미누키우스도 파비우스를 겁쟁이라고 비난하면서 한니발과 직접 싸우기를 원했다.[10]

파비우스의 임기가 만료되자 전쟁을 지속하기 위해 집정관 두 명이 임명되었다. 그중 한 명이 가이우스 테렌티우스 바로Gaius Terentius Varro 로 그에게도 역시 경험이 부족했다. 그는 파비우스의 조언에 따르지 않고 한니발과의 전투에 돌입했다. 한니발은 B.C. 216년 8월 2일 칸나이 전투에서 수적으로 우세했던 로마군을 양익 포위로 완전히 섬멸했

---

10 | Ibid., p.256.

고 하루 만에 로마군 70,000명을 사살하는 전과를 올렸다.[11] 그동안 로마에게 충직했던 동맹국들도 카르타고에게 시선을 돌리기 시작했다.

그러나 B.C. 203년 전세는 역전되었다. 로마는 한니발과의 대규모 전투를 회피했던 파비우스의 전술로 회귀했고 다른 곳에서 카르타고 군대를 격멸함으로써 카르타고가 얻었던 이득을 완전히 없애버렸다. 빼앗겼던 스페인 영토도 대부분 탈환했고 한니발은 다시 한 번 적대국으로 둘러싸인 이탈리아에 고립되었다. 이러한 모든 성과는 푸블리우스 코르넬리우스 스키피오Publius Cornelius Scipio가 달성한 것들이었다. 그는 한니발을 상대할 만한 검증된 능력을 지닌 로마군의 젊은 장군이었다. 시간은 여전히 한니발의 편이 아니었다. 그러나 칸나이 전투 이후 10여 년의 시간을 통해 로마 군단들은 충분한 경험을 쌓았고 연전연승을 통해 자신감을 되찾았다. 이제 템포를 느리게 할 필요가 없다고 느낀 스키피오는 한니발을 이탈리아에 내버려두고 아프리카를 침공하기로 결심했다. 그의 공격에 카르타고는 이탈리아에 체류해있던 한니발을 본국으로 소환했고 마침내 로마는 한니발 군대의 위협에서 벗어나게 되었다. B.C. 202년, 한니발과 스키피오는 카르타고의 외곽, 자마에서 격돌the Battle of Zama했고 결국 한니발은 완패했다.

한니발, 파비우스, 스키피오 세 인물은 템포의 진정한 가치와 전장에서 템포를 무기로 활용하는 방법까지 간파했다. 한니발도 시간이 자기편이 아님을 인식했다. 그래서 가능한 조기에 결전을 감행, 승리하기 위해 계속해서 대규모 회전會戰을 시도했다. 파비우스는 그러한 직접

---

11 │ Ibid., p.274.

교전을 회피함으로써 한니발을 약화시킬 수 있다고 믿었고, 로마가 물리적, 도의적 힘을 되찾을 때까지 기다려야 한다고 생각했다. 스키피오도 로마가 그 힘을 되찾을 시점을, 그리고 카르타고가 파멸에 이를 시기를 정확히 알고 있었다. 모든 전술가는 전술적 상황에서 시간적 측면을 판단해야 하고 이것은 계획수립의 핵심적인 요건이라고 할 수 있다.

포위 공성전에서 요새의 강도에 따라 쌍방의 승부는 전적으로 시간에 달려있다. 요새, 성곽, 또는 도시 내부에 은거한 적군을 공략할 때는, 시간이 적군에게 불리하게 작동하도록 만들어야 한다. 생명 - 물과 식량 - 을 위협함으로써 적군이 진지를 포기하거나 항복하게 해야 한다. 그러나 공자가 포위전을 지속하는 것이 어렵기도 하고, 시간이 공자의 편이 아니라면 직접 공략하는 것이 불가피할 수도 있다.

지금까지 살펴보았듯, 분명한 사실은 이러한 전술적 준칙 중 어느 것도 다른 준칙과 분리해서, 독립적으로 작동하지 않는다는 것이다. 작전 환경과 인식된 상황을 기초로 전술가들은 그런 준칙들을 서로 융합하고 재차 결합한다. 미군의 상급제대 문건에는 육, 해, 공군과 특히 제병과 사이에서 시너지를 창출해야 한다고 기록되어 있다. 사실상 심비오시스symbiosis, 즉 공생 또는 협력관계를 구축해야 한다는 표현이 좀 더 적절하다고 본다.

동물의 세계에서도 공생 관계가 존재하는데, 이는 서로 다른 유기체가 상호 도움을 주는 관계로 정의된다. 예를 들면 파충류와 조류의 관계인데, 악어는 스스로 이빨을 닦을 수 없으며 물떼새 또는 악어새는 그 과정에서 먹이를 쉽게 구할 수 있다.

육, 해, 공군도 마찬가지다. 고대의 군대에서는 중장갑보병이 기병과 궁수, 펠타스트와 같은 경무장 부대에 방호력을 제공하고 수적 우세를 확보했다. 반대로 그들은 기동성과 원거리 화력으로 중장갑보병을 지원했다. 이를테면 카르타고의 코끼리 부대와 페르시아의 캐터프랙트 cataphract[12]는 고대의 전차로 활용되었고, 적 보병의 밀집대형을 돌파하는 능력을 발휘했다. 오늘날의 육군에서는 차량화부대 또는 강습헬기부대가 과거의 기병, 포병, 박격포, 항공 화력지원을 대체하는 전력으로 부상했다. 역사적으로 가장 성공했던 군대들은 수적 우세, 기동, 화력, 템포의 강점들을 모두 조합하여 공생 관계에서 효과를 발휘할 수 있는 부대를 편성, 운용했다. 마케도니아의 알렉산더 대왕도, 로마 군단도, 몽골의 호르드Horde[13]도, 나폴레옹의 군단 체계와 독일의 기갑사단, 현대의 해병 공지특수임무부대Marine Air Ground Task Force, 육군의 여단 전투단Army Brigade Combat Team 모두 이러한 개념을 기반으로 과거로부터 지금까지 운용되고 있다. 더욱이 자신들의 능력을 과신했던 스파르타인 - 기병과 경보병들을 비겁하다고 조롱했다. - 들도 엄청난 피해를 입은 후 기병과 경보병을 함께 운용해야 한다는 것을 깨달았다.

적군을 격멸하는 물리적 수단은 적에게 정신적, 도의적 효과를 발휘하는 것과 분리될 수 없다. 지금까지 적을 상대로 우세를 달성하기 위한 기본적인 네 개의 물리적 방법들을 살펴보았다. 다음으로 적군 내부에 그리고 그들의 심리상태에 영향을 미치는 정신적, 도의적 효과들을 살펴보도록 하자.

---

12 | 캐터프랙트는 중장갑 기마를 탄 중무장 기병임.

13 | 무리. 집단이라는 의미이나 여기서는 부대의 편제를 의미하는 고유명사로 기술한다. 실제 몽고군의 편제는 투만 또는 토우만touman이라고 한다. 부록 F 참조. (역자 주)

7

기만
DECEPTION

전쟁은 적을 속이는 일이다.[1]

손자

기만은 전술가들이 사용했던 가장 효과적이며 가장 오래된 무기 중 하나이다. 호메로스Homer는 『일리아드*Iliad*』에서 B.C. 11세기 또는 12세기경 그리스인들이 10년에 걸친 트로이Troy 포위전투에서 어떻게 승리했는지를 신화적으로 기술하였다. 트로이를 둘러싼 성벽 때문에 그리스인들은 물리적 전투력만으로 그 도시를 점령할 수 없었다. 이때 그리스군의 지도자 오디세우스Odysseus가 한 가지 계책을 내놓았다. 거대한 목마를 제물로 남겨두고 거짓으로 퇴각한다는 것이었다. 승리했다는 착각에 빠진 트로이 사람들은 그 목마를 끌고 들어갔다. 목마 내부에 숨어있던 그리스 병사들은 밤이 될 때까지 기다렸다가 거짓 퇴각했던 그리스 주력부대가 복귀하자 성문을 개방했다. 그 도시는 곧 그리스인들의 손에 떨어졌다. 트로이는 그리스군의 물리적 전투력이

1 　『손자병법』 제1장 시계편. 「兵者詭道也」 (역자 주)

아닌 트로이인들을 속인 오디세우스의 기발한 계략에 함락된 것이다. 이렇듯 기만은 유리한 상황을 조성하기 위해 적군이 상황을 오판하도록 속이는 것이다.

위의 인용문에서처럼 손자도 기만에 관한 가장 강력한 옹호자 중 한 명이다. 『손자병법』에서는 적군이 대비하지 않은 지점, 취약한 곳 또는 아군의 공격을 전혀 예상하지 못한 지점을 타격하라고 주장한다. 나아가 수적 우세에 관한 그의 논리에도 기만이 내포되어 있다. 그는 아군을 분산시켜 적군을 흩어지게 하고 그 즉시 아군을 집중하여 적군을 공격해야 한다고 말한다.[2] 그리고 기동에 관해서도 이렇게 언급하고 있다. "간접 접근으로 기동하여 미끼로 적을 유인하고 우회하라."[3]

기만을 요약한 것이 바로 '정正'과 '기奇'의 개념이다. 정正은 '정상적' 또는 '직접적인 행동'이라는 의미로, 기奇는 '비범한 행동'으로 번역된다. 우선 이러한 개념을 이해하기 위해 손자의 논리를 살펴보자. 그는, "일반적으로 전투에서는 정正으로 맞서고 기奇로 승리를 도모해야 한다."라고 기술한다.[4] 적군의 주의를 끌거나 고착하기 위하여 정正을, 적을 타격할 때는 기奇를 사용하라는 것이다. 이와 관련한 현실 세계에서의 좋은 사례는 소련의 마스키로브카Maskirovka 즉, '위장'이다. 제2차 세계대전 중 동부전선에서 소련군은 마스키로브카의 일환

---

2 │ Sun Tzu, *Art of War*, p.102.
  │ 『손자병법』제6장 허실편. 「我專爲一, 敵分爲十. 是以十攻其一也. 則我衆敵寡.」(역자 주)

3 │ 『손자병법』제7장 군쟁편. 「故迂其途. 以誘之以利. 後人發. 先人至. 此知迂直之計者也.」(역자 주)

4 │ Ibid., p.91.
  │ 『손자병법』제5장 병세편. 「以正合 以奇勝.」(역자 주)

으로 수천 대의 가짜 전차, 가짜 야포와 건물, 그리고 심지어 가짜 도로까지 만들어냈다. 독일군 정보부는 몇몇 가짜 부대를 실제 부대로 오인했고 다른 지역에서 활동 중인 실제 부대를 완전히 놓치고 말았다. 또한 소련군은 독일군에게 노출되지 않도록 야간에, 야음을 이용하여 증원군을 전선에 투입시켰다. 어떤 지역에서 독일군은 소련군이 1,800대의 전차와 야포를 보유했으리라 예상하고 공격을 감행했다. 그러나 그들의 예상은 빗나갔다. 소련군은 총 5,200대의 전차와 야포로 독일군의 공세에 대비[5]했고 각개 병사 수준에서도 기만을 시행할 수 있었다. 위장 전투복, 방음과 등화관제에 관한 전장 군기, 기타 모든 형태의 은폐 대책들도 적군이 실상을 오판하도록 유도하는데 사용될 수 있다.

존 보이드도 손자의 정正과 기奇의 개념을 활용했다. 그는 엔트로피의 열역학 개념을 군사력 충돌의 문제에 적용할 수 있다고 믿었다. 적군이 인식한 현실과 실제 현실 사이의 괴리 - 상대를 속이고 잘못된 정보를 제공하며 혼란에 빠지게 하는 노력을 통해 - 가 클수록 그들의 엔트로피 수준이 증대된다는 논리이다. 그렇게 되면 적군의 조직이 효과적으로 기능을 발휘하지 못하게 될 것이며 단결된 하나의 조직으로서 더 이상 기능을 할 수 없게 되면 결국 그 조직은 무너질 것이다.

어쨌든 중요한 사실은 기만이 적에 비해 유리한 상황을 조성하는 강력한 수단이라는 점이다. 또한 이러한 정신적 속임수와 물리적 조치 간에 사실상 구분은 없다. 전술가는 한쪽에서 적군의 방어선을 지향하여 적군을 속이기 위해 수적 우세(正)를 사용하고 반면 그 시점에 노출

5 | Hastings, *Inferno*, p.510.

된 측방을 타격하기 위해 기동부대(奇)를 활용할 수 있어야 한다. 기만의 정신적 효과는 수적 우세라는 물리적 전술을 통해 달성된다.

적군은 기만당할 때마다 정신적 충격에 빠지게 되고 올바른 상황판단을 할 수 없게 된다. 제2차 포에니 전쟁 중에는 이런 사례도 있었다. 한니발은 부하들에게 노획한 소의 뿔에 막대기를 묶게 했다. 야간이 되면 막대에 불을 붙이고 진지 근처의 중요지형지물에 그 소를 끌고 다녔다. 그즈음 파비우스 막시무스Fabius Maximus는 그곳에 카르타고의 주력이 있을 것으로 판단하여 로마군을 이끌고 그 방면으로 공격했다. 그러나 그사이에 한니발은 부하들과 함께 로마군이 비워놓은 통로를 따라 안전하게 그 지역을 빠져나왔다.[6] 다음으로 칭기즈칸Chingis Khan이 권력을 잡고 부상하는 기간 중에 벌어진 사아리 초원 전투the Battle of Sa'ari Steppe[7]의 사례를 살펴보자. 그는 권력을 놓고 다투던 어느 부족을 공략하기 위해 이동했으나 공격하기에는 병력 면에서 열세했다. 평소에는 몇 명의 병사들이 모여서 한 개의 모닥불을 피우곤 했는데, 밤이 되자 그는 모든 몽골 전사들을 불러 모아 각자 하나씩 모닥불을 피우라고 지시했다. 적군에게 자신의 진영에 다수의 불빛을 보여주기 위해서였다. 상대 부족은 그 불빛을 보고 한 개의 모닥불에 다수가 둘러앉아 있을 것으로 판단했다. 자신보다 더 많은 병력이 있다고 오판한 그들은 머뭇거리다가 결국 호기를 놓치고 말았다.[8] 이로써 칭기즈칸은 진지를 보강할 충분한 시간을 확보했고 마침내 상대 부족이

6 | Polybius, *Rise of the Roman Empire*, pp.259~260.

7 | 몽골 케룰렌Kerulen 강 부근의 습지가 있는 초원 지대에서 벌어진 전투. (역자 주)

8 | May, *Mongol Art of War*, p.12.

공격을 감행하자 이들을 완전히 궤멸시켰다.

해군 지휘관들도 기만으로 큰 성과를 얻었다. 1939년에 벌어진 라플라타 강 전투the Battle of River Plate에서 세 척의 영국 해군 순양함[9] - 아약스HMS Ajax, 아킬레스HMNZS Achilles , 엑세터HMS Exetre - 이 우루과이와 아르헨티나 연안의 남대서양에서 독일 해군 전함[10] 아드미랄 그라프 슈페Admiral Graf Spee함과 조우했다. 치열한 포격전 끝에 네 척의 함선은 모두 상당한 피해를 입었고, 그라프 슈페함이 몬테비데오 Montevideo 항구로 함수를 돌려 퇴각했다. 영국 함대가 그라프 슈페함을 추격하자, 그라프 슈페함은 마치 영국 상선인 양 영국 배들에게 거짓으로 지원 요청을 보냈다. 영국 전함들의 추격 속도를 늦추기 위해서였다. 하지만 영국인들은 그러한 계략을 간파했다. 한편, 피해가 심했던 엑세터함은 수리를 위해 포트 스탠리Port Stanley로 방향을 돌렸고 아약스함과 아킬레스함만 자신들보다 훨씬 큰 독일군 전함을 추격했다. 그라프 슈페함이 몬테비데오에 도착하자, 우루과이 정부는 그들에게 72시간 동안만 항구를 이용하도록 허가했다. 두 척의 영국 순양함도 탄약과 연료가 부족한 상황에다 피해도 상당한 수준이었다. 그러나 때마침 영국 중순양함 컴벌랜드HMS Cumberland함이 그들을 증원하기 위해 도착했다.[11] 또 다른 기동 함대가 증원을 위해 이동 중이었으나 제시간에 몬테비데오에 도달하기에는 너무 멀리 떨어져 있었다. 이런

9 | 아약스와 아킬레스는 경순양함. 엑세터는 중순양함이었다. (역자 주)

10 | 정확히는 장갑함Panzerschiff이라 하여 전함과 중순양함의 중간 체급에 해당하는 함선이었다. 그라프 슈페함 상실 이후, 독일 해군은 해당 함급을 중순양함으로 재분류했다. (역자 주)

11 | Waters, *Official History of New Zealand*, pp.55~56.

상황에서 영국 해군본부의 대응은 탁월했다. 영국 군함들이 이미 그 지역에 모두 전개해 있다고 공식적으로 발표한 것이다. 너무나 불리한 상황이라는 착각에 빠져 패배를 직감한 그라프 슈페함의 함장 랑스도르프Langsdorff는 즉시 베를린과 협의하여 전함을 자침시키기로 결정했다.[12] 또한 격노했을 히틀러를 마주할 용기가 없었던 그는 자살을 택하고 말았다.

외교적 수단까지도 적을 기만하는데 사용될 수 있다. 널리 알려져 있듯 나폴레옹은 전투에서 전술적 이점을 얻기 위해 외교적 기만을 활용하는데 능통했다. 1805년 아우스터리츠 전투the Battle of Austerlitz가 벌어지기 전까지 대불동맹국들에게 나폴레옹은 자신이 우유부단하고 전투를 회피하려는 듯한 모습을 보여주기 위해 다양한 조치를 취했다. 그는 주력부대에서 거의 절반의 전력을 빼내어 다른 곳으로 이동시켰는데, 이는 대불동맹국에게 구미가 당길 만한 목표물을 제공하기 위해서였다. 또한 적군이 한층 더 쉽게 공격할 수 있다는 생각을 갖게하기 위해 방어에 유리한 진지들을 포기하기도 했다. 또한 오스트리아 황제가 제안한 휴전안도 열정적으로 수용하는 듯한 모습을 보였고 적국의 외교관들과의 협상에서도 일부러 소심한 듯, 걱정하는 척했다. 동맹군이 나폴레옹이 나약하다는 것을 확신하고 아우스터리츠에서 공격을 감행하자, 그는 기다렸다는 듯 자신의 본래 모습을 드러냈다. 그리고는 모든 전투력을 집중하여 제3차 대불동맹군을 격파했던 것이다.[13]

12 | Pope, *Battle of the River Plate*, p.183.

13 | Chandler, *Campaigns of Napoleon*, p.432.

기만은 첨단과학기술이 동원된 대규모 전쟁에서도 똑같이 적용된다. 1991년 사막의 폭풍 작전에서 막강한 전력을 보유했던 동맹군은 쿠웨이트로부터 이라크군을 축출하기 위해 세 가지 이상의 최고 수준의 기만 대책을 실행에 옮겼다. 첫 번째는 이라크 본토로의 기계획된 상륙공격이었다. 멀리 해상으로부터 전력을 이동시키는 작전으로, 이라크군은 이러한 위협 때문에 부대 일부를 해안 방어에 투입해야 했다. 두 번째는 사단급 규모로 양동을 시행하는 방안이었다. 동맹군이 공격하리라고 이라크군이 예측하는 방향으로 제1기병사단the 1st Cavalry Division을 이동시켰다. 세 번째는 이라크군 전선을 돌파하여, 누가 봐도 분명한 목표였던 쿠웨이트 시가지를 향해 돌진하는 모습을 보여주는 것이었다.[14] 이러한 기만 방책들 덕분에 이라크군의 우측방은 완전히 무방비상태였고 제7기동군단과 제18공정군단의 대규모 포위작전은 원활하게 진행되었다. 12년 후, 이라크 자유 작전의 개전 단계에서 튀르키예는 이라크 침공을 위해 자국의 영토를 미국에게 제공하지 않을 것임을 공언했다. 하지만 미국은 전투 장비를 실은 선박들을 일부러 튀르키예 방면으로 계속해서 보내고 있었다. 이에 튀르키예 방면에서의 공세가 여전히 유효하다고 확신했던 이라크는 이에 대비하기 위해 13개의 사단을 북부에 배치하기로 결정했다.[15] 연합군이 이라크 남부에서 공격했을 때, 그 전력들은 유휴화되고 말았다. 앞에서 살펴본 것들은 군지휘관들이 적을 기만하여 자신들에게 유리한 전술적 방정

---

14 | Citino, *Blitzkrieg to Desert Storm*, pp.280~281.

15 | Cordesman, *Iraq War*, p.59.

식을 만든 사례들이다.

"전쟁은 적을 속이는 일이다."라는 손자의 주장은 쉽게 이해할 수 있다. 아군의 계획이 적군에게 알려지면 적군은 쉽게 대응할 수 있기 때문이다. 전술가는 기만을 통해 실제 모습을 조작된, 허위의 이미지로 대체시켜 상대방을 혼란에 빠뜨려야 한다. 즉 기만을 활용하여 성공의 확률을 높이는 한편, 상대방에게는 실제의 방정식 즉 실상을 숨겨야 한다.

8

기습
SURPRISE

기습이 성공을 보장하지는 않지만
성공하기 위한 최고의 호기를 보장한다.
바실 H. 리델하트 경

기습은 기만을 수반한다. 효과적인 기만이 기습의 성과로 이어지기 때문이다. 그러나 두 개념만큼은 분리해서 다룰 필요가 있다. 매복 작전에 기만이 포함될 수도, 안 될 수도 있고, 더욱이 적군이 속지 않을 수도 있다. 그렇다고 해도 적군은 대개 자신이 갑자기 전투에 임하게 되는 순간 놀라게 된다. 즉 기습임을 깨닫게 된다. 전투에서 기습이란 적에게 전혀 대응할 수 없는 상황을 부여하거나, 대응 능력이 없는 상태임을 인식시키는 행위이다.

기만과 기습이 결합된 전술적 계획은 특히나 효과적이다. 일례로 1781년에 벌어진 카우펜스 전투the Battle of Cowpens[1]를 살펴보자. 배내스터 탈턴Banastre Tarleton 대령의 영국군 연대British Legion는 토리 민병

---

1 | 미국 독립전쟁 중 대륙군 또는 식민지군과 영국군 사이에 벌어진 전투. (역자 주)

대Tory militia[2]와 동맹을 맺고 다니엘 모건Daniel Morgan 휘하의 식민지 군을 상대해야 했다. 이때 모건은 기만을 활용, 기습을 달성하여 한 시간 만에 영국군을 격퇴하였다. 먼저 모건은 선봉부대의 제2열에 배치했던 독립군 민병대Patriot militias[3]를 의도적으로 퇴각시켰다. 이러한 계략을 통해, 탈턴의 선입견, 즉 그가 민병대에 품고 있던 불신이 더욱 증폭되었고 또한 탈턴 스스로 승리에 대한 자만에 빠져들게 만들었다. 탈턴이 이러한 착각(영국군의 손쉬운 승리)에 빠지자 드디어 모건은 덫에 놓아둔 올가미를 당겼다. 그는 언덕 후사면에 충성심이 탁월한 식민지 보병부대를 배치해 두었고, 독립군 민병대가 그 지역을 통과한 직후, 이들을 추격하던 영국군 부대를 급습했다. 기습을 당한 영국군의 전열은 완전히 붕괴되었고 그 모습을 지켜보던 영국군의 다른 부대들도 깜짝 놀라 전투에 합세하는 것 자체를 거부해버렸다.[4] 모건이 활용한 것은 유리한 지형과 함께 기奇(숨겨둔 식민지 정규군)와 정正(그의 민병 부대)이었다. 결국 그러한 기습으로 역전의 용사들로 가득했던 탈턴의 영국군 연대도 산산조각나고 말았다.

기습은 수적 우세, 화력 그리고 대개는 기동과 더불어 성공적인 매복의 필수요소이다. 일단 목표물, 즉 적군을 순식간에 한 곳에 가둔 후 화력과 측방 공격 또는 포위를 통해 그들을 압도할 수 있어야 치밀하게 계획된 매복이라 할 만하다. 빙 웨스트Bing West는, 2004년 초 팔루자에서 미 해병대가 반군의 매복에 완전히 당했던 장면을 이렇게 묘사했다.

2 | 영국 왕실에 충성하는 민병대. (역자 주)

3 | 미국 독립을 지지하는. 토리 민병대를 적군으로 인식했던 민병대. (역자 주)

4 | Leckie, *George Washington's War*, pp.600~603.

당시 그들[해병대원들]은 거실과 부엌에 앉아 물을 마시고 빵을 씹고 있었다. 그 다음 순간 폭풍우가 몰아치듯 반군들의 총탄이 가옥의 외벽을 때렸다. 일제히 발사된 수십 발의 RPG 로켓탄이 날아와 전신주와 야자수를 때렸고 폭발과 함께 검은 연기를 일으키며 파편이 이리저리 날아다녔다. 반군은 바로 옆집, 그리고 인접한 집들의 마당, 다소 멀리 떨어진 동쪽을 향해 뻗은 도로에 매복해 있었고, 그들이 해병대원들을 공격했던 것이다. 반군은 일제히 두 가옥을 향해 총탄을 쏟아부었고 그 소리는 마치 원반 모양의 전기톱의 굉음 같았다. 수십 정의 자동화기들이 동시에 불을 뿜었고 빗발치는 총탄은 두 가옥의 시멘트 벽면을 두들겨댔다. 엄청난 회색 먼지와 함께 가옥의 벽면이 벗겨져 골조가 드러났고 콘크리트와 철근들도 박살나고 있었다.[5]

매복의 목표는 긴장을 풀고 방심해 있는 적군을 뜻밖의 격렬한 전투에 몰아넣어 육체적, 심리적 혼돈 상태에 빠뜨리는 것이다. 어떤 상황에서 예상 밖의, 전혀 다른 상황에 맞닥뜨리면 당황하지 않을 인간은 거의 없다. 하지만 정신적인 충격은 고도의 교육훈련, 명확한 절차, 전투 현장의 리더십으로 완화할 수 있다. 사실상 전장에서는 기습을 달성하는 것이 수적 우세보다 훨씬 더 중요하다. 국방운영분석센터 Defense Operational Analysis Centre에서는 1914년 이래, 158개의 지상전역을 분석한 결과, 기습이 상대에 비해 2,000:1의 수적 우세를 달성하는

5   West and West, *No True Glory*, pp.195~196.

것과 승률 차원에서 동일하다는 결론을 발표한 바가 있다.[6]

아마도 역사상 가장 악명 높은 기습 공격은 1941년 12월 7일에 일본 해군이 주도한 진주만 공습일 것이다. 당시 수십 년 동안 미국과 일본 사이의 긴장이 고조되어왔고 여러 해 동안 일본 제국이 태평양 지역에서 전쟁의 기로에 있었으며 일본 함대가 움직이는 징후가 다수 있었지만, 미 해군의 태평양 함대는 완전히 방심하고 있었다. 일본은 필리핀과 말라야Malaya를 공습하고 이어서 미국령 웨이크Wake섬과 괌을 공격했다. 그리고 마침내 일본 함대는 진주만에 정박해 있던 미 해군 전함 8척을 공격했다.[7] 점차 기습의 충격에서 회복된 미군은 조직적으로 대응했지만 일본군 항공대는 오아후Oahu섬에 있던 400대의 미군 항공기 중 347대를 파괴하거나 손상을 입혔다. 침몰한 애리조나USS Arizona와 오클라호마USS Oklahoma를 포함하여 총 8척의 전함, 8척의 순양함과 구축함이 손실되었다.[8] 다만 불행 중 다행으로 기습 당시, 미 해군의 항공모함은 외양에 나가 있었다. 일본의 입장에서 진주만 공습은 성공적인 기습이자 전술적인 측면에서도 성공을 거둔 사례이다. 그러나 전술적 측면에서는 실패였지만 성공적인 기습이었던 사례도 있다. 바로 1968년에 벌어진 북베트남군의 구정 공세이다. 특히 구정 공세의 일부로 북베트남군은 케산의 미군 거점에 대대적인 공격을 시행했고 그 작전의 목적은 도심지역에서 미군을 내쫓는 것이었다. 북베트남군의 공격과 동시에, 남쪽에서도 사전에 남베트남에 침투해 있던 북베트남

6 | Storr, *Human Face of War*, pp.47~48.

7 | Spector, *Eagle against the Sun*, p.88.

8 | Millett and Murray, *A War to Be Won*, pp.177~178.

군의 지원으로 전력이 증강된 베트콩과 다른 게릴라들의 공격이 이어졌다. 이 공격에서 '기동'의 요소를 명확히 식별할 수 있다. 북베트남군이 북부에서 남쪽으로 공격한 것은 기습였고 남쪽에서 시행된 북베트남군과 베트콩의 공격은 정正이었다. 공세에 참가한 공산군의 숫자는 약 600,000명이었고 이러한 기습적인 공격은 승리를 자신했던 미국인들의 자존심에 상처를 입히기에 충분했다. 더욱이 미국 국내의 전쟁에 대한 지지 여론을 약화시켰다. 이렇듯 구정 공세는 물리적 효과들을 결합하여 유리한 국면을 조성하는 정신적 효과를 달성했던, 탁월한 사례이다. 북베트남군은 어떠한 전술적 목표도 달성하지 못했을 뿐만 아니라 달성했다고 해도 지극히 일시적인 것이었다. 하지만 윌리엄 웨스트모어랜드William Westmoreland[9] 장군 자신도 구정 공세가 북베트남군의 심리적인 승리라고 인정했을 정도로 성공적인 기습이었다.[10]

대부분의 전쟁 원칙 목록에 기습이 포함되어 있지만, 직접적인, 집중적인 공격에 확고한 신념을 가졌던 클라우제비츠가 기습을 강조하지 않았다는 점은 특이할 만한 사실이다. 무엇보다도 기습과 기만의 많은 부분이 탁월한 정보력에 달려 있고 클라우제비츠는 정보 수집에 그다지 관심이 없었다. 그는 기습을 일종의 스펙트럼으로 인식했다. 전술적 수준으로 내려갈수록 기습을 달성하기는 쉬우나 그 효과는 그리 결정적이지 않다고 보았던 것이다.[11] 전략적 수준의 기습이란 거의 불가능하며 전술적 기습은 큰 의미가 없다고 인식했다. 그러나 클라우

9 | 베트남 전쟁 당시 베트남 군사원조사령관, 육군참모총장 역임. (역자 주)

10 | Karnow, *Vietnam*, pp.542~545.

11 | Clausewitz, *On War*, p.198.

제비츠가 기습 달성에 관해 기술한 내용만큼은 여전히 중요하다. "기습의 심리적 효과란, 기습을 달성한 쪽 입장에서는 최악의 상황을 유리한 상황으로 전환하게 하고, 기습을 당한 쪽에서는 정상적인 결심을 할 수 없게 하는 것이다."[12] 이는 전술가가 물리적 행동으로 창출해야 할 정신적 효과와 상대방에게 강요해야 할 심리적 마비에 관한 명쾌한 문구이다.

12 | Ibid., p.201.

9

혼란
CONFUSION

기습은 우세를 달성하는 수단이 된다. 하지만 심리적 효과 때문에 기습을 하나의 독립적인 요소로 인식해야 한다. 대규모의 기습이 성공하게 되면 적군은 혼란에 빠지고 사기가 저하될 것이다. 기습이 그 성과를 몇 배로 증폭시켰던 크고 작은 사례들이 무수히 많다.[1]

칼 폰 클라우제비츠

혼란은 전통적인 전쟁원칙에 포함된 적이 없다. 혼란은 전투에서 기습 또는 기만을 당한 이들이 공통적으로 겪는 고통이지만 그것들과 관계없이 나타날 수도 있다는 것을 전술가들은 정확히 이해해야 한다. 또한 혼란은 불의의 공격을 의미하는 것도 아니다. 위에서 인용했듯, 클라우제비츠는 '기습'이란 용어를 기습 공격의 의미로 사용했다. 그러나 그는 기습을 단순히 다른 형태의 공격, 습격이 아니라 '자신의 방책, 특히 부대 운용으로 적을 놀라게 하기 위한 노력'으로 인식했다.[2]

---

1 │ 『전쟁론』 3권 9장 기습. 두 번째 문단. (역자 주)

2 │ Clausewitz, *On War*, p.198.

다시 말해 전술가는 기발하고 모호하며 예상치 못한 방법으로 부대를 운용하여 적군을 혼란에 빠뜨려야 한다. 전장에서의 혼란이란, 상대가 사태에 대한 대응과 상황 파악 자체를 하기 힘든, 정신적으로 과도한 부담을 느끼거나 곤혹스러운 상태이다.

클라우제비츠가 주장한 마찰의 개념으로 돌아가서, 그는 어째서 군사작전이 그토록 어려운가에 대해, 전쟁에 내재된 고유한 인간이라는 요인과 더불어 수많은 소소한 어려움들이 군 내부의 마찰을 초래하기 때문이라고 주장했다. 그래서 지휘관들은 이런 본질적인 마찰을 극복해야 한다.

보이드는 이와 동일한 역학을 다른 관점에서 제시했다. 그는 모든 군대 조직이 스스로 초래하는 마찰을 극복해야 한다는 것을 부정하지 않았지만, 우세를 달성하고 나아가 적군을 마비시키기 위해 적군이 감당할 마찰을 증가시켜야 한다고 주장했다.

손자는 적군 내부에 혼란을 조성해야 한다고 강조했다. 첩자를 활용해 잘못된 정보를 제공하고 아군의 계획과 배치를 은폐하는 등의 조치를 취해야 한다고 말한다. 작전보안과 정보보호는 현대적인 개념이지만 고대에서도 나름의 방식으로 적용되었다. 사이버전과 전자전은 오늘날 적군 내부의 마찰과 혼란을 증폭시키는 탁월한 수단이다.

적군의 전열戰列에 혼란을 조성하는 다양한 방법이 있다. 그리고 이것들은 대개 기습과 충격이 결합된다. 아래의 사례는 펜실베이니아 Pennsylvania의 듀케인 요새Fort Duquensne 전방에서, 영국군이 프랑스군과 인디언들의 매복[3]에 당했던 상황을 어느 영국군 소위가 기술한 것이다. 당시 대령이었던 조지 워싱턴George Washington도 이 전투에 참전했다.

우리는 강변에서 고작 800야드 정도 거리를 행군한 상태였다. 그 때 인디언들의 고함소리에 우리는 깜짝 놀랐고 그 순간 온 사방에서 공격받고 있다는 것을 깨달았다. 그들은 수풀에 몸을 숨기고 우리를 향해 정확히 조준했다. 이것이 그들의 수법이었다. 본대가 우리를 지원하러 올 때까지 우리 선발대원 거의 대부분이 총탄을 맞고 쓰러졌다. 우리 병사들은 이런 방식의 전투에 익숙하지 않았던 탓에 엄청난 혼란에 빠져버렸고 모두들 겁쟁이가 되어버린 듯했다. 아무도 선뜻 나서지 못했고 장교들이 명령에 따르라고 애원했지만 소용없었다. 우리는 병사들에게 탄약을 낭비하지 말라고, 착검하여 우리를 따르라고, 저 언덕과 숲에서 적군을 몰아내자고 소리쳤지만 모두 이런 명령을 거부했다. 그들은 우리의 지시를 무시하고 대부분 엉뚱한 방향으로, 일부는 공중으로, 땅바닥을 향해 사격을 해댔다. 많은 수의 아군 병사들과 장교들이 그 총탄에 목숨을 잃었다. 본대가 우리를 구하러 도착했을 때 그들도 똑같이 공황에 빠졌다. 일부 부대는 20열 종대대형으로 이동 중에 공황에 휩싸였다. 장교들은 상황을 수습하기 위해 돌격을 감행했지만 곧 적군의 표적이 되어버렸고 여기서 단 한

---

3 | 프렌치-인디언 전쟁(1754~1763) : 7년전쟁이라고도 불림. 영국과 프랑스+인디언 동맹 세력의 전쟁. 북미에서 프랑스와 영국이 식민지 확장 중 소규모 충돌이 있었고, 이후 전쟁으로 확대됐다. 듀케인 요새는 미국 피츠버그에 있던 프랑스군의 성채로 1758년 프랑스-인디언 전쟁 때 영국군에 점령됐다. (역자 주)

명만 살아남았지만 그 마저도 부상을 입었다. 우리가 최초로 공격을 받은 시각은 오후 1시 무렵이었다. 그리고 거의 5시까지 혼란에 빠져 있었다. 앞서 언급했듯 우리 병사들은 일제 사격하는데 사용할 24회분의 탄약을 허비했으며 그들을 이끌 단 한 명의 장교도 남아 있지 않았다.[4]

이 글에서 알 수 있듯 적군의 매복에 당해 공황과 혼란이 초래되어 엄청난 양의 탄약을 낭비하고 우군의 사격으로 사상자가 발생했다. 매복한 적군의 표적은 바로 영국군 장교들이었고 그들이 희생되자 혼란은 더욱 커졌다. 혼란에 빠진 부대를 수습하려했던 장교들은 더욱더 쉽게 노출되었다. 혼란이 커지면 부대의 지휘통제 네트워크가 마비될 수 있고 이로 인해 부대의 단결력이 무너질 수도 있다(제11장 참조). 이와 유사한 사태는 1971년 인도-파키스탄 전쟁Indo-Pakistani War에서도 발생했고 그 결과, 한때 동파키스탄이었던 지역에서 방글라데시Bangladesh가 탄생하게 된다. 전쟁 후반부에 이미 동요하던 파키스탄군의 지도부는 어느 지역에 공중침투한 인도군의 습격으로 한층 더 큰 혼란에 빠졌다. 당시 파키스탄군은 다카Dacca 일대에 전력을 집중하기로 계획했지만 인도군 공수부대가 철수 중이던 파키스탄군의 퇴로를 차단해 버린 것이다. 또한 인도군은 강습 목표지점에 공수부대를 투입했을 뿐만 아니라 공수작전 직전에 천으로 만든 60개의 더미dummy 즉

---

4 │ 던바Dunar 중위의 글. Keegan, *Book of War*, pp.100~101.에서 인용. 철자와 구두점, 괄호로 묶은 설명 등은 키건의 글에서 그대로 인용함. 키건이 holloa라고 표현한 것은 고함을 지르다는 의미이며, poltroon은 겁쟁이coward와 동의어임.

가짜 공수부대를 낙하시키는 기만 강습작전도 시행했다. 실제로 그 전쟁에 중공군이 투입되지 않았음에도 중공군이 강습작전을 시행했다는 보고까지 접수되는 등 급속도로 변화하는 상황 속에서 파키스탄군의 지휘통제체계는 완전히 마비상태에 빠지고 말았다.[5]

혼란을 주제로 글을 써도 책 한 권의 분량을 채울 수 있을 것이다. 하지만 여기서는 전술적 수준에서 적에게 혼란을 준 두 개의 현대적 사례만으로도 충분할 것이다. 적을 혼란에 빠뜨리는 고전적인 방안으로는 전투 또는 작전 지휘소 같은 지휘통제노드를 파괴하거나 점령하는 것이 있는데, 한 번의 공격으로 적군의 주요 지휘통제자산과 지휘부 요인要人을 제거할 수 있다. 제2차 팔루자 전투에서 미 해병대는 졸란 지구Jolan District와 마카디 모스크Maqady Mosque를 반군 수비대의 지휘통제노드로 인식하고 도심지의 그곳을 먼저 확보하기로 결정했다.[6] 정신적 효력을 창출하기 위한 가장 기발하고 효과적인 방법 중 하나는 1967년에 이스라엘군이 선보였던 '점핑 배러지jumping barrage'[7]였다. 브루스 거드먼슨Bruce Gudmonsson은 이집트 거점에 대한 공격을 지원하는데 사용한 이스라엘군의 사격 방식에 대하여 다음과 같이 설명했다.

최초 단계에서 이스라엘 포병은 은밀히 진격하는 선두 보병제대를 엄호 사격하는 수준에서 화력운용을 제한한다. 그러다가 이집트

---

5   Citino, *Blitzkrieg to Desert Storm*, p.206.

6   West and West, *No True Glory*, p.258.

7   한국어로 번역하면 '도약식 탄막사격'이나 한국군 교리 상의 적절한 용어가 없기에 원어를 발음대로 표기함. 축차적 집중사격. 표적단위 집중사격 등으로 표현할 수도 있음. 의미는 인용문 참조. (역자 주)

군이 그 부대를 식별하고 포병사격을 개시하면 그 순간 이스라엘군 포병도 '점핑 배러지'를 개시하게 된다. 이스라엘군 '야전포병대grand battery' 예하의 각 화포는 개별적으로 지정된 첫 번째 표적에 포격한다. 몇 분 후 그 화포들은 각기 할당된 두 번째 표적을 지향하고, 이어서 세 번째 표적을 공격한다. 화포들은 불규칙적인 시간 간격으로 다시금 '이전 표적' 즉, 첫 번째, 두 번째 표적을 타격한다. 이는 방자인 적 병력이 대피호를 이탈해 노출된 사격진지로 복귀하는 것을 방해하기 위한 것이다. 십여 분의 간격을 두고 점핑 배러지를 시행함으로써 포탄이 떨어지는 것과 상관없이 이집트군이 대피호에서 이탈해서 대응사격을 하지 못하게 하는 것이 목적이었다. 이로써 이스라엘군 기동부대는 이집트군의 거점을 장악하여 최소한의 피해로 적군을 모두 소탕할 수 있었던 것이다.[8]

'점핑 배러지'를 통해 엄청난 혼란이 조성되었고 결국 이집트군은 방어진지를 포기하고 말았다. 이집트군 지휘부도 몇 분 간격으로 전선의 수십 개의 거점이 이스라엘군의 포격을 받고 있다는 보고를 수십 번이나 받고 대응책을 마련하려 얼마나 큰 혼란에 빠졌을지 가히 상상할 수 있을 것이다. 이는 실제로 지휘통제체계를 마비시킬 수도 있다. 이스라엘군의 각각의 화포들이 상이한 표적을 타격했다는 점에서 집중의 원칙을 어겼다는 것은 주목할 만한 점이다. 포병을 집중 운용하는데 익숙했던 이집트군은 분산된 화력 운용에 엄청난 혼란에 빠졌

8 | Gudmonsson. *On Artillery.* p.156.

다. 바로 여기서 정신적 효과가 나타났고 기동부대를 효과적으로 지원할 수도 있었다.

두 사람 이상으로 구성된 조직에서는 조직원이 어떤 형태로든 서로 소통할 수 있는 시스템이 필요하다. 군에서 이러한 시스템은 지휘 또는 명령하고 통제하는 방법이다. 명령은 상부로부터 하달받는 것이며 정보는 하부로부터 보고받는 것이다. 전장에서 부대를 지휘하고 통제하는 전술가의 능력은 강점이지만 취약점이 될 수도 있다. 이스라엘군의 '점핑 배러지'처럼, 적군의 지휘통제체계를 어지럽히고 혼란에 빠뜨리거나 마비시키는 방안들, 그리고 적군 내부에 혼란을 조성하는 방책은 기습과 기만처럼 강력한 무기가 될 수 있다.

10

충격
SHOCK

적이 예상치 못했다는 것은 만사가 최고로 순조롭다는 것이다.

프리드리히 대왕

충격은 전쟁 용어로 정의된 적이 없는 개념이며 의학 용어와 혼동해
서도 안 된다. 미 해병대 교리에서는 충격을 '스피드와 포커스speed and
focus'[1]의 심리적 결과로 설명하고 있다.[2] 2001년 발간된 미 육군 교범
에서는 충격을 기동, 기습과 결합해서 기술한다.[3] 전장에서 심리적 상
태와 결부된 충격 효과는 먼 과거의 군사사에도 등장하지만 오늘날에
도 미 국방부는 용어사전에 이를 정확히 정의할 의향이 없는 듯하다.[4]

---

1 │ 속도, 집중, 중심으로 번역할 수 있으나 의미의 혼선을 막고자 원어로 표기했다. (역자 주)

2 │ U.S. Marine Corps, *MCDP: 1: Warfighting*, p.50.

3 │ U.S. Army, *FM 3-90*, p.3-35, p.3-42.

4 │ U.S. Government, *Joint Publication 1-02*.
　│ 한국군 군사용어사전에서는 충격 효과를 '화력, 기동력을 바탕으로 신속하고 과감한
　│ 공세행동을 취하여 적에게 물리적, 심리적 기습을 달성함으로써 적의 사고와 행동을
　│ 마비시키며 저항의지를 상실케 하는 것'으로 정의하고 있다. 『합동·연합작전 군사용
　│ 어사전』 (2020. 7.) (역자 주)

우리의 목적에 맞게 충격 효과를 정의하면, 상대의 기습적인, 예상치 못한 또는 성공적인 행위로 초래된 심리적인 과부하 상태이다. 이러한 상태를 유발하는 방법은 무수히 많다. 대담한, 예기치 못한 행동 또는 전차와 같이 극도로 압도적인 무기의 출현을 통해서도 가능하다. 실제든, 거짓이든 적부대가 아군의 후방에 나타났다는 생각만으로도 충격을 받고 퇴각할 수도 있다. 항상 그렇지는 않지만 충격은 대개 기만, 기습, 혼란이 결합된 결과로 나타난다. 짐 스토르Jim Storr는 충격에 빠진 부대를 이렇게 묘사했다. "그 부대의 전투효율성이 저하되고 장병들은 전투를 회피할 것이며 참호 속에 숨어버릴 것이다. 대응사격도 할 수 없을 것이며 나아가 전장을 이탈하게 될 것이다."[5] 상대에게 충격을 줄 수 있는 능력은 확실한 강점이다.

고대의 전쟁에서는 대개 중기병의 돌격이 충격 효과를 만들어 냈다. 사실상 중세 후기 유럽의 기사들은 맹렬한, 직접적인 돌격으로 적군을 돌파하는 중기병의 능력에 전적으로 의존했다. 그리고 효력을 발휘했다. 때때로 전투는 단 한 번의 돌격으로 승부가 결정났다. 물론 그보다 더 효율적인 무기들, 이를테면 석궁, 영국군의 장궁병, 장창과 마침내 화승총이 등장하기 전까지였다. 이런 신무기들 덕분에 스위스군의 파이크 방진Swiss square[6]처럼 중기병의 돌격에 맞설 수 있는 전술이 발전하게 되었다.[7]

5 | Storr, *Human Face of War*, p.88.

6 | Pike square라고도 하며 14세기 스위스 연방에서 개발한. 장창 보병으로 10x10 대형을 편성하여 상대의 중기병 돌격을 저지했다. (역자 주)

7 | Oman et al., *Art of War in the Middle Ages*, pp.76~77.

충격은 화약의 시대가 도래한 후에도 전술에서 핵심요소였다. 다수의 전문직업군대, 즉 상비군에서는 화승총의 화력만으로 승리하는 것보다 총검 돌격을 활용한 충격력으로 교전에서 승리하는 것을 선호했다. 그 이유는 간단하다. 적군의 탄환이 아군을 향해 날아올 때, 물론 대응사격을 한다고 해도 대열 속에서 마냥 서 있는 것 자체가 어이없는 일이기 때문이다. 분당 한두 발을 사격할 수 있는 총격전보다는 총검 돌격으로 교전을 더 빨리 끝낼 수 있었다. 1808년, 포르투갈의 비메이로 전투the Battle of Vimeiro에서 병력을 집중하여 종대대형을 편성한 프랑스군 1개 여단이 영국군 보병 2개 대대와 이들의 지원부대를 향해 공격을 감행했다. 처음부터 프랑스군은 영국군의 포격에 큰 피해를 입었다. 횡대대형을 취했던 영국군(일부는 낮은 언덕 덕분에 몸을 숨길 수 있었다.)은 프랑스군이 전장에 이르자마자 이들의 좌측방을 타격하기 위해 방향을 전환했다. 영국군 보병은 일제사격을 가한 후 착검하고 프랑스군의 종대대형을 향해 돌격했다. 프랑스군은 수적으로 우세했고 전투력을 집중했지만 영국군 보병과 싸우기도 전에 황급히 퇴각해버렸다. 상대의 총검 돌격을 목격하고 충격에 휩싸였고 결국 결속력이 무너졌던 것이다. 1812년의 반도 전쟁the Peninsular War의 후반부에 벌어진 살라망카 전투the Battle of Salamanca에서 영국군은 다시 한번 함성과 함께 총검 돌격을 했고 이 전투에 관한 그들의 보고서에는 이런 공격에 대한 프랑스군의 반응이 다음과 같이 기술되어 있다. "그 효과는 충격적이었다. 포이Foy[8]의 부대는 완전히 패닉에 빠진 상태였다. 윌리

---

8 | Maximilien Sébastien Foy(1775~1825). 프랑스의 군인이자 저술가. (역자 주)

스Sir John Alexander Wallace가 그들을 향해 돌진해 들어갔을 때 월리스의 병사들은 프랑스군의 상태를 정확히 파악할 수 있었다. 콧수염을 기른 얼굴에, 표정은 하나같이 파랗게 질려 있었다. 마치 공포에 사로잡힌 한 가족의 모습 같았다. 아군의 습격으로 충격에 휩싸인 그들은 술에 취한 사람들처럼 갈팡질팡했다."[9]

전차의 개발과 함께 충격 효과는 새로이 부각되었다. 초기 모델은 조작도 어렵고 속도도 느렸지만, 기술 발달과 더불어 장갑화되고 화력과 속도를 결합한 전차전 전술도 급속도로 발전했다. 전차 운용과 기갑사단의 광정면 돌파작전에 관한 발전을 선도한 군대는 바로 독일군이었는데 이를 통해 제1차 세계대전 당시에는 불가능했던 기동을 실현했다. 전장에서 전차의 출현만으로도 극도의 공포를 불러일으켰고 이를 '전차 공포증' 또는 '전차 공황증'이라 부르기도 했다. 신무기의 무시무시한 파괴력이 맹위를 떨쳤던 것이다. 이를 정확히 인식한 독일군에서는 훈련 기간 중에 장병들에게 노획한 전차를 접하게 하여 전차에 대한 공포심을 없애기 위해 노력했다. 독일군의 공격 전술 교리 - 특히 그 유명한 기갑병과 장군 하인츠 구데리안 등이 주장한 - 는 전차가 적에게 미치는 심리적 효과를 전차가 보유한 물리적 파괴력, 기동력과 동일하게 중시하였다.[10] 제1차 세계대전에서 독일군의 충격부대 shock troops[11]의 훈련은 그 명칭에서 알 수 있듯 적에게 충격을 주기 위한 또 다른 방법이었다. 중무장을 하고 고도로 훈련된 이 부대가 침투

9 | Griffith, *Forward into Battle*, pp.20~22, p.20.에서 인용.

10 | Showalter, *Hitler's Panzers*, p.5, p.99.

11 | 독일군의 후티어Hutier 전술을 위한 침투 및 돌파부대를 의미함. (역자 주)

전술(제3장에서 논의함.)을 사용하여 적군의 전선에 돌파구를 뚫는다. 그러면 후속하는 부대들이 그 돌파구를 확장하는 방식이다. 물론 적군이 충격에서 회복되기 전에 그러한 행동이 이뤄져야 했다. 이 전술은 오늘날에도 여전히 사용되고 있다. 이라크의 이슬람 국가와 알샴the Islamic State of Iraq and al-Sham, 소위 ISIS라 불리는 테러단체는 전사들을 동원하여 그들이 선정한 표적을 강력하고 신속하게 타격하여 충격 효과를 만들어 낼 뿐만 아니라 그 효과를 증폭시키기 위해 자살폭탄테러를 감행했다.[12]

충격을 일으키는 또 다른 방법은 화력을 집중하는 것이며 본서에 사용된 전술적 용어를 사용하면 수적 우세와 화력을 결합하는 것이다. 제1차 세계대전에서, 산업혁명 덕분에 위력적이고 대규모 포병을 보유했던 선진국 군대들은 전장에서 상대편 장병들이 정신력으로 도저히 버틸 수 없을 만큼 엄청난 포탄을 쏟아부을 수 있었다. 제1차 세계대전 중 그러한 포격을 경험했던 독일군의 에른스트 윙어Ernst Jünger 소위는 자신의 경험을 이렇게 기술하고 있다.

> 전선이 신장되는 바람에 우리는 본대와 떨어져 있었고, 전투를 기다리며 약간 넓적하고 움푹 들어간 땅속에 누워있었다. 이전에 그곳을 점령했던 어느 부대가 파놓은 참호였다. 한참 실없는 대화를 나누던 중, 갑자기 골수까지 얼어붙을 만큼 큰 비명 소리에 모두 입을 다물수밖에 없었다. 20야드 정도 후방에 흰 구름 사이로 흙더미가 용솟음

---

12 │ Hamza Hendawi, Qassim Abdul-Zahra, and Bassem Mroue, 'A Secret to IS Success: Shock Troops Who Fight to the Death,' *Associated Press*, 2015년 7월 8일자.

쳤고 나무들을 강타했다. 엄청난 폭음이 숲 전체에 진동하고 있었다. 우리는 겁에 질린 얼굴로 서로를 바라보았고 아무것도 할 수 없는 무기력한 상태로 땅속에서 몸을 잔뜩 웅크렸다. 포탄이 연달아 작렬했다. 덤불 사이로 퍼지는 가스 때문에 숨이 막힐 지경이었고 숲에는 연기가 자욱했다. 꺾인 나뭇가지들은 날카로운 소리와 함께 땅속에 박혔다. 우리는 그곳에서 무작정 뛰쳐나왔다. 포탄이 작렬하는 섬광과 기압에 쫓기듯 나무 사이를 뛰어다니며 숨을 곳을 찾았다. 겁먹은 사냥감처럼 커다란 나무를 찾아 피신해야 했다. 많은 동료들이 몸을 숨기고 있던 대피호 하나를 발견했다. 나도 역시 그쪽을 향해 재빨리 가려 했지만 그 순간 그곳에 직격탄이 떨어졌다. 두꺼운 널빤지는 찢겨졌고 묵직한 나무기둥들도 부서져서 공중으로 날아가 버렸다. […]

나는 배낭을 내팽개치고 원래 있던 참호를 향해 내달렸다. 그 숲에는 무수히 많은 포탄이 떨어졌고 그곳을 빠져나온 부상자들도 모두 그 참호 쪽으로 이동하고 있었다. 그곳에는 중상자와 죽어가는 사람들로 가득했다. 참으로 섬뜩한 광경이었다. 어떤 이는 허리의 피부가 벗겨지고 등 쪽에 살갗도 찢겨져서 난간에 기대어 앉아 있었다. 두개골 뒤쪽에 삼각형 모양으로 두피가 찢어진 어느 병사는 고성으로 비명을 질러댔다. 그곳은 '고통'이라는 위대한 신神이 지배했다. 그 무시무시했던 광경을 보며 처음으로 나는 그 신의 영역, 그 깊숙한 곳을 직접 경험할 수 있었다. 적 포탄은 계속해서 우리 주위로 떨어졌다.

나는 완전히 이성을 잃었다. 인정사정 볼 것도 없이 내 앞길에 있는 모든 이들과 이리저리 부딪혀가며 참호 위쪽으로 기어올랐다. 서두르는 바람에 몇 번은 뒤로 넘어지기도 했다. 지옥 같은 참호를 벗어나고 싶었다. 위쪽으로 올라가면 좀 더 자유롭게 움직일 수 있을 듯했다. 나는 우거진 덤불을 헤치고 소로와 개활지를 가로질러, 날뛰며 도망치는 망아지처럼 내달렸다. 그러던 중 어느 숲 속에서 쓰러지고 말았다. 그곳은 그헝 뜨헝쉐 Grande Tranchée 일대였다.[13]

위의 글은 사건이 벌어지고 몇 년 후에 쓴 글이지만 집중 포화의 충격에서 비롯된 동물적 공황 상태를 적나라하게 표현하고 있다. 화력의 물리적 집중은 이렇듯 정신적 효과를 만들어낸다. 2015년 5월에 ISIS 테러집단은 정규군이 포병을 활용하듯 차량탑재 급조폭발물을 집중적으로 사용했다. 폭약을 가득 실은 트럭들이 대거 나타나 이라크의 도시 라마디Ramadi를 파괴했다. 이들은 도시 내 일부 구획 전체를 완전히 폐허로 만들어버릴 정도로 매우 위력적이었으며 도시를 지키던 이라크 정규군은 속수무책인 상황에서 퇴각할 수밖에 없었다.[14] 결국 이라크군이 빠져나간 라마디는 ISIS의 손에 떨어지고 말았다.

끝으로 전장에서 정신적 효과를 창출하는 공군력과 해군력에 대해 살펴보자. 이들은 지상군과는 또 다른 엄청난 역할을 수행할 수 있다. 1944년 제2차 세계대전 중에 콰잘레인 환초Kwajalein Atoll 일대의 로이-나무르Roi-Namur섬에서 근접 함포지원사격과 항공대의 폭격을 실시한 미 해군은 일본군 수비대를 그야말로 대공황에 빠뜨렸다. 그 결과 미 해병이 해안으로 돌격했을 때 일본군의 저항은 미미했다. 1945

---

13 | Jünger, *Storm of Steel*, pp.30~31.

14 | Eric Schmitt, 'U.S. to Send Rockets to Iraq for ISIS Fight,' *New York Times*, 2015년 5월 20일자.

년 초 이오지마Iwo Jima에서는 미군의 공중폭격과 함포사격으로 지상에 구축된 일본군 진지 2/3 이상이 파괴되었다(물론 이오지마의 일본군 수비대는 지하 갱도 형태의 방어진지를 구축했는데, 이는 미군이 상륙 전에 시행하는 폭격을 피하기 위한 것이었다).[15] 2003년 연합군은 지상 공격을 지원한다는 목표 하에 1,800여 대의 항공기로 이라크 영토 내 20,000개의 표적을 타격했다. 20,000개의 표적 중에 15,800개는 이라크 지상군과 관련된 표적이었고 1,800개는 이라크 정부기관, 1,400개는 이라크 공군, 800개는 기타 다양한 군사시설이었다.[16] 또한 지상 작전은 이라크 정부, 특히 사담 후세인을 직접적인 표적으로 노렸던 공중 공격과 동시에 시행되었다. 이 공습에서 후세인을 놓치긴 했지만, 이러한 집중적인 공중 공격으로 얻으려 했던 총체적인 효과는 충분히 달성했다. 즉 모든 표적을 물리적으로 파괴했을 뿐만 아니라 이라크의 방어체계와 의사결정체계를 무력화하는데 성공했던 것이다. 이 목표는 '충격과 공포'라는 전역의 명칭에서도 잘 드러난다. 이와 동시에 지상 작전도 함께 시행되어 지상군은 이미 맹폭을 당해 충격에 휩싸인 - 한 대 맞고 쓰러지기 직전의 - 이라크 육군을 상대할 수 있었다. 연합군은 공격 개시 단계에서부터 전 영역full spectrum의 물리적, 정신적 전술 준칙들을 면밀하게 결합하는데 성공했던 것이다.

이처럼 다양한 정신적 효과의 정점은 전투를 끝낸 후에도 한 동안 지속될 수 있다. 간헐적인 전투와 그 사이에 존재하는 숨 막히는 휴전

15 | Spector, *Eagle against the Sun*, p.270, p.498.

16 | Cordesman, *Iraq War*, p.275.

상태가 수일 또는 수개월 이상 이어지면 인간의 신경계는 지속적인 긴장 상태에 놓이게 된다. 이는 전체 군부대의 정신 상태를 완전히 망가뜨릴 수 있다. 에르빈 롬멜 대위는 자서전에서 제1차 세계대전 당시 어떤 부대의 모습을 이렇게 기술했다.

갑자기 벤텔레Bentele 하사가 자신의 손으로 오른쪽(북쪽)을 가리켰다. 150야드도 채 안 되는 지점에서 농작물이 움직이고 있었고 그 사이로 키가 큰 적 병사의 배낭 위에 달린 식기가 햇빛에 반사되어 반짝이고 있었다. 이 적병들은 325고지 서쪽의 능선 정상을 강타한 아군의 포격에 견디다 못해 후퇴하고 있었다. 내가 추정컨대 약 100여 명의 적군이 종대 대형으로 우리 쪽을 향해 정면으로 접근하는 상황이었다.

소대원들을 이곳으로 인솔해올까? 아니다! 지원사격을 하기에는 소대가 현재 위치에 있는 것이 더 나을 것이다. 소총탄의 관통력을 생각했다! 이 정도 거리라면 한 발로 2~3명을 관통할 수 있을 것이다! 나는 서서쏴 자세로 적 대열의 선두에 기습사격을 가했다. 총탄이 날아오자 적군은 주변 지역으로 흩어졌다. 몇 분 후 적들은 같은 대형으로, 우리를 향해 전진해왔다. 매우 근거리에서 갑자기 나타나 자신들에게 기습사격을 가하는 우리를 찾으려고 머리를 쳐드는 프랑스군 병사들은 단 한 명도 없었다. 이제 우리 셋은 동시에 일제사격을 가했다. 적군은 다시금 잠시 몸을 숨겼다가 몇 개의 무리로 흩어져서 제비몽-블레Gévimont-Bleid 도로를 향해 서쪽으로 황급히 퇴각했다. 우리는 도주하는 적군에게 맹렬히 사격을 가했다. 우리는 서

서쏴 자세로 사격을 했지만, 적군은 우리를 분명히 봤을 텐데 전혀
대응사격을 하지 않았다. 참으로 이상한 일이었다.[17]

　계속되는 전투 속에서 정신적인 충격을 받으면 인간은 반격할 수 없
는 인형으로 변할 수도 있다. 위의 사례처럼 단 세 명의 독일군의 습격
에 프랑스군 1개 중대가 전투를 포기하고 달아나고 말았다.
　물리적인 전투력 운용으로 정신적 효과를 달성하고 극대화한, 가장
성공적인 사례 중 하나는 1241년의 모히 전투이다. 헝가리군과 수부타
이Subedai 장군이 이끄는 몽골군이 격돌한 당시의 전투에서, 교전이 벌
어지기 전까지는 헝가리군이 몽골군을 추격하는 형세였다. 수부타이
는 사조강Sajo River 상의 적절한 도하지점을 찾아내자 퇴각을 멈추고
헝가리군과 맞섰다. 수부타이는 헝가리군을 고착하고자 투석기의 지
원사격 하에 정면 공격을 감행했다. 이와 동시에 몽골군의 한 분견대
가 사조강 어딘가에 부교를 설치하고 도하 후에 헝가리군의 측방을 타
격했다. 정면과 측방에서 협공을 당하자 전열이 무너진 헝가리군은 공
황에 빠져버렸다. 그러나 몽골군의 공세는 여기서 끝나지 않았다. 그
들이 헝가리군을 포위할 수 있었음에도 퇴각할 수 있도록 길을 열어주
었다.[18] 공황에 빠진 헝가리군은 퇴로를 확인한 후 몽골군의 실책이라
고 생각하며 그 통로를 통해 빠져나갔다. 그러나 몽골군은 그 통로 일
대에 부대를 매복시켜 두었고 무기를 내팽개치고 퇴각하던 헝가리군

---

17 Rommel, *Attacks*, p.14.
　황규만 역, 『롬멜 보병전술』, 일조각, p.16, 블레 전투 참조. (역자 주)
18 May, *Mongol Art of War*, p.77, p.95.

을 포착하고 적시에 덮쳤다. 헝가리군은 전멸하고 말았다. 몽골군은 전투력을 물리적으로 운용하여 정신적 효과를 달성할 수 있음을 이해 했고 단지 하천선에서 헝가리군을 격퇴시키는 것보다 주요 전투를 통해 전과를 확대함으로써 더 큰 승리를 거두게 되었다.

제2부의 각 장에서 다룬 주제들이 전쟁에서 정신적 효과를 만들어 내는 전부는 결코 아니다. 오히려 군사사상軍事思想의 역사에서 가장 보편적인 요인들이다. 군사사를 통틀어 군인들은 적군의 정신을 마비 시키기 위해 수천 가지의 비책을 개발했다. 스파르타의 중무장 보병, 호플라이트의 낮고 장엄한 구호로부터 독일 공군Luftwaffe의 급강하 폭격기 슈투카Stuka에 장착한 여리고 성의 트럼펫Jericho trumpets[19] 등 이 바로 그 예이다. 이 책을 집필하는 이 순간에도 러시아가 우크라이 나 국경지대에서 주기적으로 대규모 훈련을 실시 중이며 수적 우세를 이용해 우크라이나와 지역 내 다른 국가들을 위협하고 있다.[20] 동시에 우크라이나 내부에 지속적인 분쟁을 일으켜서 국제 사회의 여론을 분 열시키고 있다. 제2부에서도 정신적 효과들을 예측할 수 있다고 주장 할 의도는 없다. 오히려 관건은 전술가가 적군을 타격할 정신적 효과 와 반대로 적군이 우군을 상대로 사용할 수 있는 정신적 효과를 이해 해야 한다는 점이다. 이러한 전투의 영역을 인식하고 이를 예측할 수 있는 군대는 정신적 효과에 대비할 수 있다. 적군이 느낄 두려움, 적군 의 인지적 편향cognitive biases과 편견을 이용할 수 있는 전술가는 참으

---

19 | Ju-87에 장착된 풍압식 사이렌 스피커. (역자 주)

20 | 결국 2022년 2월 24일, 러시아가 우크라이나를 침공하며 전쟁이 시작됐으며, 이 책이 출간된 2023년 현재, 정체국면에 있다. (역자 주)

로 가공할만한 존재이다. 그리고 이러한 전술의 영역이 교리에서는 대개 간과되고 다뤄지지 않는다. 물리적, 정신적 영역에서의 전술을 숙고하는 전술가는 이론을 통해 사고의 틀을 얻을 수 있다. 물리적, 정신적 효과의 총합으로 적군이 인내하고 반격할 수 있는 도의적 능력[21]을 무력화시킬 수 있다. 도의적 중추부moral core는 물리적, 정신적 수단의 목표물이자, 인간이 전투에서 물리적, 정신적 공격을 극복할 수 있는 원천이기도 하다. 마지막으로 살펴볼 전술의 영역은 바로 도의적 영역이며 그 영향력을 인식했던 대부분의 저명한 전략 이론가들도 설명한 적이 거의 없는 주제이다. 더욱이 어렴풋이 인식했지만 제대로 이해한 사람도 없었다. 도의적 영역은 물리적, 정신적 영역 모두를 상쇄시킬 수도 있다. 따라서 반드시 고려되어야 한다.

---

21 ㅣ moral을 '도의적'이라 번역했는데. 이에 대한 자세한 설명은 제1장 각주 12번과 제11장을 참조하기 바란다. (역자 주)

11

도의적 단결력
MORAL COHESION

전쟁을 구성하는 두 가지 요인이 있다. 바로 인간과 무기이다. 그러나
궁극적으로 전쟁의 승패를 결정하는 요인은 인간이다! 인간! 인간이다.

보응우옌잡 Vo Nguen Giap 장군[1]

대부분의 고대 그리스 도시국가의 군대는 토지를 소유한 남성 시민
들로 구성되었다. 이들은 전쟁이 벌어지면 소집되었고 전쟁이 끝나면
다시 생업을 위해 고향으로 돌아갔다. 당시에는 국가에 이해관계를 가
진 이들의 도의적인 힘이, 즉 싸워야 할 어떤 목적 자체가 우수한 군인
을 양성한다는 믿음이 있었다. 나아가 전문직업군인인 호플라이트로
구성된 상비군을 보유했던 유일한 국가였던 스파르타에서도 병사는
자유민이었다. 그곳에는 헬로트Helot[2]라 불리는 노예도 있었지만 그

---

[1]   베트남의 군인이자 정치가. 인도차이나 공산당 창립과 동시에 입당. 베트민을 결성한
후 여러 성에 혁명 세력의 근거지를 만들어 항일 게릴라 부대를 지도했으며. 이후 해
방군 총사령관으로 프랑스 군에 맞서 디엔 비엔 푸Dien Bien Phu 전투를 승리로 이
끌었다. (역자 주)

[2]   스파르타인들은 이주한 지역 주민을 국가 소유의 노예로 만들었는데. 이들을 경작은
물론 전장에도 투입했다. (역자 주)

들은 국가적인 위기 상황에서만 전장에 투입되었다. 전투에 참가한 헬로트에게는 그에 대한 보상으로 자유를 주었다. 고대사회에서 자유를 보장받는 군인이 되고자 했던 분위기는 주목할 만한 사실이다. 그리스의 가장 위협적인 적수였던 페르시아 제국 군인들 중 일부는 징집병이었고 그 모두는 일반 백성이었다. 그런 징집제도와 광활한 영토 덕분에 페르시아는 그리스보다 훨씬 더 큰 규모의 군대를 보유했다. 그러나 수적으로 열세였음에도 자유민으로 구성된 그리스군은 페르시아군을 상대로 전쟁에서 승리하곤 했다. 페르시아는 그리스를 끝내 정복하지 못했고 결국 알렉산더 대왕이 이끄는 자유민 군대에 의해 정복당하고 말았다.

하지만 그리스와 페르시아 사회의 차이점을 확대해석해서는 안 된다. 당시 모든 그리스 국가에도 노예가 있었고 페르시아군에도 자유민, 나아가 전문직업군인도 있었다. 하지만 과도한 일반화 속에 사실상 불변의 진실이 존재한다. 전투 의지가 충만한 의용군이 강요에 의해 억지로 전투에 투입된 군인보다 훨씬 더 잘 싸운다는 것이다. 미국에서도 징집에 문제가 발생한 적이 있었다. 그리스인들은 자유민들의 의무, 조국, 가족을 위해 헌신하고자 했던 도의적인 힘이 상대편의 물리적, 정신적 힘을 압도할 수 있으리라 확신했다. 자유민 병사들이 함께 복무하면서 개별적인 이들의 도의적인 힘은 곧 부대의 도의적 단결력으로 승화된다. 눈에 보이지 않지만 도의적 단결력은 전장에서 가시적인 효과를 나타낸다.

로마 사회에서도 노예는 제국과 경제를 지탱하는 기둥이었지만 전쟁만큼은 자유민(종종 파렴치한 강제 징병대press gangs가 일반인들에게 군 복무를 강요할 때도 있었지만 그들은 노예가 아니었다.)에 의해 수행되었다. 로마 제국이 시민만으로 필요한 수만큼 군대를 조직할 수 없던 시기에도 총동원을 기피했으며 그 대신 용병을 고용했다. 로마가 용병에 의존했다는 사실을 멸망의 요인 중 하나로 꼽기도 한다. 용병은 자발적이지만 돈으로 고용되었기에 시민들이 지닌 도의적인 힘은 그들에게 존재하지 않았다. 르네상스의 정치, 군사 이론가인 니콜로 마키아벨리는 평생 동안 이탈리아에 만연해 있던 용병제도를 비판했고 초기 로마의 군대처럼 시민군 모델을 다시 도입해야 한다고 주장했다.

자유민 군대와 징집병, 용병의 군대를 비교하는 많은 문헌이 존재한다. 이를테면 역사가 빅터 데이비스 핸슨Victor Davis Hanson[3]은 『살육과 문명Carnage and Culture』[4]이라는 저작에서 이 문제에 관해 많은 분량을 할애했다. 전술가들에게 중요한 것은 이러한 도의적인 단결의 힘을 인식하는 것이다. 테르모필레에서 단 300명의 스파르타 전사들은 막강한 물리적 군사력을 보유한 크세르크세스의 군대를 격퇴하기에 역부족이었고 분명히 죽음의 공포를 느꼈을 것이다. 그러나 도의적 힘으로 그 모든 것을 극복했다.

저명한 전략이론가들은 모두 이 논리에 동의한다. 『손자병법』제1장 시계편에는 전쟁의 승부를 판단할 수 있는 다섯 가지 기본 요소가 제시되어 있는데, 그 첫 번째가 바로 도道, moral이다. "도道란 백성들

---

3 | 미국의 보수주의 해설가이자 고전주의자이며 전쟁 역사학자. 주로 근대와 고대의 전쟁사를 연구했고 캘리포니아 주립대학 고전학 교수이며 스탠포드 대학 후버 연구소의 연구원으로 재직 중. (역자 주)

4 | 빅터 데이비스 저. 남경태 역. 『살육과 문명 - 서구의 세계 제패에 기여한 9개의 전투』. 푸른숲. 2002. (역자 주)

이 임금과 뜻을 같이하여 기꺼이 생사를 함께하여 위험을 두려워하지 않는 것이다."[5] 종종 손자의 주장에 반대했던 클라우제비츠도 이 부분에 대해서만큼은 동일하게 강조했다. "그것들[핵심적인 도의적인 요인들]은 지휘관의 술적 능력, 부대의 경험과 용기 그리고 장병의 애국심으로 나타난다." 나아가 이렇게 덧붙였다. "물리적인 [요인은] 나무로 된 손잡이에 불과하다. 그러나 도의적인 요인들은 최고 재질의 금속으로 된 진정한 무기, 잘 연마된 칼날이다."[6] 다시 말해 군대가 무기라면 물리적, 정신적 영역들은 단지 군대의 진정한 타격력인 도의적인 힘을 증강시키는 것에 불과하다는 의미이다. 사기, 도의적 요소들 그리고 결속력은 모두 소위 소속감esprit de corps이라고도 불리는 조직의 단결에 기여한다. 전술적 단위 부대의 도의적 단결력은 싸워 이기는데 가장 중요한 요소이다. 도의적 단결력을 주장했던 프랑스의 이론가, 아르당 뒤 피크는 이렇게 말했다. "용감하지만 서로를 전혀 모르는 네 명의 사람은 감히 사자와 맞서지 못할 것이다. 그러나 용감하지는 않지만 서로를 잘 알고 신뢰를 확신하는 사람들은 대담하게 사자를 공격할 수 있을 것이다."[7] 더욱이 남성과 여성이 하나의 부대를 구성하려면 도의적 요소가 반드시 필요하다. 물론 J. F. C. 풀러와 존 보이드도 여기서 언급한 물리적, 정신적, 도의적인 힘이라는 세가지 영역을 주

---

5   Sun Tzu, *Art of War*, p.64.
       『손자병법』 제1장 시계편. 「道者, 令民與上同意也. 故可與之死. 可與之生. 而不畏危也.」 (역자 주)

6   Clausewitz, *On War*, pp.185~186.
       『전쟁론』 제3권 제5장을 참조하라. (역자 주)

7   Du Picq, *Battles Studies*, Location 1159.

장했고 이에 동의했다. 반면에 분쟁에 있어 도의적 요소는 너무나 강력해서 그 자체만으로도 완벽한 승리를 거둘 수 있다. 마하트마 간디 Mohandas Gandhi와 마르틴 루터 킹 Martin LuTher King Jr.이 바로 그 예이다. 이들은 반대 세력의 강한 탄압에도 불구하고 오직 도의적 힘을 강점으로 활용하여 정치적 목표를 달성했던 인물들이다.

일례로 전설적인 인물인 한니발 바르카 장군은 전술적 수준에서 도의적 힘을 적절히 활용했다. B.C. 218년 그는 카르타고인들과 스페인인들을 이끌고 스페인에서 이탈리아로 진군했고 로마인들은 그를 저지하기 위해 군대를 파견했다. 두 군대는 한 겨울의 이탈리아 북부 트레비아강변 Trebia River에서 조우했다. 로마의 집정관 티베리우스 셈프로니우스 롱구스 Tiberius Sempronius Longus는 공격적이며 호전적인 성격으로 유명했다. 이를 간파했던 한니발은 기병으로 로마군에게 도발을 감행했다. 이른 아침부터 습격하여 로마군의 반격을 유도한 것이다. 이에 로마군은 강을 건너 카르타고군 주력부대의 진영까지 접근했다. 그 순간 매복해 있던 카르타고의 정예군이 로마군의 후방을 타격했고 물에 젖은 채로 추위와 배고픔에 시달리던 로마군은 기습을 당해 패주하고 말았다. 한니발은 물리적인 전투력을 활용해 로마군을 정신적으로 뒤흔들었다. 새벽부터 로마군을 움직이게 하여 혹한의 날씨에 수위가 가슴높이에 이르는 강을 건너게 만들었다. 로마군의 도의적인 힘을 무너뜨리기 위해서였다. 한니발의 덫에 걸린 로마군의 단결력은 붕괴되고 말았다.

군인들의 도의적인 힘을 실질적으로 표현한 것이 바로 단결력이다. 주지하다시피 군인은 가족과 민족을 위해 싸운다. 부대원 모두가 위험과 책임감을 함께 짊어지게 되면 조직 내부의 도의적인 힘은 매우 강력해진다. 게다가 징집병이나 용병을 제외하면, 도의적인 힘을 통해 각개 병사들은 자발적으로 전장에 나가게 된다. 그 원천은 애국심, 이념, 의무감 또는 복수심이 될 수도 있다.

아무리 최고 수준의 열정과 투철한 충성심을 지닌 부대라고 해도, 지휘관이 부대를 잘못 이끌거나 불의의 공격을 받거나, 특히 전투에서 패배하면 그들의 도의적 단결력은 무너질 수 있다. 18세기 군사 평론가들은 군인의 용기를 '호기豪氣, bravura'로 표현했고 전장에서 패배하면 이것이 완전히 꺾일 수 있다고 믿었다.[8] 승리하면 부대의 사기가 올라가는 반면 패배하면 떨어진다. 군수 분야의 문제도 사기를 유지하는데 부분적으로 기여한다. 미 해병대 교리는 이 주제를 이렇게 다루고 있다. '군수시스템에 있어서 경제성, 적응성, 공정성, 유연성과 혁신이 발현됨으로써 지휘관은 자신의 과업을 정확히 인지하는 감각을 갖게 될 것이다. 달리 표현하면 훌륭한 군수시스템으로 지휘관의 도의적 권위가 강화된다.'[9] 간단히 말하면 지휘관이 부대원들을 잘 보살피면 그 부대원들은 지휘관을 위해 더 열심히 싸울 것이다. 현대의 군대에서는 종종 임무 완수가 부대의 최우선 과업이며, 부대원의 복지는 두 번째라고 말한다. 이것은 잘못된 논리이다. 부대원의 복지가 부대의 단결력을 강화시키고 - 그래서 전투 효율성도 높아진다. - 이것이 임무 완수의 전제조건인 것이다. 물론 부대원들을 아이들 다루듯 애지중

---

8 | Whitman, *Verdict of Battle*, p.178.

9 | U.S. Marine Corps, *MCDP: 4: Logistics*.

지 다루라는 의미는 아니다. 도전적이고 실전적인 그리고 고통스러운 훈련은 자신감과 신뢰감, 나아가 도의적 단결력을 증진시킨다.

예를 들어, 군수보급 문제를 무시했던 나폴레옹은 부대의 사기 문제도 과소평가했다. 1812년 러시아로 진군했던 프랑스 대육군French Grande Armée도 장기간의 후퇴, 러시아의 혹한과 배고픔, 러시아군의 끊임없는 습격으로 완전히 산산조각 나고 말았다. 보로디노 전투the Battle of Borodino[10]에서 프랑스군이 승리하고 모스크바를 점령했지만 그 이후 상황은 참혹했다. 당시 프랑스군의 잔여 병력들은 프랑스 점령지로 퇴각하기 위해 베레지나강을 건너려고 했고 이 상황, 즉 베레지나 전투[11]를 목격한 어떤 이는 다음과 같이 기술하고 있다.

> 베레지나강을 건너던 당시의 상황은 너무나 무시무시했기에 이 사건은 그 병사들의 기억 속에 평생 남을 것이다. 수많은 병사들이 이 틀 동안이나 강을 넘었다. 부대가 밀려들기 시작하면서부터 혼란 그 자체였고 프랑스군 내부에 질서는 이미 사라진지 오래였다. 물 속에

---

10 | 1812년 9월 7일 모스크바 서쪽에 위치한 마을인 보로디노에서 나폴레옹의 프랑스군과 러시아군 사이에 벌어진 전투. 프랑스군이 승리했으나 양쪽 모두 큰 피해를 입은 전투다. 이 전투에서 패배한 러시아군은 모스크바를 사수할 수 없다고 판단하여 동쪽으로 이동했고 프랑스군이 모스크바를 점령했다. 러시아군은 철수하면서 모스크바를 불태웠는데, 도시의 3/4이 폐허로 변했다. 나폴레옹은 모스크바를 점령하면 러시아가 항복하거나 협정 체결을 요청할 것으로 예상했으나 러시아 황제는 끝까지 저항했다. 여기에 프랑스군에 보급문제가 심각해지자 나폴레옹은 모스크바를 포기하고 본국으로 철수한다. (역자 주)

11 | 1812년 11월 26일~29일 간 벨라루스의 베레지나강에서 프랑스군과 러시아군 사이에 벌어진 전투. 프랑스군은 베레지나강을 건너 폴란드로 철수하려 했으나 도하 중 러시아군의 공격에 큰 피해를 입었다. (역자 주)

는 이미 많은 시체가 떠다니고 있었다. 빅토르Victor와 돔브로프스키Dombrowski 군단은 러시아군의 반격에 퇴각을 거듭했고, 패주하던 프랑스군 병사들이 강을 건너기 위해 몰려들었다. 그야말로 공포와 혼란이 극에 달한 상황이었다. 포병과 보급대, 기병과 보병들 모두가 먼저 강을 건너려 했다. 장교든 누구든 힘이 센 사람들은 자기보다 약한 사람들을 강물 속으로 밀어버렸고 땅바닥에 내동댕이쳤다. 수백 명의 사람들이 대포의 바퀴에 깔려 죽었고 많은 이들이 헤엄을 치다가 동사했고 또 많은 이들은 살얼음 위를 걷다가 빠져 죽었다. 도처에서 살려달라고 아우성이었으나 그 누구도 손을 내밀어 줄 수 없었다. 마침내 러시아군이 그 교량과 양쪽의 강둑에 포격을 개시했을 때 강을 건너는 것 자체가 중단되고 말았다. 빅토르 군단 예하 1개 사단 7,500명의 병력과 사단장은 항복했다. 수천 명의 병사들이 익사했고 더 많은 이들이 동료들에게 밟혀 죽었다. 그리고 수많은 화포와 보급품들이 강변에 버려졌다. 이 전쟁 후반기의 종말이 바로 이러했다. 러시아군은 20,000명의 포로, 200문의 화포와 무수히 많은 전리품을 획득했다.[12]

위의 글은 연전연패와 부대원의 복지에 무관심한 탓에 단결력이 무너진 한 군대의 참상을 보여주는 사례이다. 짐 스토르는 자신의 저작, 『전쟁의 인간적인 측면The Human Face of War』에서 전술가에게 도의적 단결력이 얼마나 중요한지를 명확히 기술했다. "어떤 상황에서 전투

---

12 | Keegan. *Book of War*. p.162.에서 인용.

가 종결되는가? 각개 병사들이 1대 1로 싸우는 것이 끝났다고 전투가 종결되지 않는다. 한쪽 모두가 전멸하거나 또는 무기력해지거나, 포로가 되는 경우는 매우 드물다. 역사를 살펴보면, 우리는 한쪽 병력들이 집단적으로 전장을 이탈하면 이를 전술적인 성공 또는 패배라고 본다. […] 일반적으로 한쪽이 졌다고 인식했을 때 패배라고 할 수 있다. […] 그래서 패배란 심리적인 상태인 것이다."[13] 적에게 엄청난 고통과 불안을 안겨주고 이로써 스스로 졌다고 믿게끔 해야 한다. 상대의 도의적 단결력보다 더 강한 믿음을 심어주는 것이 바로 전술의 첫 번째 목표인 것이다.

통상 도의적인 힘은 사기라는 용어로 표현되기도 한다. 그러나 이것은 부대원의 만족이나 동기부여의 수준을 훨씬 넘어서는 개념이다. 효과적이며 도전적이고 실전적인 훈련은 부대의 사기 증진에 기여한다. 부대원의 자신감과 공동체 의식이 형성되기 때문이다. 단결력은 기백 또는 소속감과는 다르다. 일정 부분 윤리를 포함하고 있지만 엄밀하게 말하면 윤리적인 의미도 아니다.

1921년에 미 해병대 소속의 얼 '피트' 엘리스Earl 'Pete' Ellis 소령[14]은 필리핀에서 반군과의 전투 경험을 토대로 대반란전에 대해 다음과 같이 기술했다. "적어도 해병대원들은 미국이 약소국을 책임지고 행동했던 모든 상황에서 그들의 조국이 이타적인 동기에서 그런 일을 했다고 믿는다. 보통 사람들은 이러한 상황에서 군대가 그와 같은 생각을

---

13 │ Storr, *Human Face of War*, p.51.

14 │ 제1차 세계대전에 참전한 미 해병대 정보장교로 상륙작전과 해병대 운용에 대한 개념을 정립한 이론가이자 전략가로 평가받는다. (역자 주)

하지 않는다고 말하며, 게다가 그들은 각개 병사의 전투를 위한 사기가 그것에 기반한다는 것과 그것이 군사작전 수행의 기초를 형성한다는 것도 모른다."[15]

엘리스의 논지는 특정한 전쟁에 대한 전략적 근거가 최하급 수준, 즉 전술적 수준까지 영향을 미친다는 것이다. 육군 장병이나 해병대원들이 스스로 대의가 정의롭고 도덕적이라고 인식한다면 그들의 사기는 충천할 것이며 이는 곧 그들의 열정과 군기, 전술적 결심에 영향을 미칠 것이다. 도의적 목표를 추구하는 군대의 도의적 단결력은 더욱더 강력할 것이다. 적절한 수준에서 전술이 전략에 기여하기 위해서는 개별적인 전술들이 전략적 요구사항에 부합해야 하고 전략적 요구사항의 본질은 전술적 수준의 부대의 질, 즉 전투력에 영향을 미치게 된다. 따라서 전략가와 전술가 모두 이러한 도의라는 개념의 연계성을 이해해야 한다. 엘리스는 도의적 단결력과 사기를 보장하고 전장에서 윤리적 의사결정을 뒷받침하는 명확한 전략 지침이 필요하다고 역설한다.

전장에서 전술가가 활용할 수 있는 도의적 힘이란 부분적으로 그의 통제권 밖에 있다. 부대의 도의적 수준은 전장에서 그들이 투입된 목적과 수행해야 할 군사작전, 이 두 가지의 도의적 정당성과 밀접한 관계가 있다. 이는 로마의 법학자이자 정치가인 마르쿠스 툴리우스 키케로Marcus Tullius Cicero가 제시한 정전론正戰論, Just War Theory의 두 가지 개념으로 설명할 수 있다. 바로 '전쟁권jus ad bellum'과 '전쟁법jus in

---

bello'[16]이다. 첫 번째, '전쟁권'은 자위권과 같이 합법적인 이유로 전쟁을 일으킬 수 있는 권리이다. 두 번째 용어인 '전쟁법'은 전쟁에서 승리하기 위해 취하는 행동의 적법성을 의미한다. 비례성의 원칙에 따라 전투력을 사용하고 비전투원의 피해를 방지하는 등의 개념은 전략가와 전술가 모두에게 중요하다. 장병들이 위법 행위를 저지르면 죄책감과 수치심을 느끼게 되고 결국 향후 전투에서의 도의적 힘은 약화된다. 전쟁범죄, 무자비한 전술 또는 민간인을 표적으로 삼는 등의 행동을 하게 되면 전투를 승리로 이끌 수 있는 전술가의 능력에 치명타가 되고, 전술가는 이런 이치를 인식해야 한다. 전술가는 이러한 개념들과 수 세기에 걸쳐 내려온 군사이론에도 관심을 가져야 하지만 그런 현실적인 이유를 넘어서 이것이 국제법에 명시되어 있기 때문에라도 반드시 주의를 기울여야 한다. 화학, 생물학 무기 사용을 불법으로 규정한 것도 이론과 윤리의 실체적인 결과물이다.

전쟁의 목적에 관한 윤리는 전략을 통해 전술로 파급되는 도덕성의 효력과 연계되어 있지만 미국의 요즘 세대들은 이 둘의 연관성을 잊어버렸다. 짐 프레데릭은 자신의 저작,『검은 심장 : 이라크의 죽음의 삼각지에서 미쳐버린 어느 소대의 몰락Black Hearts : One Platoon's Descent into Madness in Iraq's Triangle of Death』에서, 그 소대가 저지른 전쟁범죄의 원인은 일부 모순된 전략에 있다고 지적했다. "일부분 B중대가 겪었던 고초는 잘못된 전략 때문에 발생한 전술적 결과를 보여주는 사례이다. […] 그들에게는 이러한 과업[반군과 싸우는 것]을 이행하기 위

---

16 | Whitman, *Verdict of Battle*, p.11.

해 어떻게 해야 하는지에 관한 일관된 전략이 없었다. 반군을 수색하고 사살하는데 중점을 두어야 하는지, 아니면 자발적 또는 수동적으로 테러리스트들을 지원하는 주민들에게 지지를 얻어야 할지에 대한 혼란만 있었다. 이렇듯 펜타곤에서 생겨난 혼란은 대대급 지휘계통으로 이어져 각개 병사들에게까지 확산되었다."[17] 전략적 수준의 혼선은 사기를 저하시키고 나아가 일선 부대의 전쟁범죄로 이어질 수 있다. 이러한 사태를 방지하기 위해 전술가에게 필요한 것은 도의적, 그리고 전술적으로 단호한 지도력이다.

따라서 전술 수준에서 도의적 효과는 효율적인, 윤리적인, 일관된 전략에서 비롯되는 것이다. 최고 지도부의 잘못된 정책 결정과 모순된 전략적 사고는 최하급 부대의 복지와 부여된 임무를 달성하는 능력에 직접적인 영향을 미친다. 부대의 사기 유지는 장기적인 관점에서 접근해야 하며 각개 병사로부터 최고사령관에 이르기까지 모두가 도의적 강건함을 가져야 한다. 여기서 우리는 다시금 전략이 어떻게 전술에 영향을 미치는지 이해할 수 있다. 정의로운 정치적 목표를 위해, 도덕적인 투쟁을 해야 하는 부대는 도의적 측면에서 더 강한 힘을 발휘할 것이다. 물론 도덕성은 상대적일 수 있다. 예를 들면, 남북전쟁에서 남군Confederate과 독일 국방군Wehrmacht은 사악한 대의를 위해 치열하게 싸웠다. 그리고 분명히 그들 중 많은 이들이 범죄를 저질렀다. 반면 그 외 다른 이들은 그릇된 지도자들에게 이끌려 눈앞의 위협에서 조국을 지키기 위해 열과 성을 다했을 뿐이다. 대의명분의 도덕성이 도의

---

17 | Frederick, *Black Hearts*, pp.xv~xvi.

적 단결력을 결정하는 전부는 아니다.

또 하나의 도의적 요소는 바로 리더십이다. 전략이론가인 콜린 S. 그레이Colin S. Gray는, "사기를 고양하기 위해서는 [그래서 도의적인 힘을 강화하기 위해서는] 지휘계통상에 있는 모든 이들이 부하들에게 상급 제대의 역할에 관한 전문성과 고결한 인품을 지녔다는 믿음을 줄 수 있어야 한다."고 주장했다.[18] 부대원들은 자신들이 믿고 존경하는 지휘관을 위해서 더 열심히, 더 오랫동안, 그래서 더 잘 싸울 수 있을 것이다. 따라서 부하들과 이런 관계를 형성할 수 있는 능력을 기초로 지휘관을 선발해야 한다. 만일 고급 지휘관이 부하들에게 존경과 신뢰를 받지 못하는 등 이런 중대한 과업을 소홀히 한다면 결국 그 부대원들의 성과는 저조할 것이다. 고급지휘관은 예하 지휘관들을 평가하지만 그들의 실패를 응징 - 진급이 지연되거나 누락되는 등 - 하는 이들은 바로 그의 예하 지휘관들이다.

역사상 부대의 사기를 고양시켜 패배를 승리로 바꾼, 탁월한 리더십을 발휘한 사례는 무궁무진하다. 100년 전쟁의 대부분의 기간 중에 영국군은 프랑스군을 상대할 때마다 승리를 거뒀고, 1415년 아쟁쿠르Agincourt에서 영국의 헨리 5세Henry V가 압도적으로 승리하자, 프랑스의 샤를 6세Charles VI는 어쩔 수 없이 자신의 왕관을 그에게 넘겨야 했다.[19] 그러나 평화는 오래가지 않았고 다시 전쟁이 벌어졌다. 1429년 영국군이 프랑스의 도시, 오를레앙Orléans을 포위했고 프랑스군에는

---

18 | Gray, *Strategy Bridge*, p.217.

19 | Jones, *Wars of the Roses*, p.21.

이 도시를 구할 방도가 없었다. 그때 잔 다르크Joan of Arc로 알려진 젊은 여성이 등장했다. 당시 17세로 농부의 딸이었던 잔 다르크는 신神이 프랑스의 승리를 위해 자신을 보냈다고 믿고 있었다. 그녀는 프랑스인들에게 자신이 영국군에 대한 공격을 지휘하겠다고 설득했다. 영국군 진영을 공격하는 전투를 이끌게 된 그녀는 그 도시로 이어지는 통로를 뚫는데 성공했다. 그 후 계속된 전투에서 부상을 입었으나 포위망을 풀기 위해 영국군을 몰아붙였다. 영국군과의 전투에서 수십 년 동안 패배했던 프랑스군의 사기는 땅에 떨어진 상태였다. 그러나 한 소녀의 도의적 솔선수범이 프랑스군에 활력을 불어넣었고 그때부터 프랑스군은 영국군에게 빼앗겼던 지역을 되찾기 시작했다. 1429년 당시 영국의 헨리 6세Henry VI는 불과 일곱 살이었기에 영국으로서는 주도권을 되찾기 어려운 상황이었다. 잔 다르크는 오를레앙에서의 승전으로 영국과 프랑스가 영원히 하나의 통합된 왕국이 되는 것을 막아냈다. 영국군이 그녀를 사로잡아 화형에 처했던 것 자체가 그녀의 군사적 리더십과 능력을 입증하는 것이다. 한 명의 어린 소녀가 백전노장의 군대를 지휘했다는 것, 전세를 역전시켰다는 것, 그리고 탁월한 리더십만으로 영국에게 큰 위협이 되었다는 것은 도의적 모범의 힘이 얼마나 중요한지를 보여준다. 잔 다르크가 전술적 측면에서 타고난 능력을 지녔다거나 신에게 계시를 받았다는 이야기들은 허구다. 그러나 프랑스군 병사들은 그녀를 그런 사람이라 확신했고 이러한 믿음이 그들에게 부족했던 도의적인 힘을 만들어내는데 기여했던 것이다.

리더십과 관련된 도의적인 힘을 가장 잘 보여준 인물이 있다. 그는

1915년 갈리폴리 전투the Battle of Gallipoli[20]를 승리로 이끈 무스타파 케말Mustafa Kemal이다. 오늘날 튀르키예Turkey의 아버지라는 뜻인 아타튀르크Atatürk로 불리는 무스타파 케말은 당시에 평범한 장교로 그 전투에 참가했다. 1915년 8월 6일, 영국군은 전력을 추가로 투입해서 갈리폴리에 상륙하였고, 이미 3개월 동안 지속된 전장에 새로운 전선이 형성되었다. 이미 그 반도에 교두보를 형성한 부대의 공세와 상륙작전은 동시에 시행되었다. 영국군의 작전이 일관성도 없고 공세적이지 못했지만 새로운 압박에 튀르키예군의 전선은 흔들리기 시작했고 다수의 중요한 지역들이 영국군, 특히 오스트레일리아군의 수중에 떨어졌다. 튀르키예에 파견된 독일군의 수석 군사고문, 리만 폰 잔더스Liman von Sanders(독일과 튀르키예는 동맹관계였고 잔더스는 군사고문이기보다는 총사령관에 가까웠다.)는 3일 동안 튀르키예군에게 반격할 것을 요구했다. 마침내 8월 9일에서 10일로 넘어가는 야간에 그는 튀르키예군 사령관을 해임하고 당시 사단장이었던 무스타파 케말에게 튀르키예 방위에 관한 전권을 맡겼다.

무스타파 케말은 이날 밤 23시경 지휘권 인수에 관한 소식을 접했다. 그는 04시에 튀르키예 전선을 재편성하고 반격 명령을 하달했다. 반격은 04:30에 개시되었고 06시경 공격 중이던 영국군은 일대 혼란

---

20 | 제1차 세계대전 중 1915년 4월 25일부터 1916년 1월 9일까지 흑해와 지중해를 잇는 다르다넬즈 해협의 갈리폴리 반도에서 튀르키예군과 영연방군 간에 벌어진 전투. 튀르키예는 독일과 동맹을 맺고 흑해를 통제했는데. 이로 인해 러시아로의 전쟁 물자 지원이 차단되었고, 영국과 프랑스 등은 러시아로부터 식량 수입에 어려움을 겪었다. 이에 영연방군은 갈리폴리 반도에 상륙하여 해협을 통제하려 했으나 큰 피해를 입고 철수했다. 튀르키예에서는 이 전투를 구국의 전투로 일컫는다. (역자 주)

에 빠져 퇴각하기 시작했다. 케말은 8월 10일 하루종일 한순간도 쉬지 않고 튀르키예군의 대규모 반격과 정찰 활동을 직접 지휘했다. 케말의 체력과 정신력이 소진된 순간, 영국군은 승리를 목전에 둔 마지막 기회를 날려버렸고 결국 패하고 말았다.[21]

튀르키예로서는 갈리폴리에서 승리하지 못할 수도 있었다. 8월 9일에서 10일로 넘어가는 야간에 튀르키예군 전선은 완전히 붕괴되기 직전의 순간이었다. 반대편에 있던 영국군, 오스트레일리아군, 뉴질랜드군의 지도부는 무능했지만 그 장병들은 용맹스런 전사들이었고 상황이 달라졌다고는 하나 적어도 그때까지 확보한 전과만큼 - 더 많은 것을 얻기는 어려워도 - 은 지킬 수도 있었다. 양측의 사단장과 군단장급 지휘관들은 매우 보수적이고 소극적인 장군들이었다. 특히 영국군 총사령관 이언 해밀턴Ian Hamilton 장군은 근해에 떠 있던 영국 해군 전함에서 지휘하는 등 전투 현장에 모습을 드러내지도 않았다. 지휘권을 인수한 무스타파 케말이 출중한 인물은 아니었지만 공격적인 성향으로 정평이 나 있었고 잔더스는 이를 높이 평가하여 그를 선택했던 것이다. 8월 9일에서 10일로 넘어가는 그 시간, 갈리폴리 반도와 튀르키예의 운명이 결정되는 순간이었다. 모든 상황이 동일 - 갈리폴리의 경우, 양쪽 모두 혼란스러웠다. - 했지만 지휘부의 능력이 전세를 역전시킨 결정적인 요인이었다. 백병전에 투입된 장병들의 용기를 북돋울 수 있는 지휘부는 국가의 운명을 바꿀 수도 있는 것이다.

아무리 과학기술이 발전해도 전투에서 도의적인 힘은 여전히 중요

---

21   Moorehead, *Gallipoli*, pp.282~286.

하다. 그리고 이는 전술에 근본적이고도 시대를 초월하는 영역이 존재한다는 것을 명확히 보여준다. 2014년 이라크 정규군the Iraq army -미국과 동맹국들로부터 십수 년간 훈련을 받은 상태였다. - 은 자칭 ISIS라는, 자신들보다 훨씬 규모도 작고 무장도 부실한 무장테러단체에게 패배했다. 이 조직은 본격적인 공격에 앞서, 군내에서 가장 충직하고 투철한 신념을 가졌다는 이라크군 지휘관들을 상대로 모술Mosul 일대에서 수개월 동안 테러행위를 감행했다.[22] ISIS 전사들은 수십 명의 지휘관들을 암살하고 그들이 도주하는 동안 몇몇 이라크군의 기지들을 파괴했다. 지속적인 테러로 이라크군의 도의적 단결력을 무너뜨렸다. 모술을 목표로 전면적인 공격이 시작되자 이라크군은 완전히 와해되었고 장병들은 모두 총을 내팽개치고 뿔뿔이 흩어져 버렸다.

요컨대 전쟁에서 도의적 요소는 사기, 단결력, 윤리와 도덕성 그리고 리더십이 결합된 것이다. 그 결합체가 바로 '도의적 단결력'이라 할 수 있다. 이것이 우리 눈에 보이지는 않지만 확실히 존재한다. 하지만 명확히 정의하기도 쉽지 않다. 전술가에게 중요한 것은 전장에서 역할을 하는 도의적 힘 자체를 인식하고 물리적인, 정신적인 힘을 능가하는 그것의 잠재력을 이해하는 것이다. 그와 동시에 분명히 한계도 있다. 아무리 최고의 희생정신을 지닌 전사들이라도 엄청난 숫자의 적군과 무기 앞에서 속수무책일 수도 있다. 서기 73년과 74년에 로마군이 마사다 요새Fortress at Masada를 포위했던 상황이 그런 예이다. 포위된 유대인 반군은 결국 로마인들에게 항복하지 않고 자살을 택했다. 도의

---

22 | Knights, 'ISIL's Politico-Military Power in Iraq.'

적 요인들을 잘 활용하면 인간으로서 보통의 물리적, 정신적 한계를 초월하여 군대의 전투력을 유지할 수 있다. 그렇게 되면 장병들은 그들의 대의를 자신들의 삶에 합당한 정의로운 도덕적 명령으로 인식하게 된다. 따라서 전술가는 자신의 방책을 평가할 때 도의적 대안도 고려해야 한다. 물리적인 전투력 운용과 기발한 정신적 방책들이 승리할 확률을 높일 수는 있다. 하지만 그것만으로는 승리를 보장할 수 없으며 도의적인 힘이 항상 큰 영향을 미칠 것이다. 클라우제비츠가 말했듯, "전투는 가장 피비린내 나는 해결책이다. […] 그러나 적병을 사살하는 것보다 적군의 정신을 말살하는 것이 더 효과적인 방책이다."[23]

---

23 │ Clausewitz, *On War*, p.259.

PART 2

전술적 개념
TACTICAL CONCEPTS

전술가에게 있어 전장은 완벽히 멸균된 실험실 같은 곳이 아니다. 맥락, 즉 전후 관계를 내포한 현실이 존재하고 전술가는 그런 현실과 맞서 싸워야 하고 그것을 이용할 수도 있어야 한다.

또한 전술가는 단순히 피아의 무기와 활용법에만 관심이 있는 전투원warrior이 아니다. 일개 화기조fire-team[1]처럼 아무리 작은 조직이라도 그곳의 리더는 전술가라 할 수 있다. 일반적으로 상급 부대의 전술가와 그 예하에 하급 부대 전술가가 존재한다. 매우 드문 경우지만 그렇지 않을 때도 있다. 트로이 성벽 앞 들판에서 헥토르Hector를 상대해야 했던 아킬레스Achilles의 복수심[2]은 단지 허구일 뿐이다. 그가 생각한 것은 국가, 군대, 함대들 사이에서 벌어지는 실제적인 전투가 아니었다. 2부에서는 전술적 전후 관계가 내재된 실체들 중 가장 핵심적인 개념들에 대해 살펴보도록 한다.

첫 번째 주제는 클라우제비츠가 제시한 개념으로, 승리의 정점과 그

---

1 | 군의 최소 제대. 분대보다 작은 조직. (역자 주)
2 | 파트로클로스의 죽음에 대한 복수심. (역자 주)

원인인 마찰이다. 전쟁이란 인간의 에너지를 소모하는 행위이기에 인간에게 영원히 싸우기를 기대할 수는 없다. 평범한 전술가는 위기 상황에서 군대의 한계를 무시하지만 현명한 전술가는 그것을 잘 활용할 것이다.

두 번째 주제는 전쟁의 세 가지 기본 원칙인 공격, 방어, 그리고 주도권의 연계성이다. 이 세 가지 개념은 매우 긴밀한 관계를 맺고 있기에 각각을 분리해서 설명할 수 없고, 너무나 중요하기 때문에 본서의 논리에서 제외시킬 수도 없다. 이 세 개념은 전술보다 전략에 따라 결정되는 경우가 많은데, 전술적 맥락에서도 중요한 측면인 만큼 이들을 함께 검토해 보도록 한다.

세 번째로 논의할 주제는 지휘와 통제이다. 전술가는 아킬레스처럼 홀로 싸우지 않고 모든 상황에서 조직의 구성원으로 함께 싸워야 한다. 이 연구에서 군사사軍事史를 관통하는 지휘와 통제의 역학 관계를 다루지는 않겠지만 우리는 역사를 통해 효과가 입증된 수많은 개념을 배울 수 있고 전술가는 반드시 그 개념들을 이해해야 한다.

마지막 주제는, 모든 전술가가 싸워야 할 지구의 환경적 요인들이다. 지형과 기상은 부대 운용과 전술적 결심에 영향을 미치기도 하지만 기회를 제공하기도 한다. 환경과 기상에 대한 이해를 통해, 전술가는 자신을 둘러싼 주변 환경으로부터 취할 수 있는 이익과 손실을 인식할 수 있을 것이다.

12

승리의 정점[1]
THE CULMINATING POINT OF VICTORY

인내력으로 고통을 참을 수 있는 이들보다

기꺼이 죽음을 받아들이는 자들을 찾기가 훨씬 쉽다.

율리우스 카이사르

승리의 정점은 전술가와 전략가 모두에게 매우 중대한 개념이다. 이런 역학은 전술과 전략적 차원에서 거의 동일하다. 군대가 전투에서 승리하려면 전투력을 소비해야 하기 때문이다. 장병들의 체력도, 쌓여 있던 탄약도 소모된다. 정신력도 약해지고 연료도 소진된다. 방어작전보다 공격작전을 수행할 때 이러한 현상이 더욱더 두드러진다.

앞서 다룬 전술적 준칙의 용어로 표현하면, 군대의 도의적 힘은 어느 시점부터 저하되기 시작한다. 승리의 전율이 사기를 고도로 끌어올릴 수도 있다. 승리했고 살아남았기에 전 장병들이 기뻐하기 때문이다. 그러나 어느 시점에는, 특히 전사상자가 많을 때, 인간의 정신력도 휴식이 필요하다. 지휘관과 참모부가 피로에 지치면 고도의 통찰력을

---

1 | 한국군의 교리에서는 '작전한계점'이라 기술하나. 문맥에 따라서 '정점'과 '작전한계점'을 혼용하여 번역했다. (역자 주)

발휘하기 어렵다. 그래서 적군을 능가하는 아이디어를 낼 수 없고 아군의 능력을 효과적으로 조율할 수도 없게 된다. 녹초가 되어 버린, 때로는 전상자들이 발생한 부대는 공세적인 전개나 기동을 하기도 어렵게 된다. 결국에는 마찰이 항상 기세를 꺾어 버린다.

　마찰은 클라우제비츠가 제시한 수많은 개념들 중 하나이다. 그는 『전쟁론』에서 전술적 승리와 부대의 사기 - 그리고 전투력 - 사이의 순환 관계를 이렇게 기술했다. "승리하면 사기와 전투력이 확실히 증대된다."[2] 그러나 대부분의 사례는 이 논리와 상반된다. 목표를 향해 돌격한 부대는 신체적 그리고 심리적 능력의 한계 때문에 계속해서 공격할 수 없다. 이러한 각각의 요인들이 한데 모여 한계에 이르는 곳이 바로 승리의 정점이다. 클라우제비츠는 이를 공세가 수세로 전환되는 지점이라고 말했다. 또한 참모들은 어디서 승리의 정점에 다다를 것인지를 예측하고 이 시점이 아군 부대에 혼란을 야기하지 않도록, 이미 계획된 단계가 되도록 준비해야 한다. 그래서 이것은 계획수립의 기본적인 고려사항이 되어야 한다. 왜냐하면 아군의 입장에서 승리의 정점은 취약점이기 때문이다. 만일 아군 전투력이 소진된 순간에 적군의 역습이 개시되면 힘겹게 얻은 승리를 쉽게 상실할 수도 있다.

　미군 보병부대는 그러한 약점에 대비하기 위해 훈련한다. 그들은 적군의 진지를 급습한 후 즉시 방어태세를 취하는데, 적군이 반격할 가장 가능성이 높은 접근로를 향해 반원 형태의 방어진지를 점령한다. 공격을 끝낸 후 부대원들은 지쳐있을 것이며 숨을 헐떡거릴 것이다.

2 ｜ Clausewitz, *On War*, p.566.

부상자도 있을 것이며 흥분상태를 가라앉혀야 할 것이다. 적군의 입장에서는 이 순간이 반격하기에 최상의 기회일 것이다. 보병부대 지휘관은 이런 상황을 잘 이해하기에 부대원들이 전투력을 회복할 때까지 강력한 방어태세를 갖추도록 조치한다.

이러한 정점, 즉 작전한계점은 주로 인간적인 요인 때문에 나타난다. 기민하고 즉각적인 군수보급체계를 통해 부대원에게 식량과 식수, 탄약, 연료를 지속적으로 보급해 줄 수는 있다. 그러나 이것들은 오로지 지친 체력과 날카로워진 신경에만 효력이 있을 뿐이다. 인간적인 요인의 영향은 실전과 같은 강한 훈련을 통해 어느 정도 완화시킬 수 있지만 완전히 제거하기란 불가능하다.

전쟁사를 살펴보면 여러 사례에서 이러한 역학 관계를 발견할 수 있다. 그중 가장 좋은 예는 1944년의 벌지 전투the Battle of the Bulge[3]일 것이다. 그해 12월까지 연합군은 노르망디 해안에서 독일 국방군을 밀어내고 서부 유럽에 대규모 전력을 투입하는데 성공했다. 그러나 이 시점에 병참선이 신장되었고 6개월간의 연전연승에 연합군 지휘관들은 방심하기 시작했다. 그때 히틀러가 공세를 취했던 것이다.

독일군은 서부 전선에 30개 사단으로 두 개 기갑군을 편성[4], 이들을 그 지역의 연료 보급소를 따라서 집중 투입했다. 이러한 집중을 활용한 소위 독일군의 '가을 안개 작전Operation Herbstnebel'의 목적은 강력한 전력으로 아르덴Ardenne 삼림지대를 돌파하여 안트베르펜Antwerp[5]을 확보

---

3 | 독일 측에서는 아르덴 공세Ardenneoffensive라고 일컫는다. (역자 주)

4 | 제5, 6기갑군. (역자 주)

5 | 현재 벨기에의 앤트워프. (역자 주)

하고 연합군을 둘로 쪼개는 것이었다. 40마일 정면에서 시행한 이 공세는 '완벽한 전술적, 전략적 기습'이었고 일부 미군 부대는 혼란에 휩싸인 채 전장에서 이탈했다.[6] 짙은 안개가 깔리는 시간에 맞춰 공격했기에 연합군의 공중우세는 무용지물이었다. 완벽한 타이밍이었든 아니면 엄청난 행운이었든, 독일군은 연합군을 절체절명의 위기로 몰아넣었다. 독일군의 공세 이전에 연합군 총사령부는 승리를 확신하고 있었다. 그러나 연합군의 실책을 깨달은 이는 오로지 단 한 명, 패튼 장군뿐이었다.[7]

독일군은 연합군의 작전한계점을 정확히 포착했지만, 그들 스스로도 너무 조기에 작전한계점에 봉착했다. 새로 창설된 보병부대들은 단기간 훈련받은 미숙한 신병들로 가득했다. 전차부대들이 선두에서 목표지역을 확보해 나갔지만 이런 보병들로는 해당 지역을 완전히 장악할 수 없었다. 12월 22일 마침내 안개가 걷히자 연합군 공군기들이 나타나 독일군 부대에 폭탄을 퍼부었다. 독일군도 사전에 연료를 충분히 확보해 놓은 상태였지만 기갑부대가 연합군의 폭격을 회피해야 할 순간에 연료가 바닥나는 사태가 발생했다.[8] 이런 요인들과 더불어 제101공수사단 같은 수많은 미군 부대들의 완강한 저항으로 독일군은 안트베르펜에 한참 못 미친 지점에서 작전한계점에 도달하고 말았다. 그 직후 연합군의 공세, 특히 패튼이 지휘하는 제3군의 반격으로 독일군이 당시까지 획득했던 전과는 사라져버렸다.

오늘날 고도로 발달된 과학기술을 활용한 전쟁이 벌어지고 있지만 여

---

6 ｜ Hastings, *Inferno*, pp.571~573; p.571.에서 인용.

7 ｜ Millett and Murray, *A War to Be Won*, p.464.

8 ｜ Hastings, *Inferno*, pp.573~574.

전히 승리의 정점을 고려해야 한다. 오늘날 미 해병대 교리에는 이렇게 기술되어 있다. "우리는 희생 - 생명, 연료, 탄약, 체력과 때로는 도의적 힘의 소모 - 을 치르며 진군한다. 그리고 공격 기세는 시간이 갈수록 약해진다. 결국 최초에 우리가 적을 공격하고 적군이 방어하게 만들었던 아군의 우세는 소멸되고 피아간의 균형은 적군 쪽으로 기울게 된다."9

현재에도 승리의 정점의 효력은 여전히 유효하다. 테러집단인 ISIS는 2014년 이라크 북부, 서부에서 이라크 정규군과 시리아의 반군과 싸우며 일련의 주목할 만한 성공을 거두면서 전면에 등장했다. 그러나 예상대로 ISIS의 세력 확장은 그 지역의 이라크군과 미군의 공습으로 중단되었다. 2015년에는 이라크군이 반격을 개시했고 티크리Tikri를 포함하여 ISIS가 차지했던 지역을 탈환했다. 그 직후 기세가 약화된 이라크군은 재차 작전한계점에 봉착했고 ISIS는 다시 한번 이라크와 시리아에서 세력을 확장하기 시작했다. 2015년 후반부에 이라크군은 전투력을 회복하여 이 글을 집필하는 지금 라마디를 수복하는데 성공했다. 이러한 분쟁 속에서 승리와 그에 따른 정점의 추는 급격하게 흔들리고 있다.

클라우제비츠의 논리에서 현대의 교리에 이르기까지 승리의 정점은 공격과 관련이 있다. 공격의 힘을 제한하는 이 같은 요인이 수세를 취하는 부대에도 영향을 미치게 된다. 물론 훨씬 더딘 속도로 진행되겠지만 말이다. 따라서 작전한계점은 우리가 다음에서 살펴볼 개념, 즉 공격과 방어, 주도권에 영향을 미치는 핵심적인 요소이다.

9 | U.S. Marine Corps, *MCDP: 1: Warfighting*, p.35.

13

공격, 방어 그리고 주도권
THE OFFENSE, THE DEFENSE AND THE INITIATIVE

도움을 받는 것보다 도와 줄 수 있는 힘을 갖는 것이

더 기분 좋은 일이다.

윈스턴 처칠 경

공격과 방어의 역학에 관한 논의는 분명히 필요하다. 거의 모든 군사 행동은 공격 또는 방어, 아니면 그 둘 모두로 설명할 수 있다. 예를 들어 1755년 머논가힐라 전투the Battle of the Monongahela[1]에서 프랑스군은 브래드독Braddock의 영국군을 상대로 파쇄공격을 감행했다. 프랑스군의 작전은, 브래드독의 목표였던 듀케인 요새를 방어하기 위한 공세적인 기동이었다. 주도권이 누구에게 있었는지는 분명하지 않다. 주도권은 전쟁의 원칙에 자주 포함되지만 우리는 이를 공격과 인과관계를 맺거나 공격과 결부되어 있는 것으로 인식한다. 물론 이것이 틀린 말은 아니지만 그렇다고 항상 맞는 말도 아니다. 미 해병대 교리에서는 주도권을 이렇게 기술한다. "공세적 작전은 주도권을 쟁취하기 위

---

1 │ 북아메리카의 7년 전쟁인 프렌치-인디언 전쟁에서 벌어진 전투. (역자 주)

해, 그리고 주도권을 활용하여 적의 대응을 강요하는 것이다."[2] 하지만 이런 논리는 공격과 주도권 둘 모두에 대한 오해에서 비롯된 것이다.

그런 오해는 충분히 있을 수 있다. 미 해병대는 이 문제와 관련하여 클라우제비츠의 생각을 상당 부분 수용했기 때문이다. 그는, "방어는 *지킨다*preservation는 수동적인 목적을 지니며 공격은 *정복한다*conquest는 능동적인 목적을 지닌다."[3]라고 기술했다. 방어는 특정 지역을 지켜내고, 공격 후 부대를 휴식과 재무장시키거나 공격을 준비하는 두 가지 측면에서 필수적인 방법이다. 하지만 승리를 달성하고 어떤 이익을 취할 수 있는 방법은 공격이다.

방어는 부대원의 휴식이나 재정비를 위해서 뿐만 아니라, 클라우제비츠가 말했듯, 본질적으로 방어가 더 강력한 전쟁 형태이기에 필요하다. 방자는 방어에 유리한 지형을 선택하고 그곳에 더욱 견고한 참호를 구축할 수 있다. 반면 공자는, 휴식과 정비 중인 방자를 찾아내는 데 자원과 에너지를 소모해야 한다. 그들이 방자의 진지 앞에 도달하면 공세적으로 기동하는 데 매우 한정된 방책을 갖게 될 것이다. 또한 방자의 일부를 제압하지 못하면 상대의 주방어지대에 도착한 순간부터 피해가 발생할 것이다. 사실상 이런 상황에서 주도권은 방자에게 있다. 클라우제비츠 자신도, "[공자가] 허비한 시간은 방자에게 흘러 들어간다. 방자는 씨를 뿌리지 않고도 열매를 얻는 것이다."[4]라고 기술했다.

물론 방어만으로는 이미 가진 것만 지킬 수 있을 뿐, 아무것도 달성

---

2 | U.S. Marine Corps, *MCDP: 1-0: Operations*, p.6-4.

3 | Clausewitz, *On War*, p.358.

4 | Ibid., p.357.

할 수 없다. 반면 공격은 더 위험하지만 전술적 승리를 달성할 수 있다. 군사력으로 승리하기 위해서는 위험을 감수해야 할 것이고 전술적 승리란 중요지역을 확보하거나 적 부대를 격멸하거나 기타 전술적 과업을 해내는 것이다. 그 외에도 공격에는 또 다른 이점도 있다. 전투의지가 충만한 부대는 공격을 원할 것이며 한동안 도의적 강점을 통해 승리를 달성할 수 있을 것이다. 공격작전이 성공하게 되면 이는 다시 국내여론의 반향을 일으킬 것이고 전쟁에 대한 지지 여론이 확산될 것이다.

클라우제비츠도 방어가 더 강력하다고 주장했지만, 그도 분명히 공격을 선호했다. 또한 이렇게 말했다. "대담한 자와 소심한 자가 충돌하면 언제나 전자가 승리한다." 그는 필요할 때에만 방어를 선택해야 한다고 믿었다. 이를테면 공자가 '정신적 효과와 관련된' 승리의 정점에 도달했을 때를 의미한다. 더욱이 탁월한 방어가 되려면 공세적 요소들을 담고 있어야 한다. "그래서 수세적인 전쟁 형태는 단순한 방패가 아니라 상대를 정확히 타격할 펀치들로 이루어진 방패를 들고 있는 상태이다." 방어 중인 부대도 공자인 적을 궁지에 몰아넣고 역습을 통해 공격으로 전환할 기회를 만들기 위해, 또는 '번뜩이는 복수의 칼날'[5]을 휘두르기 위해 적극적인 정찰 활동과 제한적인 공격을 시행해야 한다.

현재 미 육군의 교리에서는 이런 논리를 상당 부분 반영하고 있다. 육군은 공격작전을 이렇게 정의한다. 공격작전이란 "적 부대를 격퇴 및 격멸하고 지형, 자원, 인구 밀집 지역을 확보하기 위해 수행하는 전투 작전이다. 이를 통해 지휘관의 의지를 적에게 강요한다." 공격작전

---

5 | Clausewitz, *On War*, 첫 번째는 p.190, 두 번째는 p.571, 세 번째는 p.357.에서 인용.

에 포함될 요건은 '대담성, 집중concentration, 기습, 신속한 템포'이다. 한편 방어작전의 목적을 "아군이 주도권을 되찾아 반격을 위한 여건을 조성하는 것"[6]으로, 방어작전의 속성을, "적 공격에 대한 교란 및 방해, 유연성, 기동성, 수적 우세와 집중mass and concentration, 적지 종심 작전operations in depth, 준비 태세와 경계"로 기술하고 있다. 독자들은 본서에서 사용된 혼란스런 용어들과 정의되지 않은 기타 용어들을 잘 이해할 필요가 있다. 혹자는 공격작전에서의 '집중'과 방어작전에서의 '수적 우세와 집중'의 차이점이 무엇인지 의아해 할 것이다. 이 두 용어는 사실상 동의어나 다름없다. 이 책을 집필한 이유 중 하나가 바로 이런 교리 상의 혼란을 해소하려는 것이며 본 장에서도 이런 유사하거나 모호한 개념들을 명확히 설명하고자 한다.

앞서 살펴본 바와 같이 미 육군과 해병대의 공격에 관한 교리는 적절성을 유지하고 있는 반면, 주도권과의 상호 관계에서는 차이가 있다. 이 세 개념 간의 역학을 명확히 설명하기에 가장 적합한 사례는 미국 남북전쟁이 한창이던 1862년에 벌어진 프레데릭스버그 전투일 것이다.

1862년 겨울, 링컨 대통령은 마침내 공세적 성향이 전혀 없었던 조지 B. 매클렐런George B. McClellan 장군을 북군 사령관에서 해임했다. 남군 사령관 로버트 E. 리 장군을 대적하기에는 무능하다는 판단에서였다. 매클렐런은 리 장군의 전력에 비해 항상 수적으로 상당한 우세를 유지했지만 이를 활용하는 데에는 실패했다. 링컨은 자신의 탁월한 군사적 판단력을 기초로, 또한 의회 내 공화당의 압력 때문에라도 공격하기를

---

6 | U.S.Army, *ARDP: 3-90 Tactics*; 공격은 p.3-1. 방어는 p.4-1.에서 인용.

원했다. 1862년 11월 7일 링컨은 앰브로즈 번사이드Ambrose Burnside 장군에게 포토맥 군의 지휘권을 부여했다.[7] 그가 지휘관이 되자, 북부 연방의 전쟁부 장관 에드윈 M. 스탠튼Edwin M. Stanton은 이른바 번사이드 계획을 '즉각' 시행하라고 독촉했다.[8] 번사이드에게 공격을 요구하는 압박은 매우 컸고 리 장군도 그것을 눈치채고 있었다.

하지만 번사이드의 공격 루트는 리 장군도 충분히 알고 있을 정도로 너무나 뻔했다. 번사이드가 적지에서 전투부대에 보급품을 공급하려면 철도를 이용해야 했다. 머내서스Manassas에서 컬페퍼Culpeper까지는 오렌지 - 알렉산드리아 철로the Orange and Alexandria Railroad를 이용할 수 있었는데, 그곳에는 이미 리 장군의 부대가 주둔하고 있었다. 아니면 프레데릭스버그를 통과하는 리치먼드 - 프레데릭스버그 - 포토맥 철로the Richmond, Fredericksburg and Potomac Railroad[9]를 이용할 수도 있었다. 링컨은 컬페퍼를 통과하는 루트를 제안했지만 번사이드는 프레데릭스버그 방면으로 이동하는 방안을 선택했다. 리치먼드까지의 거리가 더 짧다는 이유에서였다.

11월 당시 프레데릭스버그에 주둔했던 리 장군의 부대는 극소수였다. 그럼에도 불구하고 번사이드는 한 달 동안 상부에 이동 중이라고 보고했고 북군의 부대 이동은 지연되고 있었다. 래퍼해녹강Rappahannock River을 건너는데 필요한 부교 수송이 지체되어 보급품 수송에 차질이 생겼기 때문이다. 북군의 에드윈 섬너Edwin Sumner 소장 휘

7 | McPherson, *Battle Cry of Freedom*, pp.568~569.

8 | O'Relly, *Fredericksburg Campaign*, p.20.

9 | Ibid., p.14.

하의 1개 사단이 프레데릭스버그에 도착한 11월 중순에 그곳의 남군 전력은 지극히 미미한 수준이었다. 성공을 확신했던 섬너는 강을 건너서 교두보를 구축하겠다고 건의했으나 번사이드는 이를 거부했다.[10] 공격 중이었던 번사이드에게는 대담성이 부족했다. 자신이 갖고 있던 주도권을 포기해 버렸던 것이다. 전투가 벌어지기 한 달 전부터 리 장군은 북군의 도하 지점을 정확히 파악하고 있었다. 게다가 번사이드는 도시 외곽의 하천 상류 또는 하류에서 도하하는 것보다 리 장군을 기습하기 위해서 다소 불리하지만 남부에 속한 도시 내부의 하천을 건너는 것이 더 낫다고 판단했다. 하지만 그곳은 언덕으로 둘러싸인, 방어에 완벽한 지형이었다. 역사가인 제임스 맥퍼슨James McPherson은, "리 장군도 이렇게 어이없는 기동에 놀랄 따름이었다."고 기술했다.[11]

북군의 공세가 지연되었기에 리 장군은 제임스 롱스트리트James Longstreet가 지휘하는 1개 군단을 그 도시 일대에 배치했고, 워싱턴 D.C.의 서쪽에 주둔했던 토머스 '스톤월' 잭슨의 1개 군단을 그 지역에 증원할 수 있었다. 또한 그 일대를 요새화하는 등 방어를 준비하는데 충분한 시간을 벌 수 있었다. 롱스트리트 휘하의 어느 포병장교는 남군 방어선 전방의 개활지를 바라보며, "우리가 포문을 열면 그쪽 지역에 병아리 한 마리도 살아남지 못할 것이다."라고 말할 정도였다.[12]

12월 11일, 혹한의 날씨 속에 번사이드의 북군은 부교를 설치하고 프레데릭스버그 시내로 곧장 들어가기 위해 래퍼해녹강을 건너려 했다.

---

10 | Ibid., pp.30~32.

11 | McPherson, *Battle Cry of Freedom*, p.570.

12 | Ibid., p.570.

그때 남군의 정찰병과 저격수들이 도하를 방해했다. 북군이 시가지에 포격(다행히 주민들은 이미 대피했다.)했지만 도심의 단단한 벽돌 건물을 극복해야 했다. 물론 그곳은 남군의 주방어지대가 아니었다. 리 장군은 방어작전시에도 공세 행동이 필요하다는 것을 잘 알고 있었다.

북군은 일단 시가지를 통과했다. 그 후 번사이드의 계획은 다음과 같았다. 비교적 남군의 강점인 좌익은 정면 공격으로 고착하고 약점인 우측방으로 우회 공격을 하는 것이었다. 남군의 좌측에 비해 우측의 전력이 상대적으로 적었지만 그렇다고 해서 전혀 약하지도 않았다. 시가지 주변의 저지대에 위치했던 북군이 남군에게 포위된 형세였기에 번사이드도 수적 우세를 활용하기에도 난해한 상황이었다. 그들은 동시에 전면적인 공격을 하는 대신 축차적으로 공격할 수밖에 없었다. 이러한 불리함 속에서도 북군은 12월 13일 남군의 우측방을 돌파하는데 성공했지만 남군은 신속히 반격하여 북군을 즉각 격퇴시켰다.[13]

리와 번사이드 양측의 행동을 살펴보면 공격, 방어 그리고 주도권의 개념을 잘 이해할 수 있다. 최초부터 번사이드에게는 주도권이 없었다. 그의 전술 역량이 형편없었다는 이유도 있겠지만 그에게 가능한 빨리 공격하기를 요구했던 전략적 수준의 압박 때문이었다. 전략이라는 상위 개념에서도 일종의 교훈이 될 수 있고 이것이 전술적 계획에 어떻게 영향을 미칠 수 있는지에 대해서도 마찬가지다. 번사이드는 반드시 싸워야 했고 이로써 리는 번사이드의 행동을 예측하고 어디에서 방어해야 하는지를 선택할 수 있었다. 그리하여 리는 방어 - 더 강력한

---

13 | Ibid., pp.571~572.

전쟁의 형태로서 - 를 활용했고, 주도권을 사용하여 신중하게 전장을 선정하는 그의 능력을 발휘하여 방어를 보다 견고히 한 것이다. 오늘날의 미군 교리와 달리 공자만이 주도권을 독점하지는 않는다. 때로는 주도권이 지휘관의 행동에 따라 결정될 수도 있고 때로는 전략적 수준의 지시가 이를 결정하기도 한다. 여기에 더해 리의 성공적 방어가 전략적 효과를 낳기도 했다. 결국 번사이드는 퇴역을 신청(링컨이 처음에는 반려했지만 1월 말에 그의 퇴역을 승인했다.)했고 북군은 수개월 동안 공세를 중단해야만 했다.

결국 전술가는 전술적 공격과 방어뿐만 아니라 전략적 공격과 방어 모두를 고려해야 한다. 어느 한 수준에서 공세를 취한다고 해서 다른 한 수준에서도 반드시 공격해야 할 필요는 없기 때문이다. 이를테면 전략적으로는 수세이지만 전술적으로는 공격할 수도 있다. 1066년 노르만족의 영국 침공the Norman Invasion of England은 전쟁에서 전략과 전술적 태세 간의 역학관계를 잘 보여주는 사례이다.

1066년 늦여름, 오늘날 프랑스 북부, 당시 노르망디 공국의 공작duke of Normandy이었던 정복왕 윌리엄William the Conqueror은 자신의 왕위 계승권을 주장하기 위해 영국을 침공, 상륙작전을 개시했다. 이때 그는 전략적 공세를 취했고 당시 영국을 통치하던 해롤드 2세Harold II는 전략적으로 수세에 있었다. 윌리엄은 영국 남부에 도착하자 도시 외곽의 마을을 약탈하기 시작했다. 자신의 병사들에게 식량을 공급해야 했고 해롤드를 유인해 남쪽에서 싸우기 위해서였다. 이로써 윌리엄 스스로는 전술적으로 수세를 취했고 해롤드에게 백성을 보호하기 위해 공세를 취하게끔 강요했던 것이다. 역시 해롤드는 공격을 개시했다. 그리고 신속히 진격해서 방심하고 있을 윌리엄을 기습할 생각이었다. 하지만 이를 눈치챈 윌리엄은 다시금 전술적 태세를 변경하여 해롤드가 공격을 준비하기 전에 먼저 그를 치기 위해 진격했다. 이 순간 윌리엄은 전략적, 전술적 공세에 있었고 해롤드는 두 수준 모두 수세에 있었다. 해롤드는 이런 상황을 받아들였고 윌리엄의 공격을 기다리며 10월 14일 헤이스팅스Hastings 근처의 어느 언덕에 진지를 점령했다.

윌리엄의 탁월한 지휘력과 전술적, 전략적 수준에서 공격과 방어를 능숙하게 시행하는 능력에도 불구하고 전장에서 어느 쪽이 승리할지 예측하기는 매우 어려웠다. 몇 시간 동안 치열한 전투 끝에 해롤드의 죽음으로 드디어 승부가 결정되었고 왕좌는 윌리엄의 손에 떨어졌다.[14] 한편 프레데릭스버그의 상황으로 돌아가 보면, 리는 전략과 전술적 수준에서 수세에 있었던 반면 번사이드는 전략적, 전술적 공세를 취했다. 그럼에도 불구하고 리는 그의 방어계획에 공격적 성향을 결합시켰다.

마지막 사례는 주도권의 개념을 명확히 이해하는데 도움이 될 것이다. 1944년 6월 19일 필리핀 해역에서 일본 해군 함대는 레이먼드 A. 스프루언스Raymond A. Spruance 제독이 이끄는 미 해군 함대를 공격했다. 스프루언스는 일본 함대가 그 지역에 전개했음을 알고 있었고 선제공격하자는 의견이 있었으나 거부했다. 이는 주도권 행사라는 고전적인 원칙에 위배된 결정이었다. 하지만 그에게도 두 가지 이유가 있었다. 첫째, 그의 임무는 사이판섬에 상륙하는 미 해병대를 지원하는 것이었고 둘째, 그는 자신과 일본 해군의 능력을 정확히 파악하고 있었

14 | Morris, *Norman Conquest.*

기 때문이다. 그는 폭격기로 일본 함대를 선제공격할 경우, 이들을 엄호할 공대공 전투기 일부를 차출해야 하고 그러면 일본군 폭격기들이 나타났을 때 이를 차단할 방어력이 약해질 수 있다고 생각했다. 일본은 9척의 항공모함과 450대의 항공기를 보유했고 스프루언스에게는 15척의 항공모함과 704대의 항공기가 있었다.[15] 이날 출격한 일본군 항공기는 미군 항모를 공격하려 했으나 미군 전투기의 맹공에 대량 손실을 입고 말았다. 일본 항공기 중 겨우 34대만 온전히 귀환했고 미군 함정은 단 한 척도 침몰하지 않았다. 이 순간 스프루언스는 반격을 승인했다. 미 해군은 일본 항공모함 한 척을 격침시키고 다른 함정들에게도 큰 피해를 입혔다. 또한 미군의 잠수함 공격에 일본 항모 두 척이 침몰했다. 선제공격을 거부했던 스프루언스가 전투가 벌어지기 전에는 큰 비난을 받았지만, 이러한 결과로 그의 판단이 옳았음이 입증되었다. 그는 선제공격이 유리할 때와 그렇지 않을 때를 잘 알고 있었던 것이다.

우리는 다시금 아래와 같은 사실을 알게 되었다. 전술가는 전술적 계획수립 중에도 전략적 요구사항을 잘 이해해야 할 필요가 있다는 것이다. 만일 전술적 계획이 전략에 부합하지 않는다면, 게다가 전술적 수준의 전투에서 승리할 수 있다고 해도 그런 계획은 타당하지 않은 것으로 간주해야 한다. 상황에 따라 순간적으로 전환할 수 있는 공격과 방어 그리고 다소 모호한 개념인 주도권 간의 역학관계는 전술가가 숙지해야 할, 상황과 관련된 가장 중요한 개념 중 하나이다.

---

15 | Hughes, *Fleet Tactics*, p.106.
기록에 따라 양 측 보유 항공기 숫자에 차이가 있는데, 일본 측의 경우, 450대의 함재기와 300대의 지상발진항공기로 구분하여 표기하기도 한다. (역자 주)

14

지휘와 통제
COMMAND AND CONTROL

무릇 대부대를 소부대 다루듯 할 수 있는 것은

조직이 있기 때문이다.[1]

손자

싸울 수 있게 부대를 편성하는 것은 전술적 준칙만큼이나 중요하다. 전투부대는 엄청난 전장의 혼란 속에서 효과적으로 행동하고 대응할 수 있어야 한다. 그런 능력의 여부에 따라 전투의 승패가 결정될 수도 있다. 전장 상황의 가변성과 혼란 속에서 최고 수준의 조직력을 갖춘 부대라면 하급지휘관은 상급부대의 명령을 기다리지 않고 결정권한을 위임받아 스스로 결심할 수 있어야 하고 상급지휘관의 명령이 하달되면 그 즉시 이행할 수 있어야 한다.

예하지휘관들이 최적의 결단력을 발휘하기 위해서, 상급부대는 이들이 싸울 책임지역보다 더 광범위한 공간적, 시간적 정보를 제공해

---

1 | 『손자병법』제5장 병세편,「治衆如治寡 分數是也」(역자 주)

야 한다. 이러한 지휘, 통제 기법이 바로 임무형 지휘이며 독일어로는 Auftragstaktik[2], 영어로는 mission command라 표현한다. 이를 실현하기 위한 세 가지 핵심적인 요소는 지휘관 의도, 주노력the main effort, 그리고 예비대이다. 그 개념 자체는 본질적으로 중앙집권화 및 분권화된 지휘가 최고 수준으로 결합된 상태라고 할 수 있다.

독일군에서 전설적인 인물로 평가받는, 헬무트 폰 몰트케Helmuth von Moltke 장군은 적과의 첫 번째 교전이 시작되면 모든 계획은 휴지조각이 된다고 말했다. 반박할 여지가 없는, 옳은 말이다. 아무리 계획을 세부적으로 작성해도, 설령 매우 정확한 정보를 기반으로 작성된 계획이라도, 나름의 사고와 대응을 하는 적들과 마주하게 되는 순간 모든 상황은 변할 것이다. 그 이유는 전투가 급속도로 진행되고 고유의 우연성이 작용하기 때문이다. 발생한 각종 사태에 대응할 권한을 가진 지휘관만이 그런 상황을 해결할 수 있다. 그런 지휘관이 지휘하는 부대는 보다 더 많은 유연성을 갖게 될 뿐만 아니라 좀 더 기민하게 대응할 수 있으며, 결국 적보다 더 빠르게 행동할 수 있는 것이다. 몰트케도 프로이센군에 이런 개념을 도입했으며 다음과 같이 확신했다. "상급지휘관이 사사건건 개입하면 더 큰 성과를 얻을 수 있다는 생각은 완전한 착각이다. 그러한 개입으로 상급지휘관은 다른 이들이 해야 할 일을 직접 하는 것이나 마찬가지며, 그가 임무수행의 효율성을 파괴하는 꼴이 된다. 또한 상급지휘관은 스스로 자신의 업무를 과중하

---

2 │ Auftragstaktik은 임무형 전술이며 임무형 지휘는 Führen mit Auftrag이나. 저자는 Auftragstaktik과 Führen mit Auftrag을 동일한 의미로 표현하고 있다. (역자 주)

게 만들어 과업 전체를 그르치는 상태에 이르게 된다."[3] 이러한 방식이 작동하려면 잘 훈련된 정예 부대가 필요하다. 또한 이런 논리는 수세기 동안 분명히 입증되었다. 샌드허스트Sandhurst 왕립사관학교 Royal Military Academy의 군사사 교수 패디 그리피스Paddy Griffith는 다음과 같이 기술했다. "총검 돌격을 위해서는 대형을 더 분산시키고 더 강력한 공격준비사격이 필요했다. 반면 훈련책임자들은 장병들의 주도성과 전투의지를 강화시킬 더 좋은 방법들을 계속해서 찾아냈다. 20세기에도 이런 과정은 꾸준히 지속되었다. 대형은 한층 더 느슨해졌고 전장의 공백은 더 커졌다. 결과적으로 개인의 주도성은 훈련을 통해 개발해야할 군사적 필수 소양으로 더욱 중시되고 있다."[4]

결국 몰트케의 판단이 옳았다. 전쟁 양상이 더욱더 유동적으로 변했고, 화력의 증대에 따라 장병들이 이에 대응하기 위해 대형도 더 넓게 분산되면서 분권화된 지휘통제는 한층 더 중요해졌다.

하지만 예하지휘관에게 그러한 자유를 보장하며 작전을 수행하는 군대는 거의 없다. 중앙집권적인 지휘방식이 분권화된 방식보다 훨씬 더 일반적이다. 이것에 대한 이유는 명확하다. 대개 상급지휘관은 그 조직에서 가장 많은 경험을 갖고 있으며 필시 가장 유능한 지휘관일 것이기 때문이다. 그러나 여전히 중앙집권화와 분권화 사이에는 논란이 있다. 물론 각각 장점과 단점이 있다. 중앙집권화된 지휘의 장점은 한 명의 지휘관이 예하부대의 행동을 더 강력하게 통제할 수 있다는

---

3 | Goerlitz, *History of the German General Staff*, p.210.에서 인용.

4 | Griffith, *Forward into battle*, p.180.

점이다. 또한 모든 부대로 하여금 하나의 목표를 지향하여 임무를 수행하도록 통제하기에 더 용이하다. 반면 문제는, 한 명의 지휘관이 동시에 두 개 지역 이상의 모든 곳에 위치할 수 없다는 것이다. 필연적으로 지휘관의 관심은 위험한 장소와 시간에 있을 수밖에 없다. 따라서 예하부대가 상급지휘관의 명령을 기다리다가 호기를 놓칠 수 있고 더욱이 적군의 공격에 피해를 입을 수도 있다.

분권화된 지휘의 이점은 앞에서 언급하였다. 이러한 이점을 실현하려면 상급지휘관이 통제와 통일성을 위한 몇 가지 수단을 포기해야 하고 예하지휘관의 능력을 신뢰해야 한다. 이것들이 바로 모든 지휘관들이 우려하는 점이다. 그러나 상급지휘관은 다음과 같은 사실에 확신을 가져야 한다. 예하지휘관들에게 달성해야 할 임무에 대한 정보를 제공하며, 유연성을 발휘하고 더욱 빠른 템포로 대응할 수 있도록 부대를 편성해 주면 그들도 올바른 결심을 내릴 수 있다는 것이다. 물론 상급부대의 명령이 없어도 예하부대가 공격 지역과 시간을 스스로 판단하게 하려면 상당한 수준의 교육과 훈련이 필요하다. 제3장에서 언급한 1866년 프로이센군의 분진합격, 또는 군집 전술이 바로 좋은 예이다.

에르빈 롬멜의 지휘방식은 임무형 지휘의 대표적인 사례이다. "롬멜은 임무를 수행하는 공통의 방식을 개발하려고 노력했다. 그것은 현대적인 기동전에서 끊임없이 나타나는 우발상황에 대응하기 위해 부하들의 행동을 구속하는 것이 아닌, 구조화하는 기본적인 틀을 의미했다. […] 롬멜은 휘하의 고급 참모장교들에게, 자신이 부재한 상황에서도 정보를 평가 · 처리하며 필요하다면 대응까지도 그들 스스로 해야 한다는 것을 명확히 강조하였다."[5] 제2차 세계대전 후 미군, 특히 해병대가 독일군의 지휘방식을 도입했다. 적군의 공격을 받는 상황을 가정해서, 임무형 지휘가 작동한다면 지휘관이 대응 계획을 수립하든 하지 않든 즉각 대응이 이루어질 것이다. 손자도 이와 유사한 주장을 하였다. "용병을 잘하는 자는 상산의 뱀, 솔연과 같이 움직인다. 그 뱀은 머리를 치면 꼬리로, 꼬리를 치면 머리로, 허리를 공격당하면 머리와 꼬리로 동시에 반격한다."[6] 아군이 분권화되어 있다면 적군이 어느 한쪽을 대비하지 않은 채 다른 한쪽만 공격하지는 못할 것이다.

임무형 지휘에서 가장 중요한 부분은 지휘관 의도 또는 최종상태이다. 오늘날의 군사명령은 방대하고 세부사항까지 포함된 두꺼운 책 형태로 작성되지만 가장 핵심이 되는 부분은 지휘관 의도로서 그가 달성하려는 것이 무엇인지를 설명한다. 무작위의 기회와 변화하는 상황 때문에 전반적인 명령과 임무에 대한 기술이 현실에 전혀 부합하지 않더라도 - 충분히 가능한 일이다. - 지휘관 의도가 명확하다면 이것 자체가 부하들이 스스로 결심할 수 있는 필수적인 정보가 된다. 더욱이 지휘관 의도를 통해 부하들은 그들의 역할에 대한 공통된 그림과 인식을 갖게 되므로 통일성을 증대시킨다. 따라서 과도하게 엄격한 중앙집권적 통제 없이도 그들의 노력을 동시통합할 수 있다. 모든 수준의 지휘계통 - 대통령(또는 국가통수기구)에서 보병 분대장에 이르기까지의 이

---

5 | Showalter, *Hitler's Panzers*, p.98.

6 | Sun Tzu, *Art of War*, p.135.
　　『손자병법』 제11장 구지편, 「故善用兵者. 譬如率然. 率然者. 常山之蛇也. 擊其首則尾至. 擊其尾則首至. 擊其中則首尾俱至.」 (역자 주)

상적인 - 에서 설정되는 지휘관 의도가 이러한 효과를 창출한다.

임무형 명령mission type orders을 활용함으로써 예하부대는 유연성과 템포를 발휘하고 행동의 자유를 얻게 된다. 임무형 명령에는 하급지휘관들이 임무를 어떻게 수행하느냐가 아니라 무엇을 해야 하는가에 관한 내용을 담고 있다. 예를 들면 "382고지를 확보하라."는 명령이다. 그러면 이 명령을 수령한 사람들이 기동 또는 수적 우세 또는 다른 어떤 준칙을 결합하든 382고지를 확보하는 방법을 스스로 결정해야 한다. 하급지휘관은 교리, 훈련, 경험을 토대로 다양한 방책에서 최적의 대안을 선택할 것이며 이는 현대전에서 군 전체가 공유하는 전술 이론이 왜 그토록 중요한지를 보여주는 것이다. 2012년에 발간된 『임무형 지휘 백서White Paper on Mission Command』에서 합참의장 마틴 뎀프시Martin Dempsey 장군은 이렇게 말하고 있다. "[합동군은] 반드시 (지도부의) 의도에 부합하게 움직여야 한다. 임무형 지휘는 모두가 준수해야할 규범이 될 것이다. 지휘관들은 영향력을 행사하는 수준별 의도를 이해해야 한다. 즉 전략적 수준부터 전술적 수준 그리고 교차 영역까지를 포함한다. 지휘관은 자신의 의도(상급지휘관들의 의도)를 예하지휘관에게 명확히 알려 주어야 하며 복잡하고 급변하며 혼란스러운 상황에서 그들이 확실한 주도권을 행사할 수 있도록 믿어 주어야 한다."[7] 임무형 지휘를 너무나 정확하고 간결하게 설명하고 있다. 관건은 그러한 역량을 지닌 지휘관들을 양성하기 위해서 개별적인 주도권을 인정하는 환경과 그 속에서 고도의 교육과 훈련이 필요하다는 것이다.

7 | Dempsey, *Mission Command White Paper*, p.5.

독일군이 임무형 지휘라는 이름을 붙이기 훨씬 이전 시기에 일어났던 가장 적절한 사례를 살펴보자. 1863년에 게티즈버그 전투가 벌어지고 그 둘째 날에 북군은 게티즈버그 남쪽의 높은 언덕을 점령했고 하루 종일 남군의 거센 공격을 물리쳤다. 당시 북군의 좌측방에 무방비 상태인 곳이 있었는데 남군의 최종 공세가 그쪽을 향했다. 만일 그 공격이 성공했다면 남군은 측방으로 북군의 방어선을 우회하여 그들의 후방에서 전군을 대상으로 공격할 수도 있었다. 마침 그때 북군의 공병감chief of engineers 구베르뇌르 K. 워렌Gouverneur K. Warren 장군은 독단적인 판단으로 남군의 공격을 저지하기 위해 1개 여단을 그곳에 투입했다. 이 여단의 가장 좌측에 위치한 부대는 전직 수사학修辭學 교수였던 조슈아 L. 체임벌린Joshua L. Chamberlain 대령이 지휘하는 제20메인 연대the 20 Maine였고 남군은 이곳을 집중 공격했다. 이 연대는 탄약이 소진되기 전까지 남군의 연속적인 공격을 잘 막아냈다. 탄약이 바닥나자 체임벌린은 총검 돌격을 명령했고 이에 남군은 혼비백산하여 패주하고 말았다. 그가 북군의 전선을 구해 낸 것이다. 이튿날 남군은 재차 그 지역에서 돌파를 시도했지만 결국 실패했다. 그 순간은 남군이 북부 영토에서 승리할 수 있었던 최상의 호기였다. 하지만 북군의 사령관인 조지 미드장군도 그곳에 없었고, 그렇게 싸우라는 명령이 없었음에도 남군의 호기는 날아가 버리고 말았다.

임무형 지휘에서 또 하나의 중요한 개념은 주노력, 독일어로 중점 schwerpunkt을 선정하는 것이다. 상급지휘관은 예하부대들 중 하나를 주노력으로, 다른 부대들을 보조노력으로 지정한다. 예를 들어, 연대장은 1개 대대를 주노력으로, 다른 2개 대대를 보조노력으로 정한다.

이는 곧 세 명의 대대장에게 작전에 관한 개략적인 지침이 되며, 그들은 주노력을 지원하는데 주안을 두고 적절한 결심을 해야 한다. 어느 부대를 주노력으로 선정할 것인가는 임무와 관련이 있다. 통상 지휘관은 최상의 전투력을 가진 부대(전투에서 승리할 수 있는 부대)를 주노력으로 선정한다.

본서에서 제시한 전술체계 상의 용어로 표현하면, 적군의 정면에서 화력을 운용하여 고착하는 임무를 수행하는 부대가 보조노력이다. 주노력은 적군의 측방으로 기동하여 후방에서 타격하는 임무를 맡은 부대이다. 이러한 개념은 손자의 정正, 기奇 또는 정공正攻/변칙變則 개념과 유사하다. 물론 손자는 보조노력(正)으로 적의 시선을 끌어놓고 적군을 타격하는 것을 주노력(奇)으로 표현했기에 다소 차이는 있다.[8]

예측 불가능한 전투 상황에 따라 주노력은 언제든 변경될 수 있다. 측방에서 기동하던 주노력 부대가 돈좌되면 상급지휘관은 정면에서 고착하던 부대를 새로운 주노력으로 변경할 수도 있다. 이는 곧 예하 부대 지휘관들에게 이제는 정면에서 적군을 공격해야 하며 여타의 보조노력 부대들은 새로운 주노력을 지원하기 위해 전투력을 전환해야 한다는 신호가 된다. 주노력 부대는 결전 수행에 필요한 전투력을 강화하기 위해 증원전력 또는 추가적인 화력지원 등을 받게 된다.『기동전 핸드북Maneuver Warfare Handbook』의 저자 윌리엄 린드는 이렇게 기술했다. "주노력이란 상급지휘관의 의도와 임무를 구현하기 위해 통합된 전투력 또는 수단으로 이해하면 된다. 이는 모든 예하지휘관들의

8 　Sun Tzu, *Art of War*, Chapter 5.
　　『손자병법』제5장 병세편. 「以正合 以奇勝」(역자 주)

노력을 한데 모으고, 그들로 하여금 상급지휘관이 원하는 결과, 즉 목표를 향해 나아가게 한다."[9] 만일 상황이 급변하여 보조노력 부대지휘관이 자신의 임무가 무의미하다고 판단한다면, 그는 주노력 부대를 지원하는 최적의 방안이 무엇인지를 토대로 자신의 임무를 다시 결정할 수 있어야 한다.

물론 주노력은 결정적 전투, 즉 승리를 달성하는 국면에 지향되어야 한다. B.C. 371년 그리스의 레욱트라 전투에서 테베의 장군 에파미논다스는 적군을 격멸하기 위해서 그리스에서 가장 숙련된 전사들로 평가받는 스파르타인들을 먼저 물리쳐야 한다는 것을 잘 알고 있었다. 그는 자신의 팔랑스 내에 주노력을 형성하기 위해 수적 우세를 활용했다. 당시 스파르타를 비롯한 그리스의 호플라이트는 12열의 대형으로 편성됐다. 다른 도시국가들은 상비군이 아닌 단기 복무 호플라이트를 보유한 반면, 상비군으로 편성된 스파르타의 호플라이트는 동수의 병력이라도 훈련 수준이 훨씬 더 높았다. 이런 전통을 가진 스파르타군은 전투력 측면에서 압도적이었다. 평범한 전법으로 스파르타군을 제압할 수 없다고 인식한 에파미논다스는 좌익의 한 개 팔랑스를 50열로 편성했다. 탁월한 전투 기량을 갖추었음에도 엄청난 사상자를 감당할 수 없었던 스파르타군은 결국 패하고 말았다. 스파르타의 동맹들이 그들이 퇴각하는 것을 본 순간 전체적인 전선은 무너지고 말았다. 에파미논다스는 수적 우세를 이용하여 주노력을 편성하고 그 이점을 적극 활용하는 전술대형을 개발함으로써 당시 막강한 전력을 자랑했던 스

9 | Lind, *Maneuver Warfare Handbook*, p.18.

파르타를 상대로 승리할 수 있었던 것이다.

지휘와 통제에서 마지막으로 살펴볼 주제는 예비대를 보유하는 것이다. 예비대는 치열한 전투가 벌어지는 지역 밖에 남겨둔 아군 전력의 일부로, 필요시 신속한 행동을 취할 수 있는 부대를 의미한다. 통상 예비대는 예측하지 못한 적군의 기동에 대응하거나 결정적인 시점에 주노력 부대가 달성한 전과를 확대할 수 있도록 준비해야 한다. 이로써 전투력이 왕성한 부대로 공격을 지속할 수 있게 된다. 예비대는 다른 부대와는 달리 전체 작전을 총괄하는 지휘관의 명령에 따라야 한다. 그래서 지휘관은 예비대 운용에 있어서 중앙집권적 통제의 이점을 활용하고 예상하지 못한 그리고 승리의 정점에 대한 대비책과 유연성을 확보할 수 있다. 예비대는 적군에게 충격을 줄 수 있을 만큼 충분히 강력하고 신속히 반응하기 위해 고도의 기동성을 갖추어야 한다. 이러한 능력 면에서 가장 이상적인 부대는 기병이나 전차부대였다.

스티븐 비들은 『군사력 : 현대전에서의 승리와 패배』에서 자신의 논리를 설득력 있게 표현했다. 군사력의 수적, 과학기술적 우위보다 그것을 운용하는 방법, 즉 용병술이 전투에서 승리하는데 더 결정적인 요인이라고 주장한다. 적절한 전투 편성이 군사력을 효과적으로 운용하기 위한 필수 조건이다. 여기서 논의된 개념들은 전투를 통해 검증된 실용적인 것들이다. 즉 지휘관이 전투에서 승리하는데 필요한 유연성, 템포와 신속한 결심수립을 촉진하고 한편으로는 전투에 영향을 미치는 지휘관의 능력을 지속적으로 발휘하기 위한 것이다. 부대가 이 개념들을 함께 융합하여 실행하기 위해서는 충분한 교육훈련이 필요하다. 따라서 이 개념들은 현대적인 전술을 실행에 옮기는데 필수적인 요건들이 될 것이다.

임무형 지휘를 시행할 때 중요한 사항이 하나 더 있다. 바로 제한사항limitation이다. 불행히도 전쟁에서 시대를 초월하는 또 다른 측면 하나는 전쟁이 인류에게 가져다 준 잔인성과 냉혹성이다. 야만성은 회피할 수도 없다. 전쟁이 사회구조를 갈라놓고 개인들의 유대를 뒤틀어 버리기 때문이다. 따라서 명확하고 강력한 교전규칙에 따라 장병들의 행동도 통제되어야 한다. 하급지휘관들은 뭔가를 결심할 때, 설사 전투에서 승리할 수 있다고 해도, 절대로 용납될 수 없는 행위가 존재한다는 것을 알고 있어야 한다. 물론 이것은 전략적 수준에서 다루어야 할 문제지만 그 수준에서도 전쟁범죄가 없으리라고 결코 보장할 수 없다. 어쨌든 최하급부대의 행동에 대해 필수적인 통제는 있어야 한다. 재차 언급하지만, 전술가는 어떤 행동으로 전략이나 부대원의 장기적인 정신 건강에 지장을 초래할 수 있는 시점, 그리고 그러한 사태를 방지해야 하는 시점을 반드시 인식해야 한다.

15

환경과 지형
ENVIRONMENT AND GEOGRAPHY

적을 알고 나를 알면 백번 싸워도 위태롭지 않고,

지형과 기상을 알면 온전히 승리할 수 있다.

손자

　이론적으로 전술 시스템의 발전은 하나의 사건으로 설명되지만 실제 전술은 항상 지상, 해상 또는 공중에서 시행된다. 전술가는 자신의 임무와 목표를 달성하기 위해서 이를 현실에서 실행 가능한 계획으로 전환해야 한다. 불리한 지형은 극복하고 이로운 지형은 적극 활용해야 한다. 전술적 수준에서 아무리 탁월하더라도 전투부대가 실행할 수 없는 계획이라면 무용지물이다. 따라서 전술가는 작전을 수행해야 할 지형과 환경을 면밀히 분석해야 한다. 전략과 마찬가지로 환경이 미치는 영향은 매우 크다.

　지상 작전을 위해 손자는 지형의 형태를 주제로 한 개의 장을 할애했다. 그의 논리는 수 세기 전에 쓰였지만 오늘날의 관점에서도 거의 완벽한 수준이다. 그는 제10장 지형편에서 통通 accessible, 괘掛 entrapping, 지支 indecisive, 애隘 constricted, 험險 precipitous, 원遠 distant 등 여섯 가지 지형의 형태를 제시했다. 이는 지상의 활동, 그리고 그 지역에 위치한 군 사력에 미치는 강점 또는 약점과 관련이 있다. (표 15.1 참조)

그리고 제11장에서는 지형의 9개 유형을 제시했다. 위에서 제시한 여섯 가지 형태와 중복되는 부분도 일부 존재한다. 이 9개의 유형은 산지散地 dispersive, 경지輕地 frontier, 쟁지爭地 key, 교지交地 communicating, 구지衢地 focal, 중지重地 serious, 비지圮地 difficult, 위지圍地 encircling 그리고 사지死地 death이다. 재차 말하지만, 이것들은 단순히 지형의 형태만을 말하는 것이 아니라 전투 행위와 관련하여 정리한 것이다. 이를테면 어떤 형태의 지형이라도 사지死地가 될 수 있다. 아군이 적에게 완전히 포위되어 탈출할 수 없을 때 그곳이 바로 사지가 된다. 포위된 부대는 신체적, 도의적 상태의 문제점이 발생되면서 무모하지만 자포자기식 감정으로 더 맹렬하게 싸울 것이다. 이러한 상황 자체가 양측에게는 사지를 의미한다. 아홉 개의 유형에서 주된 차이는 지역 주민의 성향을 고려했다는 점이다. (표 15.2 참조)

〈표 15.1〉 지형의 여섯 가지 형태

지형의 형태	유·불리점	실제 지형의 종류
통通	방향 전환이 용이한 지형	평지, 도로
괘掛	진입하면 이탈이 난해한 지형	계곡, 골짜기
지支	피아 모두 불리한 지형	참호 사이의 무인지대
애隘	방향 전환은 어렵지만, 통제가 용이한 지형	산악지대의 소로
험險	피아 모두 점령하면 유리한 지형	고지, 능선
원遠	적을 공격하기 어려운 지형	적이 (아군의) 화력과 공격으로부터 보호받는 지형

※ 출처 : 『손자병법』 제10장 지형편

<표 15.2> 지형의 아홉 가지 유형

지형의 유형	특징	유·불리점
산지散地	자국의 영토	우호적인 주민, 보급에 유리한 지역
경지輕地	적국의 영토	적대적인 주민, 보급선이 신장된 지역
쟁지爭地	전투에 유리한 지형	결전을 시행할 지역
교지交地	피아 모두 이동이 용이한 지형	도로 또는 통로, 개활지
구지衢地	제3국들에 의해 둘러싸인 지형	중립적이나 피아 어느 한쪽을 지지할 수 있는 성향의 주민
중지重地	부대가 과도하게 신장되어 적국의 종심지역에 일부가 투입된 상황	아군 보급선이 적군에게 타격을 받고 손실을 입을 수 있는 지역
비지圮地	산지와 습지	교지보다 이동이 더 난해한 지역
위지圍地	쌍방 중 한쪽이 포위당할 수 있는 지형	능선으로 둘러싸인 분지
사지死地	포위된 부대가 사력을 다하여 전투해야 하는 지형	아군 부대가 포위당한 지역

※ 출처 : 『손자병법』 제11장 구지편

  해상과 공중의 역학은 너무 복잡해서 여기서 다루기에는 제한된다. 그러나 지형과 기상을 고려하는 것은 수병水兵과 항공기 조종사에게도 역시 중요하다. 해군은 순식간에 바뀔 수 있는 바람과 조류에 관심을 기울여야 하며 잠수함이 은거할 수 있는 해수면 아래의 공간에 대해서도 파악해야 한다. 항공기 조종사도 기상이 좋지 않으면 비행할 수 없다. 따라서 지상군은 유사시 공중 지원이 불가능할 수도 있음을 항상 염두에 두어야 한다.

  좀 더 현대적인 병참선이라는 개념으로 지형에 관해 살펴보자. 현재의 미군 교리에서는 병참선을, "작전 중인 부대와 작전 기지를 연결하고 이를 통해 전투력이 이동하고 보급하는데 활용되는 지상, 수상 그리고 공중의 통로"[1]로 정의한다. 어떤 경우라도 군사력이 이동하는데 지형의 제한이 있을 것이다. 기계화부대의 경우 도로에서는 보다 쉽게 이동할 수 있고 산악이나 강은 우회해야 한다. 배는 물 위에서 이동해야 하고 수심은 선체에 비해 충분히 깊어야 한다. 항공기 조종사도 때로는 민간 정부가 통제하는 공역을 인지해야 한다. 이처럼 전술가도 부대와 보급품을 어디로, 어떻게 투입해야 할지를 판단해야 하며, 적군이 어디로 움직일지 예측하기 위해 적군의 군수지원 능력에 관한 정보를 활용해야 한다.

아무리 기술이 진보해도 현재까지 인류는 지형과 기상의 영향을 상쇄할 방법을 찾지 못했다. B.C. 331년 알렉산더 대왕의 군대가 그랬던 것처럼 이라크에서 미군 보병은 모래 폭풍과 싸워야 했다. 1950년 한국 전쟁에서 중공군은 손자의 가르침에 따라 지형과 기상을 이용하여 큰 효과를 거두었다. 당시 한반도에 전개한 UN군은 북한과 중국, 러시아와의 국경, 즉 압록강변에 도착하자 자신들이 승리했다고 확신했다. 그러나 마오쩌둥毛澤東의 인민해방군은 수적 우세, 기동, 템포, 기만, 기습을 지형, 기상과 함께 효과적으로 활용해서 미군에게 패배를 안겨주었다. 이는 미군 역사상 최악의 패배 중 하나였다.

1950년 북한의 김일성이 이끄는 북한 공산군의 조직력은 무너지고 있었다. 미국이 지휘했던 UN군은 9월 인천에서 공격 중이던 북한군의 배후를 쳤고 그 후 남한 지역에서 북한군을 격퇴시켰다. 북한군의 기세가 급격히 붕괴되자 UN군은 중국과 러시아와의 국경 근처까지 진

---

1 | U.S. Government, *Joint Publication 2-01.3*, p.GL-7.

출할 수 있게 되었고 이에 중국의 지도자 마오쩌둥과 소련의 독재자 이오시프 스탈린이 긴급회의를 가지는 상황으로 이어졌다. 한편, UN군은 두 개의 축선을 따라 북진하고 있었다. 서쪽에서는 월튼 W. 워커 Walton W. Walker 중장이 지휘하는 제8군이, 동쪽에서는 에드워드 알몬드 Edward Almond 장군의 제10군단이 진격 중이었다. 두 사람 모두 도쿄에 있던 더글러스 맥아더 Douglas MacArthur 장군에게, 한국의 험준한 산악 지형 때문에 "두 부대가 사실상 분리되어 협조가 불가능하다."고 보고했다.[2] 북진하던 부대들은 지형 때문에 중대급까지 쪼개졌고 상호지원은 어렵거나 전혀 불가능했다. 언론도 UN군의 이동과 진출 상황을 매 단계마다 상세히 보도했다.[3]

중국과 소련은 파죽지세로 진격하던 UN군이 압록강에서 멈추지 않고 더 북진할 수도 있음을 우려했고, 군사행동으로 대응한 쪽은 중국이었다. 6월부터 백전노장, 펑더화이彭德懷[4] 장군이 지휘했던 중공군은 북한과의 국경 쪽으로 이동하기 시작했다. 10월까지 계속 증원이 이루어지면서 북한 지역에 투입된 병력은 약 12,000명 정도가 되었다. 11월에 중공군은 미 제8군 지역에 약 180,000명을, 동부의 제10군단 근처에는 약 120,000명을 전개시킨 상태였다.

이렇게 무수히 많은 중공군이 전개해 있었지만 미군은 그 사실을 전혀 눈치채지 못했다. 중공군은 완벽한 기만과 함께 지형을 활용하여 침

---

2 ｜ Fehrenbach, *This Kind of War*, p.191.

3 ｜ Ibid.

4 ｜ 원문에는 린뱌오林彪로 기술되어 있으나, 실제 6.25전쟁 당시 중공군 사령관으로 참전한 것은 펑더화이였기에 수정하였다. (역자 주)

투하하는데 성공했다. 일단 중국은 그들이 북한군과 함께 싸우는 '의용군'이라고 발표했지만 사실상 정규군인 중공군 부대들이었다. 더욱이 마오쩌둥은 중공군 제4야전군의 명칭을 의용대로 변경하기까지 했다. 한반도에 진출한 중공군은 미군의 공중정찰을 회피하기 위해 깊은 계곡으로 이동했다. 그들은 오로지 야간에만 이동했고 주간에는 철저히 위장했다. 은거한 채로 대기하라는 명령을 어긴 자들은 모조리 처형되었다. 중공군은 공군이나 중重포병을 운용하지 않았고 차량화부대도 거의 없었기 때문에 미군의 정찰기들도 중공군의 이동을 식별하는데 실패했다. 끝으로 손자의 가르침대로 중공군은 일부 부대를 UN군에게 일부러 투항시키고 거짓 정보를 전달하게 했다. UN군에게 사로잡힐 것을 대비해 다른 부대들에게도 의도적으로 거짓 정보를 흘렸다.[5]

이에 UN군은 새로운 적이 자신들을 기다리고 있다는 사실을 전혀 알지 못한 채 계속 북진했다. 10월 말경 진격 속도가 무척 빨랐던 제8군은 중공군과 조우하기 직전이었다. 10월 25일 중공군은 서측의 한국군과 미군을 향해 파쇄공격을 감행했다.[6] 중공군 보병들은 동시에 온 사방에서 이들을 공격했고 1주간의 전투 후 다시 사라졌다.

이 파쇄공격 - 중공군 측에서는 '제1차 공세'라 칭한다. - 으로 제8군의 진격은 중단되었고 UN군 사령부에는 일대 혼란이 발생했다. 도쿄에 위치한 사령부는 여전히 중공군의 존재를 인정하지 않았다. 그들이 결국 중공군의 개입을 인정했을 때, 그 숫자를 대략 40,000~70,000명

---

5 | Ibid., pp.193~196.

6 | Ibid.

수준으로 추정했다.[7] 그러나 실제로 약 300,000명이 한반도에 들어와 있었다. 맥아더는 진격을 재개하라고 명령했고 부하들에게 크리스마스는 고향에서 보낼 수 있으리라고 약속했다. 그는 설령 중공군이 그곳에 있다고 해도 미 공군의 화력으로 제압할 수 있다고 판단했다.

그러는 동안 중공군은 최초 전투를 분석했다. 그들은 전장에서 미군의 제병협동전투의 강점을 무력화시킬 수 있는 전술을 개발해냈다. 지형 때문에 발생한 UN군 전선의 간격을 통해 기동하여 UN군을 고립시키고 사방에서 공격하는 방법이었다. 중공군은 미군 부대의 후방에 은거하면서 공격에 유리한 기상으로 바뀌길 기다렸다.[8] 펑더화이[9]도 기상 상태가 변화될 때까지 기다렸다. UN군이 혹독한 한반도의 겨울을 경험하지 못한 상태였기 때문이다. 반면 중공군은 추위에 적응이 되어 있었고 동계 복장을 갖춘 상태였다. 혹한의 기상 때문에 UN군의 중장비와 항공기 고장이 속출하여 정상가동이 어려웠지만 중공군에게는 그런 장비 자체가 없었다. 기온이 영하로 떨어지자 추위에 잘 대비한 중공군에게는 절호의 기회가 찾아왔다.

11월 25에서 26일로 넘어가던 밤, 중공군이 공격을 개시했다.[10] 소위 '2차 공세'에서 그들은 종대 대형으로 진격했다. UN군 전선 쪽에서는 중공군이 공격하자 UN군이 밀려났다. 그들은 UN군의 간격을 발견하면 그 간격을 이용하여 노출된 측방으로 기동했다. 다수의 미군부대가

7 | Ibid., p.198.

8 | Ibid., p.197.

9 | 이 부분도 원문에는 린뱌오로 기술되어 있지만 펑더화이로 수정하였다. (역자 주)

10 | Ibid., p.204.

위치했던 곳에서는 중공군을 물리치기도 했지만 그들의 숫자는 가히 압도적이었다. 대부분의 한국군 부대는 중공군의 압박을 견디지 못하고 와해되고 말았다. 후방에 위치했던 터키군 1개 여단의 지원 덕분에 제8군 일부 부대의 철수는 다소 순조로웠다. 그 여단도 이틀 동안 중공군을 저지하다가 결국 퇴각했다.

그러나 너무 많은 중공군이 UN군 전선 후방까지 진출해 있었다. 중공군 1개 사단이 UN군 철수로 상 6마일에 달하는 지역 곳곳에 매복 중이었다.[11] 중공군은 제8군을 습격하여 쉴 새 없이 남쪽으로 몰아붙이면서 평양을 손에 넣었다.

동부에서의 공격은 11월 27일과 28일 사이의 야간에 개시되었고, 미 해병대 예하 연대급, 대대급 부대들이 포병부대들과 함께 건제를 유지하며 훨씬 잘 버텨냈지만 결과는 비슷했다. 다수의 부대들도 지형 탓에 분리되면서 결국 완전히 와해되고 말았다. 제10군단은 교두보를 확보하기 위해 동쪽으로 철수했다. 그러나 중공군은 그 통로 상 거의 모든 지역에 지뢰 등 장애물을 설치했고 부대를 매복시켜 추위에 떨고 있던 UN군을 습격했다. 그들은 기습공격의 효과를 적극 활용했던 것이다.[12]

그러나 12월 중순 무렵, 중공군도 혹한의 날씨에 타격을 입었다. 동사자와 기타 부상자들이 속출하는 등 양측 모두 피해가 극심했다. 중공군은 일시적으로 UN군과의 전투를 회피하는 듯했다.[13] 제10군단은 해상을 통해 남쪽으로 철수했고 제8군은 38도선에서 전선을 강화했

11 | Ibid., p.225.

12 | Ibid., p.248.

13 | Ibid.

다. 12월 26일 중공군은 '제3차 공세'로 제8군을 공격했고 이에 제8군이 다시 철수하면서 서울을 빼앗기게 된다(UN군이 서울을 다시 수복한 것은 1951년 3월이었다).[14]

중공군의 공격은 본서에서 제시한 다수의 개념을 실제로 보여준, 전술적인 걸작이다. UN군은 북한군을 상대로 완벽한 승리를 거뒀지만 사실상 맥아더의 오만 때문에 작전한계점에 도달하고 말았다. 화력 면에서 미군이 압도적으로 우세했음에도 불구하고 중공군은 기동과 수적 우세를 기반으로 발전시킨 전술로 UN군의 화력을 무용지물로 만들었다. 그 후 중공군은 치밀한 기만 계획을 실행에 옮겼고 미국의 정보기관들을 완전히 속였으며 UN군에게는 완벽한 기습이었고 엄청난 혼란이 야기되었다. 중공군의 공격에 충격에 빠진 UN군의 도의적 단결력은 무너졌고 특히 이제 막 창설된 한국군과 일부 미군 부대에서 그런 상황이 벌어졌다. 이 공격은 대규모로 시행된 게릴라 전술과 흡사했고 그들은 지형과 기상을 매우 효과적으로 활용했다. 중공군이 임무형 지휘의 준칙에 따라 작전을 수행했다는 근거는 없지만, 이들에게 무선 통신장비가 부족했기에, 일단 공격이 시작되면 예하부대 지휘관들이 독단적으로 부대를 이끌 수밖에 없었다. 중공군의 기습 효과가 너무나 커서 UN군은 주도권을 상실했다. 중공군의 최초 공세 이후에도 UN군이 계속 북진한 상황이 보여주듯, 그들은 당시 사태를 정확히 인식하기도 전에 이미 수세로 전환한 상태였다. 물론 그렇다고 해서 UN군 전체가 와해된 것은 아니었다. 반대로 남쪽으로 공격하던 중공군

---

14 │ Citino, *Blitzkrieg to Desert Storm*, pp.144~145.

도 작전한계점에 도달했고 결국 대한민국의 안전은 확보될 수 있었다.

역사상 수많은 위대한 군사지휘관들이 전쟁 승리를 위해 지형에 통달하고자 노력했다. 조지 워싱턴은 젊은 시절 토지 측량사였다. 나폴레옹은 전투계획을 수립할 때 자신이 기어 다닐 수 있을 정도로 큰 지도를 제작하라고 지시했다. 로버트 E. 리 장군은 요새 축성을 임무로 하는 공병장교로 임관했다(4장에서 다룬 피터스버그 전투에 관한 논의를 참조). 수 세기 동안의 전쟁 역사에서, 특히 요새시설이 등장한 시기를 포함해서 지형을 이용하는 것은 대단히 중요했다. B.C. 52년 카이사르도 알레시아 전투the Battle of Alesia에서 요새를 활용하여 승리했다. 제1차 세계대전에서 막대한 양의 포탄을 쏟아부었지만 땅 속에 구축된 참호를 파괴할 수는 없었다. 1956년 카데시 작전Operation Kadesh에서 이스라엘 방위군 장교였던 아리엘 샤론Ariel Sharon은 전차부대를 투입해서 이집트군 방어진지를 유린했다. 이때 그는 일출 또는 일몰 때 언제나 태양을 등지고 공격함으로써 햇빛으로 이집트군의 시야를 가리는 방법을 사용했다.[15] 오늘날 ISIS 반군과 그들의 적인 쿠르드 민병대 Peshmerga, 예멘Yemen의 후티Houthi 반군, 모두 방어진지를 강화하고자 참호를 활용한다. 더욱이 ISIS 반군들은 자신들의 움직임을 은폐하기 위해 모래 폭풍을 활용하고 이를 통해 전투에서 승리했다. 환경과 지형에 대한 이해는 시대를 초월하여 오늘날에 이르기까지 전술가에게 있어 교훈과 동시에 경고를 주고 있으며, 전술가를 양성하는 과정에 있어 군사사 연구와 교육이 얼마나 중요한지를 보여주고 있다.

15 | Ibid., p.160.

16

가교를 넘어서 - 전략과 전술의 연결
CROSSING THE BRIDGE - LINKING TACTICS WITH STRATEGY

음계는 불과 다섯 가지이나 이들의 조합이 너무 많아서 다 듣지 못하고, 주요 색깔도 불과 다섯 가지인데 이들의 조합이 너무 많아서 다 보지 못하며, 맛도 겨우 다섯 가지이나 이들의 조합이 너무 다양해서 모든 맛을 다 보지 못한다. 전투에서는 정正과 기奇밖에 없으나 이들의 조합도 무궁무진하다. 그 누구도 그 모든 것을 헤아릴 수 없다.[1]

손자

콜린 S. 그레이는 전략을 전장에서 벌어지는 전술과, 그런 전술을 통해 달성하려는 정치적 목표들을 연결하는 가교로 기술했다.[2] 전략의 개념을 설명하는데 적절한 비유인 듯하다. 전략은 의사결정자로 하여금 정치적 목표에 부합하게 전술을 적절히 조절할 수 있게 하고, 정치적 목표를 달성해야 하는 실행가, 즉 전술가들이 정보를 제공하면 이

1 　『손자병법』 제5장 병세편. 「聲不過五. 五聲之變. 不可勝聽也. 色不過五. 五色之變. 不可勝觀也. 味不過五. 五味之變. 不可勝嘗也. 戰勢不過奇正. 奇正之變. 不可勝窮也.」 (역자 주)

2 　Gray, *Strategy Bridge*, pp.32~34.

를 토대로 결심할 수 있게 해 준다. 바로 이것이 전략의 두 가지 역할이며 마치 쌍방향 통로와 같다고 할 수 있다. 전술가의 능력과 한계를 이해하지 못한 의사결정자는 적시 적절한 결심을 할 수 없다.

강물 한쪽의 전술적 수준에서 의사결정자는 곧 모든 제대의 지휘관이다. 소대장부터 부사관이 될 수도 있다. 의사결정자의 책무는 전술가에 의해 무엇이 달성될 수 있는지 고민하는 것과 마찬가지로 시간과 공간, 정치적 목표 달성을 위한 방법적 차원에서 전술을 활용하는 것은 지휘관의 의무이다. 이를 소홀히 한다면 그야말로 직무태만이다.

클라우제비츠는 한 쪽의 전술적 승리가 패배한 상대에게 미치는 전략적 효과를 다음과 같이 기술했다. "이러한 패배로 군 외부의 모든 조직 - 국민과 정부 - 의 열정적인 기대는 한 순간에 무너지고, 결국 자신감을 완전히 상실하게 된다. 공포심이 확산되면서 완전히 마비상태, 공황상태에 빠지게 되고, 마치 주력군의 충돌이 불꽃을 일으키듯, 패배한 적국의 전체 신경계에 엄청난 충격이 발생하는 것이다."[3]

여기서 이것이 정신적 그리고 도의적 효과로 확산된다는 사실에 주목해 보자. 전장에서의 사태는 거기서 종결되지 않는다. 그 결과는 패한 군대, 자신들의 정책이 위기에 처한 정부, 자신들의 군대가 패한 국민, 모두에게 영향을 미치게 된다. 전장에서만 전쟁의 승부가 결정되는 것은 아니다. 전략적 수준에서 보면 전투 효과가 전쟁의 승부에 영향을 미칠 수도 있다. 1968년 남베트남에서의 구정 공세가 대표적인 사례이다. 북베트남군과 베트콩 부대가 남베트남 전역에 배치된 미군

---

3   Clausewitz, *On War*, p.255.

을 상대로 공격을 감행했지만 그들이 달성한 군사적 성과는 전혀 없었다. 그러나 이 공세로 패색이 짙다고 평가되던 공산군이 아직도 상당한 전력을 갖고 있다는 사실이 드러났고 이는 미국 측에 엄청난 정신적, 도의적 충격을 안겨 주었다.

또한 전술적 승리도 정의할 필요가 있다. 우리가 앞서 살펴보았듯, 한 쪽의 통합된 물리적, 정신적 수단이 상대의 도의적 단결력을 파괴할 때 진정한 전술적 승리가 달성된다. 그러나 도의적 단결력을 파괴하는 것만으로 충분하다는 의미가 아니다. 이는 전술가가 전술적 수준에서 전과확대를 통해 목표end를 달성하는 수단mean(대개 적 부대 격멸이나 최소한 적군을 소모시키는 것이 될 것이다.)일 뿐이다. 클라우제비츠의 말을 빌리면, 전쟁의 목적을 달성하기 위해 승리를 이용하는 것에 불과하다.

전술적 승리가 전략적인 효과를 발휘하기 위해서 그런 승리들은 CoG[4]를 지향해야 한다. CoG의 개념 자체에 논란이 많다. 그리고 이 글에서 말하는 CoG를 오늘날 미군에서 사용하는 전술적 개념과 혼동해서는 안 된다. 클라우제비츠는 CoG를, '모든 힘과 운동의 중추'라고 정의하며 "만물이 그 아래에 존재하며 총체적인 아군의 에너지를 지향해야 할 지점"[5]이라고 설명한다. 예를 들어 적국의 군대, 적국의 수도, 한 명의 최고사령관/군주(나폴레옹과 같은), 때로는 일종의 사상까지도 포함될 수 있다. 많은 이들이 클라우제비츠에게 CoG는 언제나 적국의 군대였다고 주장한다. 그도 그런 몇몇 사례가 있다고 밝혔지만

4 　본서에서는 Center of Gravity를 우리말로 번역하지 않는다. 용어 설명 및 부록C를 참조하라. (역자 주)

5 　Ibid., pp.595~596.

항상 적국의 군대가 CoG라고 말하지는 않았다. 나폴레옹 스스로도 CoG를 매번 정확하게 인식한 것은 아니었다. 1812년 나폴레옹은 보로디노에서 러시아 주력부대를 격멸했으며 그 후 모스크바를 점령하고 불태웠지만 러시아인들은 항복하지 않았다.[6] 스페인도 사실상 나폴레옹에게 결코 순순히 투항한 적이 없었다. 클라우제비츠 자신이 신봉했던 대전략가도 적 부대 격멸에만 치중하다가 실패했다. 그럼에도 그가 적 부대 격멸을 그토록 강조했다는 사실이 놀라울 따름이다.

작전 그 자체는 성공적이었지만 상대의 CoG에 영향을 주지 못했다면 그 작전은 비효율적이거나 소모적인 것이다. 하나의 성공적인 전투로 광범위한 전쟁에 긍정적인 효과를 창출하기 위해서는, 그래서 전쟁으로 이어지게 된 정책을 성공적으로 관철하는데 기여하기 위해서는 적국의 CoG에 영향을 미쳐야 한다. 이것이 바로 전략의 과업이다. 즉 정치적 목표를 달성하는데 전술들을 지향시키는 것이다. 이는 또한 전술이 전략으로부터 분리될 수 없는 이유이기도 하다. 전술가는 전략가에게 종속되어 있으며 그래서 전략 지침을 무시해서는 안 된다.

이러한 역학 관계의 한 가지 사례로 투키디데스의 저작 펠로폰네소스 전쟁사를 살펴보자.[7] 스파르타와 아테네 그리고 그 동맹국들 사이에 벌어진 이 전쟁은 전략과 동떨어진 전술적 승리가 무용지물이라는 사실을 보여준다. B.C. 5세기 스파르타는 그리스 지역의 육상 패권국이었다. 당시 아테네를 비롯한 다른 도시국가의 시민들로 구성된 군대

---

6 │ 제11장을 참조하라. (역자 주)
7 │ 본 장에서는 투키디데스의 *The Peloponnesian War*, Wilson, *Masters of War.*를 참조하였다.

에 비해 스파르타의 전문직업군대 - 국유 노예인 헬로트로 가능해진 - 의 전력은 가히 압도적이었다. 반면 아테네는 그 지역에서 가장 강한 해군력과 동맹국을 통해 획득한 강력한 경제력을 유지했다. 따라서 스파르타의 CoG는 육군이었고 아테네의 CoG는 해군에 의해 유지되는 제국의 지배권이었다.

전쟁 초기 스파르타는 매년 여름에 아테네의 영토를 계속해서 침공했다. 스파르타는 아테네의 농작물을 불태웠고 그 결과 아테네는 기아에 시달렸다. 그들의 시민군으로 스파르타군을 상대할 수 없다는 것을 알았던 아테네는 스파르타와의 전투를 회피했다. 스파르타는 큰 격전도 없이 전투를 치렀으며 전술적 측면에서는 완벽한 승리였다. 이러한 스파르타 측의 전술적 승리가 거듭되었지만 전략적 효과는 전혀 없었다. 아테네는 그들의 해양 지배권을 통해 식량 공급 문제를 간단히 해결했다. 그후 아테네가 해군을 운용하여 스파르타 영토에 군대를 상륙시키자 - 나아가 스파르타 사회의 지지기반이었던 헬로트를 위협했다. - 이는 곧바로 전략적 효과를 나타냈다.[8] 스파르타인들은 자신들의 정치 체제에 대한 위기로 인식하고 서둘러 본토를 방어하는 태세로 전환했다.[9]

브라시다스Brasidas[10]라는 스파르타 청년이 새로운 전략을 제안할 때까지 스파르타는 이렇다 할 성과를 거두지 못했다. 브라시다스는 아테

---

8 | 펠로폰네소스 전쟁사 중 스팍테리아 전투를 참조할 것. (역자 주)

9 | Wilson, *Masters of War*.

10 | 스파르타의 장군(제독)으로 펠레폰네소스 전쟁 당시 암피폴리스 전투에 참전했다. B.C. 422년 제2차 암피폴리스 전투에서 아테네군 600명을 전사시키는 등 큰 전과를 올린 후 전장에서 부상을 입고 사망. (역자 주)

네의 CoG가 아테네의 해양 지배권이라는 것을 간파했다. 이에 따른 그의 계획은 육로로 소규모의 군대를 파견해서 아테네의 동맹국들이 반란을 일으키도록 유도하고, 아테네의 보복이 있을 경우에는 그들을 지원하는 것이었다. B.C. 425년부터 423년까지 브라시다스는 6개의 아테네 동맹 도시국가들이 반란을 일으키도록 책동하는데 성공했다. 브라시다스의 주도로 몇몇 도시국가들이 아테네 제국으로부터 떨어져 나가기 시작하자 아테네도 그를 제압하고 육상으로 공격하기 위해 군대를 파견할 수밖에 없었다. 비록 브라시다스는 이후의 전투에서 죽음을 맞게 되지만 스파르타의 전술을 아테네의 CoG로 지향시키는 데 성공했다. 이렇듯 아테네를 제압해야 한다는 스파르타의 정치적 의도를 달성하려 한 명의 전술가가 전술들을 전략적으로 재조율했고, 이로써 아테네의 계획을 무산시켰으며 그들의 대응을 강요하는데 성공했다.

스파르타는 아테네 해군을 격멸하고 아테네 제국을 무너뜨린 후 비로소 전쟁에서 승리했다. 양측의 전략은 브라시다스의 행동으로 인해 전환점을 맞게 되었고 그가 등장하기 전까지 스파르타에는 아테네를 상대로 정치적 승리라는 목표와 전술을 연결할 가교는 존재하지 않았다. 개념상의 가교가 놓이자 스파르타의 모든 결정들은 그것으로부터 도출되었다. 이에 아테네는 실행 가능한 전략으로 전쟁에 나섰다. 스파르타 육군과 직접적인 대결을 피하고 그들의 강점인 해군을 이용했다. 그러나 브라시다스는 그런 전략을 무용지물로 만들었던 것이다. 결국 아테네는 그 전략으로 자신들의 목표를 결코 달성할 수 없었고 또 다른 효과적인 전략을 찾지도 못했다. 더욱이 아테네가 그들의 전략과는 전혀 상관없는, 소모적인 전쟁 즉 시칠리아 원정에 투신하고

말았다. 이는 방향을 지시하는 전략이라는 가교가 전혀 작동하지 않았음을 보여주는 사례이다.[11]

브라시다스의 교훈은, 그가 비록 전술적 수준의 지휘관이었음에도 전략 상황을 정확히 파악했고 더 유리한 상황을 조성하는 전술을 구사했다는 점이다. 더욱더 중요한 점은, 그의 전장 인식을 통해 도출된 제안들을 토대로 정책결정자들이 전략을 조정했다는 점이다. 그 이전의 스파르타군 지휘관들은 전략에 기여하는데 실패했지만 브라시다스 덕분에 스파르타 시민들도 좋은 교훈을 얻었다.

콜린 S. 그레이는 『The Strategy Bridge』[12]에서 다음과 같이 기술한다. "그들[전략적 행위자]은 강력하고 긍정적인 전략적 효과를 보장하기 위해 전술적 행동을 활용한다." 브라시다스의 행동은 위의 주장에 부합한다. 이어서 그레이는 이렇게 말한다. "최전선의 부대가 전투에서 승리하지 못하면, 작전술, 그것을 지도한 전략, 전략의 지침이 된 정책, 그것을 만들어 낸 정치체제가 차례대로 좌절을 겪을 것이다."[13] 전체적인 성과를 좌우하는 것은 전략에 필수적인 이익을 제공하는, 즉 전략적 효과를 창출할 수 있는 전술가의 행동과 능력인 것이다.

한편, 전술적 행동이 전략에 부정적인 결과를 초래할 수도 있다. 더욱이 전투에서 승리해도 그 방법이 국제 규범에 위배된다면 전략적 수

---

11 │ 아테네는 시칠리아 내의 동맹을 지원하고자 두 차례의 원정군을 파견했으나, 지휘관의 무능과 역병, 스파르타의 지원으로 큰 손실을 입었는데, 이는 아테네가 펠로폰네소스 전쟁에서 패하는 결정적 원인이 되었다. (역자 주)

12 │ 국내에는 해당 서적이 번역되어 있지 않기에 본서에서는 원서 명을 그대로 기재했다. (역자 주)

13 │ Gray, *Strategy Bridge*, pp.32~34.

준에서 부정적인 결과를 낳을 수 있다. 일례로 제1차 세계대전 중 서부 전선에서 독일군은 독가스를 사용하여 전술적 수준에서 승리했다. 그러나 독일의 전술적 승리는 협상국에게 전략적 이익을 가져다 주었다. 독일이 저지른 만행으로 인해 동맹국에 대한 국제적 비난 여론이 조성된 것이다. 독일을 악惡으로, 자신들을 선善으로 인식했던 협상국 내에서 도의적 단결력이 증가되고, 입대 지원병이 급증하는 등, 이로 인해 독일의 전술적 이익은 사라져 버렸다. 단 몇 미터를 진격한 대가로 적국의 여론을 자극한 것은 독일에게는 치명적인 전략적 실책이었다.

전략의 역할은 단기적인 전술 목표를 장기적인 정책 목표에 부합하게 만드는 것이므로, 전략은 특히 전술가에게 매우 중요하다. 전술가는 전략을 통해 군사적 방책들이 정책 목표 달성에 어떻게 기여할 것인지, 아니면 기여하지 않을 것인지를 알게 된다. 이러한 사안을 명확히 설명해 주는 고대의 사례를 살펴보자. 카이사르는 10년 동안 골Gaul 지역을 정벌하면서 탁월한 전술가임을 입증했다. B.C. 49년 카이사르는 로마 공화정 전체를 장악하고자 했고, 당시 그의 과거 동지이자 삼두정치의 일원이었으며 폼페이의 대왕Pompey the Great이라 불리던 폼페이우스 마그누스Pompeius Magnus가 반대파를 이끌었다. 카이사르가 남부 이탈리아에서 로마를 향해 진군하면서 주요 도시와 여타의 지역을 방어하던, 폼페이우스에게 충성을 맹세한 군대와 마주쳤다. 그의 군단은 항복을 요구하기 위해 그 지역들을 포위해야 했다. 그런데 카이사르는 반대파 군인들과 싸우는 대신에 협상을 제안했다. 무기를 내려놓고 그의 군대에 합류하든지 아니면 자신과 함께 싸우지 않으려거든 살려 주겠으니 떠나라는 것이었다. 카이사르가 이러한 전략을 담은

편지를 로마의 우호세력에게 보냈다는 사실은 널리 알려져 있다. "만일 할 수만 있다면, 여론의 지지를 되찾고 영원한 승리를 얻을 수 있는 방법을 시도해 보자. 다른 모든 이들은 잔인한 수법을 동원하여 증오심을 유발했고 그들의 승리를 오랫동안 유지하는데 실패했다. [⋯] 이것은 승리를 쟁취하는 새로운 방법이 될 것이다. 자비와 관용으로 우리 스스로를 지켜내자!"[14] 카이사르는 로마를 통치하려면 로마의 여론을 얻어야 한다는 것을 잘 알고 있었다.

카이사르에게는 명확한 전술적 방책이 있었다. 폼페이우스에 충성을 맹세한 군대와 싸워 도륙하는 것이었다. 상대 전력도 보잘것없는 수준이었다. 그러나 여기서 카이사르는 탁월한 전술가이자 또한 전략의 대가임을 스스로 입증했다. 장기간 지속될 수도 있는 전쟁 상황에서 그에게는 군대가 필요했다. 설사 속전속결로 승리한다고 해도 적군들의 정치적 지지도 필요했다. 만일 그가 그들을 모조리 죽인다면 다른 지역의 적군들은 몰살당하지 않기 위해 목숨을 걸고 더 치열하게 저항할 상황이었다. 이런 방식으로 그는 자신을 지지하는 군대를 끌어 모았고, 반면에 폼페이우스의 지지세력은 점차 소멸되고 있었다. 일부 적군을 전장에서 이탈시킨 것도 목적 달성에 충분히 부합하는 일이었다. 그들은 카이사르가 자비롭고 관대하다는 소문을 퍼뜨렸고 이로써 더 많은 병력이 폼페이우스의 군대에서 이탈하여 카이사르의 군대에 합류했던 것이다. 이런 전략을 통해 마침내 로마 시민들의 지지를 얻게 된다. 쉽고 명확한 전술적 방책을 기꺼이 포기하고 더 큰 전략에 부

---

14 │ Meier, *Caesar*, p.372.

합하는 방법을 택한 것이 바로 승리의 열쇠였다. 카이사르는 폼페이우스를 제압 - B.C. 48년 파르살루스Pharsalus 전투에서 - 했을 뿐만 아니라 한니발도 하지 못했던 로마 제국 전체를 장악했다. 만일 전술과 전략의 방향이 일치되지 않으면 전술적 가치를 무시하고 전략적 요구조건을 더 우선시해야 한다.

2003년 초 미국의 이라크 전쟁, 소위 이라크 자유 작전은 전술, 전략 그리고 정책 간의 확연한 불일치를 보여주는 좋은 사례이다. 부시 행정부가 추진한 정책은 서방의 자유주의 정치 이념에 따라 민주화된 이라크를 건설하는 것이었고 이런 정책에서 도출된 전략은 이라크군을 격멸하고 사담 후세인 정권을 제거하는 것이었다. 그로부터 동맹군의 전술들이 결정되었다. 현란할 정도로 신속히 전개된 전역에서 미군과 동맹군은 이라크군을 무장해제 시키고 후세인 정권을 바그다드에서 축출했다.

국제적 동맹국에서 보내온 군대와 미군의 조직은 부시 행정부의 목표를 달성하기에 이상적이었다. 특히 미군은 구소련의 교리와 무기를 사용하는 적을 상대로 압도적인 화력을 운용하여 신속한 작전을 수행할 수 있도록 편성되어 있었다. 게다가 평지로 된 이라크의 사막지형은 미군 교리를 적용하기에 최적의 환경이었고 반면, 이라크군의 소부대급 이상 제대들은 은폐, 엄폐할 틈도 없이 제압되었다. 마지막으로 이라크군의 지도력과 훈련수준은 매우 낮았고 사기도 떨어져 있었다. 잔혹한 후세인 정권에 충성심을 가진 병사도 거의 없었고 미군의 군사력에 맞설 의지도 없었다. 일부, 나시리야 전투the Battle of Nasiriyah에서처럼 강력하게 저항한 이라크군도 있었다. 그러나 전반적으로 동맹군의 전술적 기량은 이라크군을 압도했다. 최전선의 미군 부대는 단 며칠 만에 바그다드에 입성했고 이라크의 통제권은 미국과 영국의 손에 떨어졌다.

동맹군의 전술로 이라크군을 격멸했고 사담 후세인 정권을 제거했다. 그러나 그 즉시 문제점이 대두되었다. 그 두 가지 목표 달성만으로 동맹의 정치적 최종 상태에 이를 수 없다는 것, 즉 전략이라는 가교에 결함이 있었다는 것이다. 그럼에도 성급하게 승리를 선언해버렸다. 아무리 일방적이고 압도적인 전술적 승리를 달성해도 이것만으로 이라크에 민주 정권을 수립한다는 목표는 달성되지 않았고 결코 달성될 수도 없었다. 최고위급의 전술적 실행가들이 나서서 미국의 대이라크 계획의 토대가 되었던 전략적 가정에 문제가 있음을 지적했어야 한다. 그러나 그들은 그러지 않았다. 극소수의 예외를 제외하고 미군은 항상 그저 지시에 따라 행동했다.

이렇듯 다시금 맹목적으로 돌진하는 성향이 미군 일부에서 표출된 것은 베트남 전쟁 이후 수 세대가 소위 '세뇌'된 결과였다. 그 전쟁에서 패배로 인한 충격으로 미군은 대반란 작전과 전략 연구를 고의적으로 등한시했다. 미국이 그런 지저분한 전쟁을 선택하지 않을 거라고 확신했기 때문이었다. 많은 이들이 베트남 전쟁 기간 중 전략적 단절이 있었다고 평가하면서 그 문제를 전략에 책임이 있는 전술가가 아닌 전적으로 정책결정자들의 탓으로 돌렸다. 그 대신 장교단은 대규모 정규전에 집중했다. 미군의 장교단은 수 세대에 걸쳐 전술의 모래 속에 파묻혀 자신들 내부에서 문제가 발생했지만 스스로가 전략적 파탄에 봉착했다는 사실조차 인식하지 못했다.

보잘것없는 이라크군을 상대로 눈부신 승리를 얻자마자 그 문제가 드러났다. 이라크 민주정부 건설이 서서히 진척될 무렵, 점령군이었던 미군은 지금까지와는 완전히 다른 적과 싸워야 한다는 것을 깨달았다. 그들이 고의적으로 외면했던 전쟁양상, 전혀 예상치 못한 적군이었다. 아테네와 마찬가지로 전략적 판도가 바뀌었고 전장에 있던 미군에게 는 그에 대처할 계획조차 없었다.

가중되는 반군의 위협은 전술적 수준이 아니었다. 저급한 반란군들 이 어떤 방식으로 결집해도 미군은 능히 그들을 제압할 수 있었다. 문 제는 거듭된 전투에서 반군 게릴라를 물리치는 것이 정치적 결정으로 이어질, 긍정적인 전략적 효과를 낳지 못했다는 것이다. 클라우제비츠 가 CoG는 적의 군사력이라고 말했지만 미군은 이를 잘못 이해하는 우 를 범했다. 사실상 이라크의 CoG는 후세인 정권이었고 그 정권은 무 너졌다. 임시정부에 대한 불만으로 가득 찬 반군이 그 자리를 차지했 고 이들은 사상적으로 외국의 테러리스트들에 의해 선동되었고 시리 아와 이란과 같은 국가들로부터 은밀히 지원을 받고 있었다. 미군은 브라시다스가 등장하기 이전의 스파르타와 유사한 상황에 처해 있었 다. 압도적인 군사력을 보유하고 있었지만 적절한 목표를 선정하지 못 했던 것이다.

그러나 미국도 스파르타처럼 전략 상황을 재평가했다. 그 결과물이 새로 발간된, 『FM 3-24 대반란전 *counterinsurgency*』이었고 부시 행정부 는 이라크에 증원 병력을 파견했다.[15] 이 교범에는 안정적이고 민주적

---

15 | U.S. Army, *FM 3-24 Counterinsurgency*.

인 이라크 국가 건설이라는 정치적 목표에 더 잘 부합하는 전술들이 강조되어 있다. 이를테면 주민을 보호하고 지역의 우호세력을 규합하며 그곳 주민들로 편성된 방위군을 창설하는 등의 활동이다. 미군은 정치적 목표와 전술을 재결합해야 한다는 것을 인식하고 이를 기반으로 그들의 전술을 재정비했으며 시행을 위해 충분한 전력을 투입했다.

그 이후 폭력 행위가 감소했고 미군이 철수할 수 있는 여건이 조성되었다. 하지만 단언컨대 전술을 재정비한 것이 그런 상황을 만든 유일한 요인은 아니었다. 안바르의 각성Anbar Awakening[16], 그리고 수니파와 시아파 간의 내전으로 초래된 인구통계학적 변화가 그런 상황 조성에 크게 기여했기 때문에 전술을 재정비한 것은 그리 중요하지 않을 수도 있다. 게다가 뒤이어 이라크에서 일어난 사건들 때문에 미군의 철수가 타당한 또는 그렇지 않은 결심이었는지 의문을 제기하는 여론도 있었다. 그러나 미국이 전략을 수정한 것은 전술과 전략 사이의 간극을 메우기 위한 시도라는 측면에서 사례연구case study로서 가치가 있다. 한동안 실제로 긍정적인 전략 효과도 있었다. 또한 전술가가 자신이 부응해야 할 전략을 반드시 이해해야 한다는 점도 보여주고 있다. 전략 목표 달성에 기여하지 않는 전술을 무조건적으로 고수하면 전략을 수행하는 부대원들의 생명까지도 위태롭게 될 수 있다.

우리는 전술이 정치적 목표 달성을 추구하는, 더 상위에 있는 전략

---

16 | 안바르의 각성이란 이라크의 알 안바르Al Anbar지역의 수니파 부족이 이라크 내 알 카에다 대신에 동맹군을 지원하기로 결심한 것을 의미한다. 이라크의 수니파와 시아파 사이에 진행된 내전. 특히 바그다드 주변에서의 내전으로 인해 시아파와 수니파 부족들이 혼합되어 있는 지역에서 거주하던 주민들은 각자의 부족으로만 구성된 지역으로 이주하였다. 이 두 가지 모두 폭력(불안정)이 줄어드는데 기여했다. (저자 주)

에 부응해야 한다는 것을 확인했다. 또한 전장에 위치한 전술가가 전술적으로 승리하기 위해 즉각적인 결심을 해야 한다는 것도 살펴보았다. 그렇다면 전술가가 전략에 기여하기 위해 국가는 어떤 조치를 취해야 할까? 이는 전략과 전술의 역학 차원에서 중대한 과제다. 최고지도부가 전략을 결정하지만, 그 이하의 지휘관들의 행동을 통합하는 것도 전략의 몫이다. 또한 중앙집권화된 하향식top-down으로 작동해야 한다. 그러나 우리가 살펴보았듯 전장에서는 분권화된, 상향식bottom-up 지휘가 더 효과적이다. 다수의 국가와 군대는 중앙집권화 또는 분권화 통제 중 하나를 채택하고 있다. 그러나 이것은 잘못된 선택이다. 또한 전략과 전술의 역학 관계에서 우리는 역설적인 문제 해결을 위한 실마리를 찾을 수 있다. 전략은 중앙집권화되어야 하고 전술은 분권화되어야 한다. 전술가들이 전략의 본질을 이해한다면 그들의 분권화된 결심들은 하나로 통합될 수 있다. 한편 전략을 수립하는 사람들도 한 가지 조건을 수용해야 한다. 전술가에게 세세한 지시가 아닌 작전할 수 있는 공간, 즉 작전지역 내에서의 권한을 부여해야 한다는 것이다. 전략적 수준의 지휘는 고정된 철길을 놓거나 차선이 있는 도로를 건설하는 것과는 다르다. 그것은 향후 물이 흐를, 좌우의 한계가 있는 일련의 운하를 건설하는 것과 같다. 그곳에서 전술가는 한 방향 또는 다른 방향으로 떠다닐 수 있다. 하지만 그의 궁극적인 목표는 향도성Guiding star을 따라 가는 것이다. 목적지가 같을 수도 있다. 그러나 시간과 공간에 대한 특정한 요구에 따라 명확한 경로가 결정된다. 이렇듯 전략적, 전술적 수준의 지휘 간에는 이러한 역설적 문제가 존재하고, 이것이 바로 한 국가의 군사조직이 해결해야 할 중대한 과업이다.

17

결론
CONCLUSION

전쟁의 승부를 최종적으로 결정하는 존재는
총을 들고 전장에 서 있는 인간이다.

미 해군 제독 J. C. 와일리

본서는 전술에 관한 책이지만 전술과 전략의 관계에 대한 주제로 간단히 결론을 맺고자 한다. 전략이 없는 상태에서 전술을 실행할 수도 없지만 연구하는 것도 불가능하다.

전략 이론은 매우 어려운 연구 분야이다. 대다수 중요 문헌들은 오래되었고 오늘날 독자들이 이해하기도 어렵다. 특히 클라우제비츠의 『전쟁론』은 미완성본이기도 하지만 이해하려면 여러 번 읽어 봐야 하고 수년의 연구가 필요할 만큼 난해한 글이다. 최근 전술가들이 전략을 이해해야만 한다는 주장이 나오면서 '전략적 하사strategic corporal'[1]라

---

1   미 해병대의 부사관 중 가장 낮은 계급으로 최소 2년 정도의 복무경험과 3~9명의 병사로 구성된 소부대를 지휘하는 계층. 이들은 주로 자신의 팀원 또는 분대원들을 이끌고 상급지휘부와 멀리 이격된 위험 지역에서 정찰임무를 수행하므로 빠른 결심을 해야 하고 그래서 전략적 수준의 사고도 필요하다는 의미로 사용됨. Harvard Business Review, Rye Barcott, "The Strategic Corporal" (역자 주)

는 용어가 사용된 적이 있다. 그러나 미군은 부사관이나 중대급에 근무하는 장교들에게 전략의 기초도 교육하지 않는 정책을 고수한다. 특히 위관급 장교들, 전투 현장에서 벌어지는 전술적 행동과 전략 사이의 유일한 연결고리인 그들은 전략을 몰라도 된다며 내버려 둔다. 장교들은 중견급, 즉 소령 이상 영관급 지휘관이 될 때까지 전략에 대한 소개 교육조차 받지 않는다. 그러나 그 시점이 되면 그들은 족히 10년 이상 전략을 실행해 왔을 것이다. 더욱이 육, 해, 공군에서 이 계급이 될 때까지 읽어야 하는 권장 도서 목록에 전략 이론 서적들은 포함되지 않는다. 병사 계층의 권장 도서 목록도 마찬가지다.

이러한 전략 교육이 부족했기에 미군은 현재까지 줄곧 표류하고 있다. 얄팍한 군사 지식을 가진 영세업자들이 기생충처럼 국방부에 들러붙어서 '새로운' 개념이랍시고 이상한 제품을 팔고 있다. 예를 들어 그럴듯한 용어(군사혁신RMA이나 효과중심작전effects-based operation과 같은)에서부터 진부한 용어('하이브리드'와 '비대칭'과 같은), 그리고 엉터리 같은 용어(4세대 전쟁 양상과 회색지대/전쟁)를 만들어냈다. 전략 이론에 대한 확고한 이해가 부족한 미군 장교단은 전략적 논란을 만든 망령을 제거하기 위해 마법의 '은 탄환silver bullet'과 같은 허황된 해법을 찾고자 계속해서 개념에만 매달리고 있다.

다리를 놓기 위해서는 하천의 양쪽에 기초가 있어야 한다. 전술가가 정통해야 할 전쟁의 기초는 전술 이론이어야 한다. 이는 곧 전투에서 승리하는 방법에 관한 패러다임이며, 이것은 시대를 초월하고 광범위하지만 역시 강에 다리를 놓을 때 반드시 필요한 것이다. 전술 이론의 기초, 즉 교리에서는 수십 년 동안 전쟁 원칙의 목록을 사용했다.

그러나 우리가 살펴보았듯 그것들은 전쟁war의 원칙이 아니라 전쟁수행방식warfare의 원칙이다. 이들은 승리하기 위한 물리적, 정신적 그리고 도의적 수단을 하나의 상자 속에 넣고 마구 섞어 놓은 것이나 다름없다. 목록의 형태는 체크리스트와 같은 정형화된 사고방식을 강요하고 주입하여 전술적 창의성을 저해할 수 있다. 전쟁의 원칙은 전술적 상호작용이라는 세 가지 영역에 기반을 둔 전술 체계로 대체되어야 한다. 그러한 상호작용을 통해 언제 그런 원칙들을 결합하고 배제해야 할 것인지에 대한 이해를 도모할 수 있다.

본서에서 주장하고자 했던 체계에서 첫 번째 전제는 전술이 전략에 종속되어 있다는 것이다. 전쟁에서 전략이 정책에 종속되어 있듯 전술은 전략의 도구인 것이다. 그래서 전술가는 전략에 기여하는 최적의 전술을 구사해야 한다. 또한 전략에 결함이 있다면 어떤 좋은 전술로도 목표를 달성할 수 없다는 사실도 알아야 한다. 책임감 때문에 그런 임무를 완수하기 위해 전전긍긍할 수도 있다. 하지만 전술가에게는 자신의 목표 달성이 불가능하다는 진실을 전략가에게 말할 수 있는 용기도 필요하다.

또 다른 전제는, 어떤 전투계획도 성공을 보장할 수 없다는 것이다. 모든 전술적 행동은 '우연과 확률의 도박'과 같다.[2] 그러나 치밀한 전투계획은 그런 확률의 균형을 변화시킬 수 있으며 탁월한 전술가 쪽에게 유리한 상황으로 만들 수도 있다. 그들이 사용하는 것이 바로 물리적, 정신적, 도의적 수단이다.

---

2 | Clausewitz, *On War*, p.89.

전술가가 활용할 수 있는 4개의 물리적 수단 - 기동, 수적 우세, 화력, 템포 - 은 쉽게 이해할 수 있을 것이다. 네 가지 준칙의 조합을 토대로 가능한 전술적 행동들을 평가할 수 있다. 유리하게 활용한다면 이 4개의 준칙으로 전술적 성공의 확률을 높일 수 있다.

전술가가 이해해야 하는 또 다른 부분은 물리적 수단으로 적에게 줄수 있는 정신적 효과 - 기만, 기습, 충격 그리고 혼란 - 이다. 전술가가 노려야 하는 진정한 표적은 상대의 심리이다. 자신이 만들려는 적군의 정신상태, 그리고 물리적 행동으로 그런 상태에 이르게 할 수 있는 방법을 모른다면 그것을 표적으로 삼을 수도 없다.

또한 군사사를 통해 전술가가 알아야 할 수많은 개념들을 습득하고, 전장에서 승리하기 위해 계획하고 조직을 편성하는 가장 효과적인 방법도 배울 수 있다. 제2부에서 제시한 개념들은 전술을 운용하는 환경이며, 수적 우세와 기동, 화력과 템포를 조율하고 활용할 때 극복해야 할 현실이다. 전술가에게 중요한 것은 단순히 전술적 준칙과 개념을 아는 것이 아니다. 전술적 승리를 달성하기 위해 특정한 상황에서 그것들을 제대로 적용할 수 있을 정도로 이해하는 것이다.

이러한 전술 이론은 실행을 위한 계획수립의 기초로서 전술가가 실질적으로 사용할 수 있는 것이어야 한다. 그가 피아 양측의 강점과 약점을 정확히 이해한다면 물리적, 정신적, 도의적 측면에서 상황에 부합하는 계획을 수립하는데 한층 더 용이할 것이다. 이러한 전술 이론은 승리하는데 가장 핵심적인 방법과 결정요인을 다루고 있지만 이것이 유일한 방법, 요인은 아니다. 이러한 체계가 분석의 기준점과 평가지표를 제공해 주기 때문에 전술가는 이를 통해 방책을 평가할 수 있다. 또한 전술가가 계획을 실행에 옮기기에 적절한 부대를 선정하는데 이 이론을 활용할 수도 있다. 일례로 현대적인 특수작전부대들은 고도의 템포와 기습 능력을 발휘할 수 있도록 편성되어 있다. 그러나 한 개의 전차중대는 수적 우세, 기동, 화력과 템포를 조합할 수 있는 능력을 갖고 있다. 이는 어떤 특수작전부대도 흉내 낼 수 없는 능력이다. 화력과 수적 우세가 필요할 때는 전차 중대를 투입하는 것이 더 적절하다. 만일 이러한 전술 체계가 한 개의 군 또는 다수의 군 전체에 표준으로 적용되면 모든 구성원들이 쉽게 이해할 수 있는 한 장의 악보처럼 작동하여 더욱더 빠르고 효과적인 계획 수립이 가능할 것이다. 또한 이 이론으로 전술의 분야를 체계화하였다. 제1부에서는 전술적 준칙을, 제2부에서는 전술 개념을 다루었다. 이러한 프리즘을 통해 군사사에서의 거의 모든 사례, 교리 문헌에 담긴 행동절차, 그리고 전술가 개인의 경험을 분석하고 이해할 수 있을 것이다. 따라서 본서는 전술적 수준의 전투에서 승리를 위해 참고가 될 만한 이론을 제공했다는 측면에서 클라우제비츠의 요구조건에 충족했다고 본다.

전술적 성공은 적의 도의적 상태를 파괴하는 것으로 정의할 수 있다. 적군도 숨을 쉬고 생각하며 느끼는 인간이고, 애국심, 의무감 그리고 이념에 의해 움직인다. 이러한 도의적 단결력은 전장에서 전술가의 존재 자체와 상대편 전술가의 계략에 맞설 수 있는 의지의 버팀목이 된다. 적군이 도의적 수준에서 무너질 때, 적군이 더 이상 물리적으로 저항할 수 없거나 정신적으로 공황 상태일 때 진정한 전술적 승리를 달성했다고 할 수 있다. 전술적 균형이 완전히 아군 쪽으로 기울었을 때, 특히 상대편의 최하급 병사가 무기를 버리고 의무보다는 본능과 동물적 욕구만을 생각하고 전장을 이탈하여 살고자 할 때, 그 전술가는 승리했다고 말할 수 있다.

전술가는 이러한 승리를 달성하면 전술적 성공을 확대해야 한다. 클라우제비츠가 말했듯, "이 시점에 전략은 전술에 근접하게 된다."[3] 각계각층의 대중들은 전술적 사건들을 인식하고 그 결과에 감명을 받는다. 승자들은 승리의 감격으로 의기양양해 한다. 그 정부는 정치적 목표를 향해 조금씩 움직이거나 또는 달려든다. 국민 대중, 그 지역 주민 또는 기타 등등의 사람들은 훌륭한 전사들 또는 용맹한 군인들이 지켜주고 보호해 주고 있다는 사실에 용기를 얻는다. 반면에 패배한 쪽은 완전히 정반대의 상황을 경험하게 된다. 전술적 승리를 효과적으로 전과확대 - 전략에 긍정적인 효력을 보장하고 그 효과를 확대한 결과 - 할 수 있는가의 여부는 평범한 승리와 결정적인 승리의 차이다.

전술을 생각하되 전략과 근원적인 관계를 무시하지 않는, 이러한 체계를 나이 어린 하사들과 초급장교들까지 이해할 수 있도록 충분히 단순화하여 기술해 보았다. 물론 이러한 준칙들은 '평가의 기준이 아닌 참고 사항처럼 활용'[4] 되어야 한다. 이것은 고정불변의 법칙이 아닌 전술에 대해 생각하고 계획하는데 도움을 주는 일반적인 준칙들로 이루어진 체계이다. 전술가가 어떤 방책이 성공할 가능성이 가장 높은지 판단하는데 도움을 줄 수도 있다. 그러나 저절로 승리에 이르게 할 일련의 법칙으로 생각해서는 안 된다. 물리학의 표현을 빌리자면, 양자역학

---

3   Ibid., p.267.

4   Sumida, *Decoding Clausewitz*, p.19.

처럼 그것은 "한 번의 관찰결과[또는 전술적 사건]로 하나의 명확한 결과를 예측할 수 없다. 대신에 수많은 다양한 결과들을 예측할 수 있고 각각의 결과가 나올 가능성이 얼마나 있는지를 우리에게 말해 준다."[5]

다시 하천을 빗대어 설명하면, 하천의 전장 쪽 전문가인 전술가는 전략이라는 가교를 놓기 위한 승리를 쌓아가면서도 항상 하천의 반대편을 주시해야 한다. 먼저 반대편에 정말로 땅이 있는지 확인하지 않으면 다리를 놓는 엔지니어들에게는 그야말로 재앙이다. 정책결정자들은 전술가들의 정보를 활용하여 어디에 다리를 놓을지 결정한다. 철근과 콘크리트를 공급하는 것이 전술적 성공을 쌓아가는 것을 의미한다.

미군은 확실히 지구상에서 전술적으로 가장 진보된 군대이다. 그리고 다소 논란의 여지는 있지만 역사상 전술적으로 가장 발전된 군대라고 한다. 1991년과 2003년의 이라크군처럼 지극히 무기력한 군대와 맞붙었던 경우를 제외하면, 미군의 적들이 전면전을 회피할 정도로 직접적인 전투에서 미군의 전력은 압도적이다. 그 대신 적들은 미군에게 익숙하지 않은 전술을 개발하여 이길 수 있는 전략들을 선택한다. 그들은 게릴라식 전술로 침식erosion 또는 소모전략을 추구했다. 그러나 미군의 조직과 편성은 이들과 싸우기에 부적절했다. 이는 미군이 정규군과 게릴라군 양쪽을 상대해야 했던 베트남 전쟁에서 명확히 드러났다. 또한 초기 침공 이후 이라크와 아프가니스탄에서도, 서방에 대한 광범위한 테러리스트와의 전쟁에서도 마찬가지였다. 각각의 사례에서 적들은 소모전략을 추구했고 게릴라 전술로 효과를 보았다. 즉 미군

---

5 Hawking, *Illustrated A Brief History of Time*, p.73.

이 타격하기 위해 설정한 목표물들을 미군에게서 탈취하는 방법이었다. 우리의 적들은 이런 것들을 학습해 왔지만 우리는 그러지 못했다.

테러와의 전쟁 사례에서 전략이라는 가교의 위치는 마지막으로 교량 건설이 성공한 곳으로 계획되어 있었다. 그러나 전쟁의 특성상 구조적 변화는 전략적 지형을 바꾸어 놓았다. 과거에는 압도적인 군사적 승리로 전술과 정책의 간격에 다리를 놓기에 충분했다. 그러나 군사적인 성공만으로는 더 이상 충분한 강도나 길이를 지닌 교량을 놓기 어려워졌다. 군사적인 성공은 단지 목표 달성을 위한 하나의 수단에 불과하다. 우리가 스스로 목표를 정확히 이해하지 못한다면 어떠한 수단으로도 그 목표를 달성할 수 없고 전투는 그저 인간을 학살하는 행위로 끝나고 말 것이다.

부록 A
계획수립의 원칙
THE PRINCIPLES OF PLANNING

계획은 아무 것도 아니다. 계획을 수립하는 것이 전부다.

드와이트 D. 아이젠하워 장군

미군의 계획수립 방식은 다분히 절차를 중시한다. 미군에서는 육군의 군사적 결심수립과정MCDP, military decision-making process과 해병대의 계획수립과정MCPP, Marine Corp's planning process을 주로 적용하여 작전계획을 수립한다. 본질적으로 두 방법 간의 차이는 없다. 둘 모두 유용한 것도 있지만 쓸모없는 것들까지 용도대로 나열하면서 다양한 산물을 완성해 나가는 순차적인 과정이다. 억척스럽게 복잡한 규칙으로 만들어진 미로를 따라가다 보면 절차를 준수하는 그 자체가 어느새 임무가 되어 버린다. 또한 그 계획이라는 산물이 그럴 듯하게 보이지만 사실은 전혀 쓸모없는 정보로 가득한 서류더미일 때가 많다. 장교가 계획수립이라는 복잡 미묘한 구조물의 전문가일 수는 있지만 군대 외부의 계획수립에 관해서는 철저히 무지할 수밖에 없다. 군사 계획수립과정 자체가 미로이고 그 미로가 감옥이 되어버렸기 때문이다. 더욱이 신속한 대응이 필요한 계획수립절차도 역시 일종의 절차이기에 제한된 파이프라인, 즉 경로를 거치게 되고 결국 앞서 언급한 것과 유사한 서류더미만 쌓이게 된다.

그렇다고 해도 계획수립과정은 본서에서 논의한 개념적인, 추상적인 전술 이론을 실제적, 실행가능한 계획으로 변환하기 위한 필수적인 방법이다. 전술과 마찬가지로 계획수립에도 합의된 방식은 존재하지 않는데 그 이유는 전쟁 원칙들의 다양성 때문이다. 그 원칙들 대부분이 장점을 부각하여, 때로는 중요하다고 하여 계획수립에 반영되는데 이것들은 사실상 전술의 원칙도 아니다. 필자는 1부 전술적 준칙에서 언급했듯 또 다른 완전무결한 원칙들을 제시할 생각은 없다. 그보다는 참모장교가 자신의 계획들을 분석하고 그 계획들이 작성되는 절차를 평가할 때 그들에게 도움이 될 수 있는 계획수립의 원칙들, 간명성simplicity, 유연성flexibility, 통일성unity, 절약economy, 시간time과 의사소통communication을 제시하고 간단히 살펴보도록 한다.

간명성

간명성은 어느 누구도 부정하지 않는, 전통적인 원칙들 중 하나이다. 그러나 전쟁을 논할 때만큼은 간명성보다 복잡성에 더 많이 공감한다. M777 155mm 곡사포는 활과 화살보다 훨씬 더 복잡하다. 그 누구도 활과 화살만으로 곡사포대를 보유한 적군과 맞서려 하지 않을 것이다. 계획수립도 마찬가지다. 단지 수적 우세에만 의존하는 계획보다 화력과 기동, 수적 우세 그리고 템포를 결합하는 전역 계획이 훨씬 더 많은 이들의 지지를 받을 것이다. 기만은 그 모든 것들을 무력화할 수 있지만 효과적인 기만계획을 실행하는 것도 단순한 노력만으로는 불가능하다.

그러나 간명성은 많은 이들이 제시한, 다양한 버전의 전쟁 원칙 속에 들어 있고 그래서 본서에서도 계획수립의 원칙에 포함시켰다. 이는 너무 복잡해서는 안 된다는 경고의 의미이다. 작동 방법이 과도하게 복잡한 무기체계가 오히려 쓸모없게 될 수도 있듯 작전을 실행에 옮겨야 할 부대에게 지나치게 복잡한 계획은 불필요한 것 이상이 될 수도 있다. 따라서 참모부에서는 가능하면 항상 간명성을 유지해야 한다. 설령 계획이 복잡하더라도 계획을 이행해야 하는 이들이 쉽게 이해할 수 있도록 소통으로 해결해야 한다. 참모부는 매우 간소화된 계획수립 절차를 통해 계획을 만들어 내야 한다. 또한 수많은 고위급 지휘관들이 요구했던 장황한 미사여구들을 과감하게 배제해야 한다. 참모부가 장군들을 위해 미학적인 프레젠테이션을 작성하는데 시간을 허비하면 그 피해는 고스란히 최전선의 부대에게 되돌아올 것이다. 어느 한쪽이 단순한 행동으로 이익을 취하는 반면, 상대는 복잡한 상황에 빠져 불리하게 될 수도 있다. 어느 한쪽 입장에서는 수차례의, 아주 간단한 공격과 노력을 시행했지만, 이것이 유리한 국면(물리적 차원과 정신적 차원에서 동시에)에서 신속하게, 상대가 예상치 못하게 시행된다면, 그들은 복잡한 상황에 봉착하게 된다.

결국 공통적인 이론 교육을 통해 참모부와 야전부대의 구성원들 모두가 간명성과 효율성을 배양할 수 있다. 예컨대 2003년 미국의 이라크 침공이야말로 수천 명의 병력과 수백만 파운드의 보급품을 수백 마일 이상 떨어진 지역으로 이동시키는 것을 포함한, 무척 복잡한 군사 작전이었다. 하지만 본서에서 다룬 체계로 설명하면 한결 단순하게 보인다. 물리적 영역에서는, 이라크군이 대응할 수 없는 속도로, 결정적인 지점에서는 수적 우세와 화력을 이용하는 직접적인 공격으로 이라크군을 고착하고, 그 지원하에 주노력이 좌측방으로 우회 기동하는 형태였다. 물론 그에 앞서 미 공군의 '충격과 공포' 전역과 탁월한 기만작전으로 정신적 효과를 달성했다. 수적 우세에 있었던[1] 이라크군 - 그리고 사담 후세인 정권 전체 - 의 도의적 단결력은 완전히 무너지고 말았다. 이 계획을 자세히 들여다보면, 이를 시행하기 위해서는 마치 세부적인 지식과 기술을 보유한 수천 명의 전문가가 필요한 것처럼 느껴질 수도 있다. 그러나 실제로 최하급 부대원들은 전체 계획을 이해하는데 단 몇 분이면 충분했다. 간명성이란 바로 이런 것이다.

유연성

몇 년 동안 유연성을 전쟁의 원칙에 포함해야 한다는 논의가 있었지만 이를 수용하는 분위기는 거의 찾을 수 없다. 1999년에 로버트 프로스트Robert Frost 중령은 육군 전쟁대학 전략연구소U.S. Army War College Strategic Studies Institute에서 발간하는 보고서에서 미국도 유연성을 전쟁의 원칙에 포함해야 한다고 제안했다.[2] 필요성과 중요성 측면에서 그의 주장은 분명히 옳았다. 하지만 본인은 전쟁의 원칙보다는 계획수립의 원칙에 포함하는 것이 좀 더 적절하다고 본다.

유연성이 포함되어야 할 이유를 찾기 위해 다시 클라우제비츠의 논리로 돌아가 보자. 그는 전쟁의 본질을 세 가지로 인식했고 그중 하나

---

1 | 총 병력으로 보면 이라크군은 375,000명, 연합군은 309,000명이었다. (역자 주)

2 | Frost, "Growing Imperative to Adopt 'Flexibility.'"

를 확률과 우연의 도박이라고 주장했다. 확률은 전쟁 자체에 스며들어 있고 모든 제대의 지휘관은 이것에 관심을 가져야 한다. 로버트 번스Robert Burns의 말대로, 모든 생물이 만든 최고로 완벽한 계획도 종종 잘못될 수도 있으며, 최고의 참모들이 세운 최고의 계획도 하필이면 최상의 시점에 약간의 운 때문에 뒤집힐 수도 있다. 군사사학자 존 키건도 이렇게 말한다. "계획이 결과를 결정하지 않는다. 특정한 행동 방책 때문에 초래되는 우발사태들은 정확히 의도된 것들이 아닐 것이며 본질적으로 예측할 수도 없으며 그 사태를 유발한 선동가의 예상을 훨씬 뛰어 넘을 수도 있다."[3]

우연성의 위험이 이른바 체스판을 뒤엎을 수 있다. 참모부의 치밀한 업무능력과 제14장에서 기술한 지휘통제 기법 즉 임무형 지휘로 그런 위험을 부분적으로 완화할 수 있다. 참모부에서 확률의 위험을 완화할 수 있는 또 다른 방안은 보조 계획branch plan과 후속 계획sequel plan을 수립하는 것이다. 지휘관은 가용한 시간 범위 내에서 이러한 보완적인 계획들을 활용하여 특정한 상황이 발생했을 때 대응 방안을 마련할 수 있을 것이다. 후속 계획이란 기본 계획을 시행한 이후에 발생하는 사태에 대비하는 계획으로, 기본 계획 시행이 특별히 효과적 또는 무효했을 경우 모두를 상정한다. 예를 들어 임무를 완수했더라도 또 다른 방향으로 전진할 수 있는 충분한 시간과 공간이 남아있을 경우, 후속 계획을 이용해 추가적인 진격을 실행하는 것이다. 한편, 보조 계획은 전술적 수준의 상황이 시시각각 변화하기 때문에 기본 계획과 완전히

3 | Keegan, *First World War*, p.2.

다른 방향으로 작전을 시행해야 할 때를 대비하기 위한 계획이다. 이를테면 적 전차 소대를 좌측방으로 공격한다는 것이 기본 계획상에 포함되어 있다고 하자. 그런데 정찰팀이 그 전차 소대를 우측방에서 발견한 상황이라면 그때가 바로 보조 계획이 필요한 순간이다.

통일성

통일성은 전통적인 전쟁의 원칙에서 두 가지 의미로 표현되었다. 하나는 지휘의 통일이며 두 번째는 노력의 통일이다. 이 둘은 근본적으로 동일하지만 이들에 대한 다양한 정의가 있다는 것은 현재까지 해석이 잘못되었기 때문이다. 지휘의 통일은 지휘 계통상에 상부의 특정 지점에 있는 한 사람이 책임을 진다는 의미이고 노력의 통일은 아군의 모든 부대가 하나의 목적을 달성하고자 일을 해야 한다는 뜻이다. 이제는 너무나 함축적으로 사용하고 있어서 이 두 개념을 구분하기도 어려운 상황이다.

현대전에서 지휘의 통일이라고 표현하는 관념, 즉 군사력에 관해 한 사람이 책임진다는 생각은 다소 부적절하다. 더욱이 한 명의 최고위급 장군 또는 국가원수가 명목상 책임을 진다고 해도 그가 모든 현장에 존재할 수는 없다. 그래서 지휘의 통일이란 허황된 망상에 불과하고 하급 지휘관들도 어떤 상황이 발생하면 그들 스스로 결심해야 한다. 극단적으로 이러한 논리를 적용하면 지휘의 통일이라는 원칙은, 한 명의 장군이 모든 부대를, 급기야 소대급까지도 직접 지휘해야 한다는 의미로 해석될 수 있다. 급속도로 발달된 과학기술로 이런 방식의 지휘가 구현된다고 해도 결코 바람직한 것이 아니다. 미군의 합동교리에서는 지휘의 통일을 강조하지만 육, 해, 공군은 각자의 교리를 따른다. 명목상 합동군사령관이 합동작전을 지휘한다. 그러나 그 예하에는 합동지상군사령관과 합동해군사령관, 합동특수작전사령관, 합동공군사령관이 있다. 오늘날 군사행동을 할 때에는 너무나 많은 작전사령관들이 존재하기에 진정한 지휘의 통일을 기대하기 어려워졌다.

한편, 노력의 통일에 대해 살펴보자. 군사력을 구성하는 지상군, 해군, 공군이 중대한 전략적 목표를 달성하기 위해 모두 함께 노력하는 경우는 있어도 동일한 전술적 목표를 위해 협업하는 일은 드물다. 만일 그래야 한다면 개별적인 군은 불필요하다. 여러 다양한 유형의 부대들은 각자의 능력에 따라 임무를 부여받는다. 계획을 통해, 그리고 그 계획에 필요한 협조를 통해 노력의 통일을 달성하는 것은 해당 지휘관 휘하 참모부의 몫이다.

미군에서는 우군 전투력을 단일의 총체적인 목표goal에 지향하기 위한 필요성을 강조하기 위해 일종의 원칙으로 '오브젝티브objective'라는 용어를 사용한다. 하지만 원칙이라고 하기에는 너무나 진부한 용어이다. 캐나다군에서 사용하는 '에임aim 선정과 유지'라는 표현은 다소 장황하지만 근본적으로 오브젝티브와 다르지 않다.[4] 이것은 진정한 통일성이 추구하는 목표에 더 가깝다. 하급부대의 전술 계획과 행동이 매우 다양할지라도 동일한 전략적 오브젝티브를 지향aim해야 한다는 것이다. 캐나다군의 교리 역시 전술적 수준의 부대들도 자신들의 목표goal에 다시 초점을 맞추고 있음을 보여준다. 따라서 이러한 모든

---

4 | Chief of the Defence Staff, *Canadian Forces Joint Publication 01: Canadian Military Doctrine*, pp.2~4.

원칙들은 '통일성'이라는 용어로 표현될 수 있다. 모든 군부대는 한 사람의 지휘 아래에서 하나의 목표를 지향해야 하는 것이다.

절약

절약이라는 용어는 두 가지 원칙에서 널리 사용된다. 바로 전투력 절약 또는 노력의 절약이다. '절약'과 '수적 우세'에 관해 오랫동안 논란이 계속되고 있다. 절약한다는 것은 임무 달성에 필요한 만큼의 부대와 물자만을 사용해야 한다는 의미인 반면, 수적 우세의 원칙은 노력의 집중을 요구하며 압도적인 전력을 사용하는 것이 승리하는데 가장 확실한 방식임을 뜻한다.

이렇듯 모순되게 보이는 것은 전쟁 원칙의 구성체에 너무 많은 관념들을 억지로 끼워 넣으려 했기 때문이다. 수적 우세는 승리하는데 도움을 줄 수 있지만 그 누가 물자를 더 많이 아껴서 승리했다는 사례는 현재까지 없었다.

과거에도 그랬지만 미래에도 역시 물자가 고갈되면 전투에서 패배할 수 있다. 물론 전투를 지속하고 적군의 반격을 막아내며 차후 전투를 수행하기 위해서는 충분한 물자를 확보해야 한다. 여기서 상급부대 참모장교와 하급부대 지휘관의 충돌이 생길 수도 있으며 이러한 갈등을 해결해야 하는 사람은 바로 상급부대 지휘관이다. 따라서 참모부는 물자의 양과 지속능력, 자신들의 보유량을 유지하고 계속해서 지원해 줄 수 있는 능력을 정확히 인식해야 한다.

전투력 절약은 전쟁의 원칙에서 제외되는 것이 타당할 수도 있다. 왜냐하면 가용한 전력이 있음에도 전투에서 승리하는데 사용하지 않는다는 것은 어불성설이기 때문이다. 그 정도의 넌센스라면 전쟁의 원칙에 포함될 필요도 없을 테니까 말이다. 그러나 전장에 있는 모든 부대가 전투에 참가하지 않는다는 의미에서 전투력 절약을 이해해야 한다. 우리는 앞에서 전투에 투입하지 않을 수도 있는 예비대의 중요성에 관해 살펴보았다. 또한 정찰부대나 때로는 경량화된 부대들은 차장 및 측방엄호 또는 전과확대 부대로 활용하는데 효과적이다. 이것들은 모두 필수 과업들이다. 전투력 절약은 지휘관에게는 너무나 당연한 것이기에 전쟁의 원칙에 포함될 필요는 없다고 본다.

그러나 계획을 수립하는 참모부에게는 전투에서 승리해야 할 부대의 지속능력과 재보급이 주요 관심 분야가 되어야 하므로 계획수립의 원칙 중 하나로 선정하였다.

시간

참모부가 염두에 두어야 할 계획수립의 가장 중요한 부분은 시간이다. 시간은 계속 흐르고, 시간이 지난다고 해서 적군은 약해지지 않는다. 통상 참모부에서 따르는, 널리 알려진 규칙이 존재한다. 이른바 '1/3-2/3' 규칙이다. 상급부대가 계획을 수립하는데 가용시간의 1/3을 사용하고 예하부대가 2/3를 사용하게끔 하라는 것이다. 그러나 이 규칙을 주장하는 사람도 많지만 그만큼 자주 무시되기도 한다. 상급부대 참모부는 지나치게 세부적인 사항까지 관여하고, 그들의 지휘관에게 계획을 보고하는 데만 치중하는 경향이 있다. 그래서 자신들이 계획수립하는데 시간을 모두 소비하고 예하부대에게는 읽기에도 장황한 명령을 하달하게 된다. 예하부대에게 계획수립을 위한 시간을 부여하는 것은 특히 임무형 지휘를 구현하는데 필수적인 요건이다. 예하부대에게 임무를 달성하는 방법을 알려 주지 않되, 그들 스스로 임무를 완수할 방법을 찾아낼 시간을 주어야 한다.

그러나 계획을 수립할 때 시간은 늘 부족하고 특히 참모부도 분명히 이 사실을 인식하고 있을 것이다. 미군에서는 연간 수백 번의 연습과 훈련이 시행되고 그런 연습들은 충분히 가치있는 일이다. 그러나 거의 모든 훈련은 정적인, 변화가 없는 환경에서 진행된다. 이를테면, 아군의 계획관들은 완벽하지는 않지만 양질의 정보를 갖고 있다. 하지만 변화를 추구하고 관행을 깨려는, 선제타격을 감행하는 적군은 존재하지 않는다. 미군이 선호하는, 잘 작성되었고 방대하며 복잡한 명령지들은 어쩌면 사치품일 수도 있다. 연습이나 훈련 때는 적절히 사용되겠지만 실제 전투 시에는 무용지물일지도 모른다.

의사소통

의사소통의 범위는 매우 다양하다. 참모부 내에서의 의사소통, 참모부와 지휘관 간의 의사소통, 그리고 여기서 모두 제시할 수 없을 정도로 많을 것이다. 의사소통은 계획수립의 원칙 중 가장 중요한 것이라고 해도 과언이 아니다. 각 참모부서들 - 그리고 때로는 참모장교들마다 - 은 모든 각도에서 임무를 바라보고 각자의 관점을 제시하기 때문이다. 이는 몇몇의 개인이 지휘관과 동일한 존재가 될 수 있다는 것이다. 물론 참모부 내에서의 의사소통이 가장 중요하다고 할 수 있다.

참모부는 다수의 전문가들을 하나의 조직체로 엮어 놓은 싱크탱크 think tank라 할 수 있다. 기본적인 참모조직은 인사(S1), 정보(S2), 작전

(S3), 군수(S4), 그리고 통신(S6)으로 구성되는데, 참모 분야별로 최고 전문가인 장교 한 명이 각 부서의 장이 된다. 각 부서에서 수집한 정보와 결정된 사안들은 지휘관에게 전달되어야 한다. 만일 부서 간의 갈등이 생긴다 해도, 지휘관은 이를 해결하는 존재가 되어서는 안 된다. 그런 일은 참모장이나 부지휘관이 나서거나, 또는 참모부 자체 내에서 해결되어야 한다.

이러한 참모협조 또는 동시 통합은 매우 중요하고 완벽한 계획을 만들어 내기 위해서 참모부서 간의 의사소통은 필수적이다. 각 부서는 치밀하게 검토하고 신뢰할 만한 계획을 수립해야 한다. 그러면 지휘관에게 한층 더 쉽게 승인받게 될 것이고 전투부대도 한결 더 쉽게 계획을 시행할 수 있을 것이다.

결론

제1장에서 살펴본 전쟁 원칙의 패러다임과 관련된 문제점들 중 하나는, 본래의 목록을 부풀리고 실행 불가능한 현학적인 구성체로 변질시켰다는 것이다. 여기서 제시한 계획수립의 원칙들이 포괄적이지는 못하더라도, 참모장교들을 위한 이러한 방법들이 계획관에게는 유용한 도구가 될 것이다. 또한 전술가들의 도구상자에 불필요한 것들로 가득 차서 스스로 받게 될 스트레스를 완화하는 방법이 될 것이다.

부록 B

전쟁의 작전적 수준
THE OPERATIONAL LEVEL OF WAR

1980년대 미군은 전쟁의 작전적 수준을 도입했고, 그 유용성에 대한 논란은 오랫동안 지속되고 있다. 작전적 수준이 다국적군의 작전을 위한 필수적인 협조를 촉진하고 전략과 전술을 연결하는 데 도움이 되리라 기대했다.[1] 그러나 그런 일은 일어나지 않았다. 이 개념을 도입하는 데 가장 강하게 반대한 윌리엄 F. 오웬William F. Owen은 이렇게 기술했다. "전쟁의 작전적 수준이라는 개념은 목적에 부합하지 않는다. 그 이유는 전략과 전술 간의 허점투성이인 연결체를 인위적으로 만들려고 했기 때문이다. 이는 두 가지 측면에서 부정적인 효과를 초래했다. 첫째, 전술을 훼손하고 변방으로 밀어냈다. 둘째, 전략을 올바르게 이해하는 데 방해물이 되었다."[2] 본인도 이 의견에 전적으로 동의하기에, 첫 번째 효과를 바로잡으려 이 글을 집필했다.

전쟁의 작전적 수준은 일찍이 소련 군사사상의 창조물로, A. A. 스베친A. A. Svechin의 작품으로 알려져 있다.[3] 미 육군이 1980년대에 이를 도

---

1   Echevarria, *Reconsidering the American Way of War*, Location .1252.

2   Owen, "The Operational Level of War," pp.17~20; p.17.에서 인용.

3   Ibid.

입했고 해군, 공군, 해병대도 그 흐름을 따랐다.[4] 전략과 전술을 연결하는데 계획관들에게 도움을 주기 위한 시도였지만 결과는 정반대였다. 전술과 전략 사이에 개념적인 벽을 세우는 것이었다. 그런데 그것이 통로 역할을 하리라는 논리 자체가 모순이었다. 미군 교리에는 작전적 수준의 지휘관, 통상 군단장과 그 이상의 지휘관들은 전술 이외에 다른 일을 한다고 기술되어 있다. 그러나 본서를 읽은 독자들은 군단 지휘에 사용하는 전술 준칙과 소대 지휘의 전술 준칙이 동일하다는 사실을 깨달았을 것이다. 수백만 명의 소련군이 투입된 천왕성 작전과 아프가니스탄에서 소수의 반군이 미군의 군수물자 호송대를 매복 공격한 것 모두 상대의 병참선 공격에 똑같이 기동과 기습을 이용했기 때문이다.

전쟁의 작전적 수준이라는 개념에 반대했던 학자들도 적지 않았다. 2009년 미 육군 전쟁대학 전략연구소에서 발간한 책자에 호주군 예비역 준장 저스틴 켈리Justin Kelly와 마이크 브레넌Mike Brennon이 작성한 보고서가 실렸다. 그들은 작전적 수준이라는 개념이 미흡할 뿐만 아니라 미군 교리에서 그 존재 자체가 전략에 관한 유용한 사고와 기민한 실행을 방해한다고 언급했다.[5] 그들은 시간과 공간에 따라 전술적 행동을 조정할 필요는 있지만 그것 때문에 새로운 전쟁의 수준을 만들어야 할 이유는 없다고 주장한다. 전술적 행동들을 공간과 시간에 따라 여러 그룹으로 묶는다고 해서 전술의 본질은 변하지 않기 때문이다.

현대전에서는 전술적 수준의 승리만으로는 불충분하다. 미 해군 전

---

4 | Echevarria, *Reconsidering the American Way of War*, Location 1252.

5 | Kelly and Brennon, *Alien*.

쟁대학의 밀란 베고Milan Vego 교수는 이렇게 말한다. "궁극적인 전략 또는 작전적 목표를 달성하려면 군사력과 비군사적 능력을 포함한 모든 가용자산을 적절히 조정, 통제하는 이론과 실제의 또 다른 영역이 존재해야 한다. 이러한 제3의 용병술의 영역(이른바 작전술operational art 또는 작전적 전쟁operational warfare이라고 불리는)은 정책과 전략, 그리고 전술 사이의 중간적인 위치를 차지한다."[6] 작전적 수준의 용병술은 전술적 승리를 위한 수많은 요소들과 국력의 다른 부문들의 협업과 지원까지를 포괄한다. 예를 들어 사이버전cyber warfare은 전략적 목표와 전술적 승리에 기여하지만 개념적으로는 전술적 수준의 전투 범위 밖에 존재한다. 작전술이 전략적 목표를 지향하는 전술적 수준의 전투와 사이버 작전의 협업에 활용될 수는 있다. 그러나 베고의 오류는 작전술을 전략과 전술 사이에 둔 것이다. 그의 노력은 매우 가치있는 것이었지만 전쟁의 수준이라는 개념은 반드시 필요하다고 볼 수는 없다.

그래서 작전이라는 개념이 가치가 있으나 전쟁의 수준으로 보기에는 문제가 있다. 이는 실행가들이 전술을 하거나, 작전을 하거나, 전략을 하고 있다는 생각을 조장한다. 우리가 살펴보았듯, 전술가는 전술을 하면서도 전략을 더 발전시킨다(전략을 손상시킬 수도 있다). 전략가는 전술에 의해, 전술을 통해서만 전략을 완수할 수 있다. 이는 각각의 행위자들이 항상 전술, 작전, 전략을 하고 있다는 생각을 하지 않아도 충분히 복잡한 일이다. 작전적 수준이란 전술과 전략 사이의 장벽과 같으며 이미 복잡한 상황을 재차 복잡하게 만든, 불필요한 개념이다.

6 | Vego, *Joint Operational Warfare*, I-3.

그러나 이러한 개념은 다양한 전쟁의 방식과 유형을 설명하는 용어로 가치를 지닌다. 이것은 클라우제비츠가 말한 전술과 전략의 이분법 사이에 끼워넣는 또 다른 수준의 역할보다 특별한 전략 상황에서 특정한 전술들의 결합을 설명하는데 더 유용하다. 이를테면 '대반란 작전'이라는 용어는 반군과 전투하기 위해 선택된 특정한 전술의 집합체를 뜻한다. 또 다른 예로 '도시지역 작전urban warfare operations'은 시가지에서 적과 싸우는데 적합한, 특정한 전술의 집합체로 설명할 수 있다. 목표ends - 방법ways - 수단means이라는 전략의 구성요소에서 전술은 전략이 설정한 목표를 달성하는 수단이다. 그러나 특정한 작전의 유형은 그러한 전술들을 사용하는 방법이며 전술은 적군을 물리치기 위해 가용한 전투력을 어떻게 사용할지를 결정하는 것이다. 하지만 보급, 군수, 통신과 같은 다른 요소들, 그리고 비전투 활동들도 전투만큼은 아닐 지라도 그에 못지않게 중요하다. 그러한 활동들을 작전으로, 다른 말로 군수작전, 정보작전 등으로 조직화할 수 있을 것이다.

즉 '작전'과 '작전술'이라는 용어는 전쟁에서 나타나는 행위에 대한 적절한, 지적인 틀을 제공한다. 그 자체가 전술 혹은 전략을 의미하는 것이 아니며, 전술과 전략 혹은 둘 중 하나를 지원하는 것이다. 그 예로 정보작전, 전자전 작전, 사이버작전, 군수작전 그리고 본서에 다루었던 전술 체계 그 이상인 다양한 군사 및 비군사적 활동들을 포함한다. 이러한 작전과 활동은 이 책에서 다루지 않지만, 전장에서 중대한 영향을 미칠 수 있다. 전술가와 전략가 모두가 이것에 관심을 기울여야 한다.

원래 작전술은 "추상적이고 전략적인 전쟁 목표와 기계적이고 전술적인 전투 수행 사이에 존재하는 문제"[7]를 해소하기 위한 것이었다. 그러나 우리가 살펴보았듯 작전술을 전쟁의 수준으로 인식하면 전략과 전술 사이에 불필요하고 유해한 방화벽을 세우는 꼴이 된다. 불필요한, 과도한 복잡성을 없애고 문제를 해결하기 위해서는 작전술을 전쟁의 수준 범위 밖의 활동으로 인식해야 한다. 고로 작전술은 전략지시를 실상에서 전술적 행동으로 변화시키는 작업으로 볼 수 있다. 그래서 작전술은 전술가보다는 참모장교들이 하는 활동과 더 유사하다. 작전술을 특정한 전략 목표를 위한 특정한 상황에 맞게 전술을 적용하는 것으로 이해한다면 이것은 전쟁의 수준이 되어야 할 필요는 없다.

전쟁의 작전적 수준을 둘러싼 논쟁은 두 가지 극단의 주제로 계속되고 있다. 그것이 존재한다는 쪽과 존재하지 않는다는 쪽이다. 필자는 불필요한 작전적 수준을 버리되 작전술이라는 중요한 개념은 지키는 중간 입장을 취한다. 본인은 전쟁의 수준으로서 작전적 수준을 인정하지 않았다. 이는 전술과 전략의 연결을 중시하고 더 강조하기 위해서였다. 그러나 오늘날 미군 교리에서는 이 연결이 단절됐다. 작전술은 전략적 효과 달성을 위한 방법으로 전술을 지속하고 지원, 조정, 연결하는 기능을 담당해야 한다. 그래서 전쟁의 수준에서는 분리해 인식하고 통합적인 범주(예를 들어 도시지역 작전)에서의 전술들을 기술할 때 사용해야 한다. 그리고 군의 참모부가 계획을 수립하고 장기간 적용할 전술들을 전역에서 실행에 옮기려 조직화하는 데 사용해야 한다. 그러나 장기간 계획되는 수많은 전술적 행위 그 자체는 여전히 전술에 해당한다.

---

7 | Bengo and Shabtai, "The Post Operational Level Age," pp.4~9; p.8에서 인용.

부록 C

CoG[1]
THE CENTER OF GRAVITY

전략적 개념으로서 '중력의 중심' 즉 CoG는 유익하기도 하지만 골 칫거리기도 하다. 이 용어는 클라우제비츠의 『전쟁론』에서 유래된 탓에 전략 연구에서 가장 큰 영향력을 갖고 있다. 그러나 이것도 클라우제비츠가 만들어낸 편향적인 개념들 중 하나일 수 있다. 정책결정자들과 군지휘관들이 이 용어를 빈번하게 사용하면서 오늘날까지도 그 의미에 관해 열띤 토론을 벌이고 있다. 더욱이 이 용어를 매우 제한적인 환경에서 엄격하게 한정적으로 사용해야 한다고 주장하는 이들도 있다.[2] 이 또한 클라우제비츠가 만들어낸 가장 흥미로운 생각 중 하나이

---

1 ｜ 국내 및 군에서는 Center of Gravity를 '중심重心'으로 표현하지만 정확하게 번역하면 '중력重力'의 '중심中心'이다. 역자들은 'CoG'로 기술하고 '코그' 또는 'Center of Gravity'로 읽어야 한다고 제안한다. 국어사전에서는 중심重心을 '질점에 작용하는 중력의 합력의 작용점'으로, 중심中心을 '사물의 한가운데'로 정의하고 있어 그 둘은 분명히 다르다. 한글로 '중심'으로 표기할 경우 '重心'인지 '中心'인지 오해를 불러 일으킬 수 있고 '핵심'이라는 단어들과도 구분할 필요가 있다. 따라서 매번 한자를 병기하는 것도 부적절하기에 'CoG'로 고유명사화했다. 단, gravity를 중력重力으로, core를 핵심, 중추부로 번역하고 한글로 표기된 중심은 center, 中心을 의미한다. (역자 주)

2 ｜ Echevarria, *Clausewitz and Contemporary War*, pp.184~185.

기 때문인 듯하다. 그는 이러한 전쟁 승리를 위한 열쇠를 참으로 감칠 나게, 어렴풋이 설명해 놓았다. 그 자신도 이 개념을 정확히 정립하지 못했을 가능성도 있다. 만일 그가 살아서 『전쟁론』을 완성했다면 오늘날 CoG를 둘러싼 논란은 상당부분 해소되었을 것이다. 그럼에도 불구하고 이 개념의 중요성만큼은 부인할 수 없다. 그는 우리에게 다음과 같이 경고했다. "우선 정치가와 군지휘관이 해야 할, 궁극적이며 가장 중요한 판단 행위는, 그들이 감행하려는 전쟁의 성격을 검토하고 규정하는 일이다. 전쟁의 본질에서 벗어난 것으로 착각해서도 안 되고 그것으로 바꾸려 해서도 안 된다."[3] 전략적 수준의 행위자가 자신이 하려는 전쟁의 성격을 규정할 때 CoG는 매우 중요한 역할을 하게 된다. 여기서 우리는 두 가지 차원에서 이 개념을 살펴보도록 한다. 첫 번째, 전술가들에게 이러한 전략적 개념을 소개하는 것이고 두 번째는 미군에서 사용 중인 교리상의 용어와 이것을 명확히 구분하는 것이다. 교리에서는 이 용어를 다분히 전술적 수준에서 다루고 있으며, 본인은 이것이 다소 부적절하다고 본다.

사실은 이런 오해의 근본적인 원인은 클라우제비츠에게 있다. 'CoG'라는 용어는 물론 물리학에서 차용되었다. 그래서 몇 번이고 되풀이해서 이 개념을 해석하는데 사용했던 렌즈는 바로 물리학이었지만 일반물리학[4]만으로는 불충분했다. 그러나 지구상의 물체들은 지구의 중력의 지배를 받아 나름의 방식대로 움직인다는 측면에서 이 개념

---

3 | Clausewitz, *On War*, p.88.

4 | 기초물리학 또는 물리학 개론. (역자 주)

을 살펴보기 위한, 더 유용한 패러다임은 천체물리학이라 할 수 있다. 항성恒星과 행성行星처럼 거대한 물체를 다루는 물리학은 진공상태에서 일어나는 것이므로 더 단순하고 훨씬 더 무미건조할 수도 있다. CoG에 관한 『전쟁론』에 담겨 있는 핵심은 그것이 전략적 수준의 행위자에게 통일성과 결속력을 제공한다는 것이다. 이는 마치 태양계의 태양이 그 주위를 공전하는 모든 행성에게 통일성과 결속력을 제공하는 것과 유사하다. 그러나 태양계의 항성인 태양은 절대적인 통제력을 행사하지 않는다. 궤도상의 행성이 지닌 구심력 덕분에 그 행성은 행동의 자유를 어느 정도 유지하고 태양으로 추락하지 않는 것이다. 따라서 전략적 CoG는 전술적 부대에 통제력을 행사 - 통일성과 결속력을 강화하기 위해 - 하면서도 어느 정도 행동의 자유를 허용한다. 전략은 전술적 행동에 영향을 미치지만 백병전과 같은 행동에까지 완벽한 통제력을 행사할 수 없다. 따라서 전략적 수준의 행위자들의 정치적 목적과 필연적인 관계를 맺는, 통일성과 결속력의 원천으로서 CoG를 설명하기 위해서는 일반물리학보다는 천체물리학이 훨씬 더 유용하다고 생각된다.

CoG의 현대적 적용

미국인들은 아프가니스탄과 이라크 전쟁에 관해서 말할 때, "CoG는 바로 주민이다." 그리고 "군사적 해법은 없다."라는 두 가지 수사적 표현을 사용한다. 첫 번째 문장은, 전술적 수준에서 반군과의 전투를 위해 발전된 미 육군의 교리인, 『FM 3-24 대반란전』에서 자주 등장하는 함축적인 표현이다. 이 교범에는 이렇게 기술되어 있다. "정치 권력은 반란전과 대반란전에서 핵심 이슈이다."[5] 이 문장의 이면에는 반란전이 지속되려면 주민의 지지가 필요하다는 논리가 담겨 있다. 만일 주민의 지지가 없으면 어떻게든 반란 세력은 결국 약화되다가 소멸된다는 뜻이다. 이 문장을 분석해보면, 첫째, 이 논리는 민간 주민들이 반군에게 물질적, 비물질적 지원을 강요당할 수 있는 가능성을 배제한 것이다. 둘째, 이 문구는, 주민들이 반군에게 물질적으로 지원하는 것이 그들의 정치적 지원활동임을 함축하고 있다. 실제로 모든 반란의 목적은 다른 통치체제로부터 정치 권력을 쟁취하는 것이다(또는 20세기 수많은 반식민주의 반란의 사례에서처럼 정치적 통제권을 행사하는 제3의 세력을 축출하는 것이다). 현대의 평론가들은 정부 관리들의 수사적 표현을 그대로 답습해왔다. 『FM 3-24 대반란전』에서 데이비드 킬컬른David Kilcullen은 이렇게 말한다. "반란 운동의 CoG - 반란군의 사기, 물리적 힘, 행동의 자유, 행동을 위한 의지가 발현되는 힘의 근원 - 는 특정 지역 주민과 반군의 연결성이다."[6] 루퍼트 스미스Rupert Smith도 다음과 같이 기술했다. "주민들 간의 전쟁이라는 틀 안에서 사고思考의 혁명을 해야 한다. 우리의 대립과 갈등은 얽히고설킨 정치적, 군사적 사건들로 이해해야 하며, 이것이 그 문제를 해결할 수 있는 유일한 방법이다."[7] 원래 반란전이 정치적이라는 것은 타당하다. 그러나 모든 전쟁과 전쟁양상도 정치적이다. 이것은 전쟁 자체의 특징이며 그래서 전략 수립에 필수적인 개념이다.

5 │ U.S. Army, *FM 3-24 Counterinsurgency*, p.1-1.

6 │ Kilcullen, *Counterinsurgency*, p.7.

7 │ Smith, *Utility of Force*, p.357.

반란과 대반란전의 전후 맥락에서 주민을 CoG로 인식하는 것은 오로지 상대편의 정치적 목적과 주민과의 연결만 보는 것이다. 대반란전을 수행하는 쪽에서는 정치적 통제력을 유지하려 하고, 반군은 그것을 빼앗고자 한다. 이는 곧 군사적 해법은 없다는 두 번째 논리로 직결된다. 이 문장은 군사적 영역과 정치적 영역이 상호 배타적이라고 주장하는 패러다임의 결과물이다. 클라우제비츠가 우리에게 말했듯 이러한 주장도 부적절하다. 전쟁은 폭력적(군사적) 수단이 혼합된 정치적 담론이며 정치와 군사적 영역은 밀접하고도 필연적인 관계를 맺고 있다. 모든 전쟁에서 정치 권력이 핵심 이슈인 것처럼 앞서 살펴본 『FM 3-24 대반란전』에 기술된 문장은 반란과 대반란전의 표제어로서는 무의미하다.[8] 단순히 주민 그 자체는 CoG가 아닐 수도 있다. 하지만 주민에 대한 정치적 통제가 양측의 정책적 목표이기에 주민은 CoG가 된다. 반란의 맥락에서 한 쪽이 전쟁에서 패배하면, 반군이나 진압군의 노력 뒤에 숨어있는 의지, 즉 정치적 권력을 유지하거나 쟁취하는 능력이 저하된다. "군사적 해법이 없다."는 뜻은 "우리는 정치적인 해법을 찾아야 한다."는 것이다. 그러나 결정적인 군사적 해법은 대개 장기간의 정치적 해법을 위한 필수적인 선결조건이기도 하다.

반면 군사적인 승리가 반드시 정치적 해결로 이어지지는 않는다. 이러한 사실에 관한 사례는 무수히 많지만 2003년 이라크 전쟁만큼 좋은 예는 없다. 전쟁의 제1단계에서 연합군은 사담 후세인 정권과 이라크군을 상대로 완벽한 승리를 달성했다. 이어서 이라크군을 무장해제 및

8 | U.S. Army, *FM 3-24 Counterinsurgency*, p.1-1.

해산시키고 바그다드를 점령했다. 단기간의 군사적 해결 후 연합군의 정치적 통제로 이어졌다. 하지만 그들로서는 정치적으로 통제할 준비가 전혀 되어 있지 않았고 이로 인해 초래된 공백으로 또 다른 단체가 형성됨에 따라 통제권을 두고 경쟁해야 하는 상황에 이르렀다. 이라크군을 격멸한 것과 바그다드를 점령한 것은 CoG에 일시적인 영향을 미쳤을 뿐이었다. 이는 수단이 CoG(이라크에 대한 정치적 통제)에 충분히 지향되지 못했기 때문이며, 그래서 반란으로 이어졌던 것이다.

따라서 전략적 CoG라는 개념은 반드시 필요하다. 만일 우리가 상대의 CoG를 정확히 식별한다면 전략의 수단인 군사력, 그리고 전략의 목표인 정치적 목적 간의 관계를 규명할 수 있을 것이다. 어떤 전쟁이든 교전국 간의 정치가 관련이 있기 때문이다. 전쟁을 일으키려면 클라우제비츠가 경고한 대로 전쟁의 본질을 정확히 이해해야 한다. 그리고 하나의 CoG 또는 다수의 CoG들도 식별해야 한다. 전술과 정책의 연결체로서 전략은 CoG를 지향해야 한다.

미군이 적의 CoG를 정확히 식별하는데 실패한 원인은 이 개념에 관한 교리상의 혼란이라는 유행병 때문이었다. 그리고 이러한 질병이 고위급 지휘관들로부터 권고와 조언을 받는 정책결정자들에게 감염되었다. 미군 교리에서는 CoG를 '적군의 주요 전투부대, 즉 주력부대'[9]로 정의한다. 이것은 철저히 전술적 개념이며 전략가에게는 유용하지 않다. 다시 살펴보겠지만, 클라우제비츠는 이 용어를 전술적, 전략적 개념의 두 가지 차원에서 사용했다. 그러나 전략적 개념으로서 CoG는

---

9 | Echevarria, *Reconsidering the American Way of War*, Location 2547.

적군의 전투부대일 필요는 없고 나아가 특정 형태를 갖춘 실체가 아닐 수도 있다. 이 개념에 대한 미군의 정의는 전략적 수준에서 전혀 유용하지 않다.

교리상의 혼란은 전략적 표류를 초래했고 이는 확실히 앞서 언급한 군사와 정치적 해법에 관한 오해 때문에 벌어진 일이다. 전략적 CoG에 대한 명확하지 않은 개념 때문에 정책 목표들과 이를 달성하기 위한 전술적 수단의 연결에 문제가 발생했다. 이렇게 중요한 촉진 기능이 없었기에 미국은 그저 최종상태에 도달하는 방식을 고수함으로써 그들의 목표를 달성하지 못하고 이런 저런 계획들을 뒤지며 우왕좌왕했던 것이다. CoG가 전략과 연관된 것이라면 CoG를 더 잘 이해하기 위해 우리는 시간을 거슬러 올라가 그 근원을 찾아야 한다.

클라우제비츠의 CoG

클라우제비츠가 제시한 CoG의 개념은 몇 개의 개별적인 요소로 분리할 수 있다. 첫째, 우리는 전략적 관념에서 전술적 관념을 떼어내야 한다. 클라우제비츠는 이 개념에 대한 논의를 전술적 관념에서 시작했다. 이런 첫 번째 개념은, 성공적인 전투가 영향을 미치는 범위를 다루고 있으며 이는 '격멸한 군대의 규모'와 관련이 있다.[10] 승리의 크기가 클수록 그 효과도 크다. 클라우제비츠 스스로도 이런 생각이 진부하다고 언급했다. 그는 물리학으로 CoG를 간단히 설명했지만 그 뒤로는 진부한 것을 떨쳐버리고 그 핵심을 전략적 관념으로 구체화하기 시작했다.

---

10 | Clausewitz, *On War*, p.485.

여기서부터 클라우제비츠의 CoG는 순수 물리학적 개념에서 벗어났다. 그가, "CoG는 어디든 전투력이 가장 집중된 곳에서 발견될 것이다."라고 말했지만 집중된 전투력 자체가 중심이라고 말하지 않는다. CoG는 결속력과 특정한 통일성의 원천이라고 주장한다. 군사력이 집중된 것은 CoG의 결과물이고 그 자체가 CoG는 아니라는 뜻이다. 예를 들어 전략적 수세를 취하는 쪽에서는 특별히 지켜야 할 가치가 있는 지역 같은, 중요한 지점에 전투력을 집중할 것이다. 마찬가지로 전략적 공세를 취하는 쪽은 그 지역을 탈취하기 위해 전투력을 집중할 것이다. 그렇게 전투력이 집중된 것은 CoG의 지표일 뿐 그것 자체가 CoG라 볼 수는 없다.

클라우제비츠가 사용한 사례를 통해 좀 더 살펴보자. 교전 중인 군대를 CoG의 한 가지 예로 들기도 했지만 더 많은 예를 제시했다. 이를테면 '상호 간의 정치적 이해관계에서 나올 수 있는' 결속력, 교전국의 수도, 대규모 군대를 보유한 동맹국, 동맹이 공유하는 이익 그리고 '지도자의 성격과 대중 여론' 등이 CoG가 될 수 있다는 것이다.[11] 그는 미군에서처럼 그 개념을 군사력으로 한정하지 않았다.

마지막으로 그는 『전쟁론』 제8권 9장에서 이렇게 말했다. "적국의 힘을 하나의 CoG로 농축시키는 작업은 첫째, 적국의 정치 권력의 분포와 둘째, 여러 군대가 움직이는 전구戰區[12]의 상황에 따라 결정된다."[13] 다시 말해 확실히 CoG는 정치적 성질을 띠는 것이며 그 성질도

11 | Ibid., p.486, p.596.

12 | '전쟁전구'라고도 번역할 수 있지만, '전구'가 올바른 군사용어이다. (역자 주)

13 | Ibid., p.617.

오로지 전략적 행위자의 정치 권력과 결부되어 있고 전략적 상황과도 관련이 있는 것이다.

이러한 모든 사례들이 지닌 공통점은 바로 정치적 양상이다. 교전 중인 동맹 내부의 통일성과 결속력은 전쟁의 정치적 목적과 밀접한 관계를 맺고 있으며 그것으로부터 생겨난다. 클라우제비츠가 동맹이 결속하게 되는 유일한 원천으로서 동맹의 정치적 이해관계를 기술한 것이 명확한 근거가 된다. 더욱이 그가 군사력을 CoG라고 언급했지만 그때의 군대들도 정치와 밀접하게 관계가 있다. 그가 군사력이 CoG였다고 제시한 세 가지 사례는 알렉산더 대왕, 구스타프 2세 아돌프, 프리드리히 대왕의 군대였다. 이들은 단순히 훌륭한 장군이 아닌 전장에서 군을 지휘한 군주였다. 또한 클라우제비츠가 예로 들었던 또다른 인물은 나폴레옹 보나파르트였고 군사와 정치 권력이 모두 그에게 집중되어 있었다. CoG는 군사력에 결속력과 통일성을 제공하고 적군과 맞설 수 있게 하는 것이므로, 클라우제비츠가 제시한 것보다 훨씬 더 많은 전략적 CoG가 존재할 수 있다. 군사력의 결속은 군주가 만들어내거나 수도를 지켜야 할 필요성에서 생겨날 수도 있고 종교나 사상, 더욱이 돈 - 용병의 경우 - 의 결과물일 수도 있다. 클라우제비츠는『전쟁론』의 앞부분, 즉 제1권 2장에서 그러한 가능성을 언급했다. "적군을 격멸하지 않고도 승리할 가능성을 높일 수 있는 방법도 있다. 적국에 직접적인 정치적 영향력을 행사하는 방법, 또는 적국의 동맹을 초기부터 분열시키거나 마비시키기 위해 책략을 쓰는 방법, 아군이 새로운 동맹을 얻고 유리한 정치적 국면을 조성하는 방법들이다."[14] 클라우제비츠가 강조한 '직접적인 정치적 영향력을 행사하는' 활동들이 곧 CoG에 영향을 미친다고 볼 수 있다.

CoG에 관한 오늘날의 논쟁

CoG를 둘러싼 논쟁은 '과연 이것이 무엇인가'를 주제로 계속되고 있다. 대부분의 이론가들은 표준화된 무언가를 찾고 있는 듯하다. 즉 CoG가 군사력, 지리적 위치, 교전중인 국가의 국민 또는 군사지휘관인지 단정적으로 설명하려는 듯하다. 아래에서 살펴볼 모든 이들의 생각속에 내재된 공통적인 논리는 CoG가 정치와 관련되어 있다는 것이다.

안툴리오 에체바리아는 명확히 CoG가 군사력 그 자체는 아니라는 입장이다. 그는 이렇게 기술했다. "첫째, 단지 특정한 '통일성', '연결성' 또는 '상호의존성'이 적국의 군사력과 그들이 점령한 공간 사이에 존재하는 곳에서만 CoG라는 개념을 적용한다."[15] 이는 CoG가 군대도, 그 군대가 점령한 공간도 아니라는 뜻이다. 즉 군대는 전장에서 하나의 전투부대로서 단결하고, 공간은 그 군대가 존재하는 곳이기 때문이다. 오로지 군대는 정치 권력의 도구로서 존재할 뿐이며, 군대가 어떤 지역을 점령하는 것은 정치 권력의 목적이 있기 때문이다. 군대는 자발적으로 조직되지도 않고, 그들 스스로 국경지대에 주둔하지도 않는다. 군대는 국가에 봉사하기 위해 조직되며 그 국경은 정치적 존재,

---

14 | Ibid., p.92.

15 | Echevarria, 'Clausewitz's Center of Gravity,' p.113.

정부에 의해 정해진다. 그래서 CoG는 군대를 영토의 일부에 가져다 놓은 정치적 목적과 관련되어 있다.

휴 스트라첸Hew Strachan의 CoG 개념은 우리에게 좀 더 잘 와 닿는다. 그는 이렇게 주장한다. "그[클라우제비츠]가 몰두했던 것은 전구와 그 내부에서 활동하는 군대 사이의 관계였다. 그는 시종일관 뷜로브의 의견에 반대하면서 지형 자체가 CoG를 담고 있다는 생각을 수용하지 않았다. 지형에 관한 요점은, 지형 자체가 중요해서가 아니라 그곳에 군대가 점령해 있기 때문에 그 지형이 중요해진다는 사실이다. 따라서 '적국의 급소는 대개 그들의 군대'이다."16 그러나 이런 설명만으로는 CoG가 군대를 끌어당기고 있다고 주장한 클라우제비츠의 논리를 충족하지 못한다. 만일 군대가 CoG를 만들어낸다면 CoG로 군대를 끌어당기는 것은 무엇이란 말인가? 다시금 우리가 할 수 있는 유일한 대답은 정치적 목적이다. 1955년 영국과 프랑스가 이집트에서 수에즈 운하의 통제권을 유지하려고 노력했던 사례를 살펴보자. 그 분쟁에서 운하는 그 자체로도 CoG가 아니었고 그곳에 파견된 군대 때문에 CoG였다고 볼 수도 없다. 그러나 이집트가 영국과 프랑스 입장에서 부당한 방식으로 그곳의 정치적 통제권을 주장했고 그 순간 그 운하는 CoG가 되어 버렸다. 모든 전략적 교전 당사국들의 정치적 목적이 운하의 통제권을 쟁취하는 것이었기 때문에 운하는 스스로 군대를 끌어당겼다. CoG가 전혀 예상치 못한 타격을 받게 되자 그 위기의 종말이 찾아왔다. 아이젠하워 대통령이 이집트를 지지하기로 결정함으로써

---

16 | Strachan, *Clausewitz's On War*, p.132.

영국과 프랑스의 정치적 목적 달성은 요원해졌다. 어쨌든 그 위기 중에는 각 교전국의 정치적 목적으로 인해 수에즈 운하가 CoG의 위상을 갖게 되었던 것이다.

존 스미다 또한 정치적 목적을 CoG의 핵심 요소로 간주한다. 스미다는 앞서 기술했듯, 클라우제비츠가 게릴라전을 논할 때 CoG를 '지도자의 성향과 대중 여론'으로 인식했다고 주장했다.[17] 그는 이어서 이렇게 기술했다. "여기서 클라우제비츠는 게릴라전을 수행하는 방자의 CoG는 군사보다는 오히려 정치적인 것에 더 가깝고, 군사력을 대거 투입하더라도 파괴하기 어렵다고 분명히 주장했다."[18] 그러나 방자가 정규군이라면 이것이 달라질까? 방자의 정치적 목적이 저항이 아니라면 수세에 있는 정규군도 저항할 이유가 없다. 이런 일이 일어날 가능성은 희박하지만 그래도 한 가지 사례가 있다. 1939년 3월 15일 히틀러의 독일군은 이미 분열되어 있던 체코슬로바키아를 침공했다. 독일의 협박이 있었지만 체코 정부는 이 침공에 저항하지 않고 즉시 항복해버렸다. 체코의 정규군은 건재했다. 그렇지만 이들 자체가 저항을 주도할 CoG로는 충분하지 않았다. 사실상 저항은 독립을 유지하려는 - 또는 적어도 독립을 위해 싸우려는 - 체코 정부의 정치적 목적이 있어야 가능했던 것이다.

스미다도 정치적 목적과 CoG와의 연결을 검토했다. "클라우제비츠는 제6권에서, 물리적인 군사적 요인 때문이 아니라 결전을 감행하려는

---

17 | Clausewitz, *On War*, p.596.

18 | Sumida, *Decoding Clausewitz*, pp.173~174.

공자의 의지가 부족해서 결전이 미뤄진다고 주장했다. 달리 표현하면 공자의 의지 부족은 정치적 고려의 결과인 것이다."[19] 체코슬로바키아의 사례에서 CoG를 만들어낼 정치적 의지가 부족했던 쪽은 방자였다.

콜린 S. 그레이는 『The Strategy Bridge』에서 전략의 핵심개념으로 전략적 효과를 제시했다. 클라우제비츠가 CoG에 지향된 타격이 가장 효과적이라고 주장했고 따라서 전략적 효과를 만들어 내는 최적의 방법은 CoG를 향해 전술적 노력을 지향하는 것이다. 그레이는 이렇게 말한다. "전투가 전략적 차원의 결전을 위한 활성 요인이 될 때에만 가장 협의의 군사적 범주를 넘어서 진정한 결정적 의미를 지니게 된다."[20] 전투가 전략적 효과를 만드는 활성 요인이 되기 위해서는 전략적으로 중요한 지점, 즉 CoG를 지향해야 한다. 그래서 첫째, CoG는 전술적 타격이 전략적 효과를 만들어 낼 수 있는 곳이고, 둘째, 상대의 정치적 목적이 CoG를 결정한다. 그렇기 때문에 CoG는 다양한 전술 행위자들의 노력을 조직화하는 촉진 기능을 수행할 수 있게 된다. 그 이후 전략가는, 하천을 따라 가교를 어디에 놓을지 결심하는데 CoG의 도움을 받게 된다. 그 지점은 하천 상의 적 방향의 어느 곳일 것이며, 일단 그곳에 도달하면 적에게서 최고의 전략적 효과를 얻을 수 있을 것이다.

로렌스 프리드먼Lawrence Freedman은 『전략의 역사Strategy : A History』[21]에서 동일한 역학에 관해 또 다른 관점을 제시했다. "이것

---

19 | Ibid., p.172.

20 | Gray, *Strategy Bridge*, p.221.

21 | 한국어로도 번역 · 출간되어 있다. 로렌스 프리드먼 저. 이경식 역. 『전략의 역사』. 비즈니스북스. 2014. (역자 주)

[승리를 달성]을 위해서는 적국의 힘, 그것의 궁극적인 실체를 그 근원까지 추적하여 그것을 공격해야 한다. 그 지점은 물리적인 힘이 집중된 곳이 아닐 수도 있다. 오히려 적군의 부대들이 연결되어 있는, 방향성이 정해진 곳일 가능성이 높다. 이 지점을 무너뜨리면 그 효과는 그 이상의 전체로 극대화 될 것이다." 프리드먼은 이런 역학관계를 연구하기 위해 클라우제비츠의 동맹에 관한 사례를 활용하였고 그레이처럼 동맹의 CoG는 '정치적 목적이 하나로 통합된 것'이라고 주장했다.22 따라서 우리는 다시금 정치적 목적과 CoG가 결부되어 있음을 확인했다. 실제로 전략적으로 전쟁에 참여한 국가가 동맹국이 아닌 경우에도 군대에 군사행동의 목적과 의지를 고취시키는 것은 정치적 목적이다. 어떤 부류의 인간이든 그 한 명의 정치지도자에게 충성할 목적을 상실한 군대는, 반대로 충성심이 충만한 적들에게 절대로 조직적인 저항을 할 수 없을 것이다. 7세기 이슬람의 초기 정복전쟁the Arab conquest 기간 중 아랍인들이 사산 제국Sassanid Empire을 침공했을 때, 야즈데게르드 3세Yazdegerd III 왕이 수도를 떠나자 그 제국의 군대는 아랍인들과 독단적으로 평화조약을 맺었다.23 왕이 사라짐으로 인해 그들의 정치적 목적 - 왕을 지키는 것 - 이 없어졌고 그들은 국가와의 관계, 즉 국가에 충성할 이유를 상실한 것이다.

『Makers of Mordern Strategy』의 저자인 피터 파렛Peter Paret은 클라우제비츠에 관해 기술한 부분에서 강력한 어조로 자신의 생각을 다음

---

22 | Freedman, *Strategy*. p.91.

23 | Kennedy, *Great Arab Conquests*, p.182.

과 같이 표현했다. "전쟁으로 얻고자 하는 정치적 목적이 투입해야 할 수단과 요구되는 노력의 종류, 정도를 결정해야 한다. *또한 정치적 목적은 군사 목표까지도 결정해야 한다.*"[24] 우리는 결론에 한층 더 가까워졌다. 정치적 목적이 군사 목표를 결정하고 군사 목표가 군사력의 집중을 결정할 것이므로 결국 정치적 목적의 본질이 CoG의 본질도 결정할 것이다.

CoG에 관한 현대적인 해석들이 등장했는데 그중 미 해군 제독 J. C. 와일리의 클라우제비츠에 대한 비판은 큰 반향을 일으켰다. 그는 클라우제비츠의 추종자들이 오로지 적군을 격멸하는 데만 관심을 기울이고 있다고 믿었다. 그는 육군의 대부분이 건재했음에도 국가가 파멸을 맞았던 두 가지 사례를 들었다. 1945년 태평양 전쟁과 1954년의 디엔 비엔 푸 전투였다. 일본은 1945년 만주지역에 상당한 규모의 육군을 남겨 둔 상태였고, 1954년 프랑스 육군에서는 매우 극소수의 전력이 타격을 입었음에도 프랑스가 손을 들고 말았다.[25] 필자가 제시하는 세 번째 사례는 미국이 베트남 전쟁에 개입했던 1968년 당시의 구정 공세였다. 북베트남군은 단 하나의 전술적 수준의 목표도 달성하지 못했다. 미군의 사상자는 상대적으로 매우 적었지만 오히려 그들의 피해는 너무나 컸다. 베트콩은 거의 전멸한 상태였다. 그러나 전략적 수준에서는 대성공이었다. 공산주의자들이 그러한 노력을 할 수 있다는 사실 그 자체가, 승리를 낙관했던 미국 정부의 주장과 정면으로 충돌했

---

24 | Paret, *Makers of Modern Strategy*. p.206.

25 | Wylie, *Military Strategy*. p.47.

기 때문이다. 결국 구정 공세는 성공적이었다. CoG를 통해 미국의 정치적 목적에 타격을 주었기 때문이다. 승전 또는 패전에 대한 미국 국민들의 인식, 그리고 린든 B. 존슨Lyndon B. Johnson 대통령에 대한 국민들의 신뢰가 바로 CoG였던 것이다.

끝으로 간결하고 핵심을 담고 있는 『손자병법』에서는 CoG를 전술과 물리적인 수준을 초월한 어떤 것이라고 함축적으로 기술하고 있다. "적군이 아무리 높은 누각을 쌓고 깊은 구덩이를 파서 대비하더라도 내가 전투를 원하면 그들은 절대로 피할 수 없다. 왜냐하면 나는 적군이 출전하여 지키지 않으면 안 되는 곳을 공격하기 때문이다."26 이 사례에서 보듯 적이 전술적으로 월등히 유리하더라도, 우리가 적국의 전략적 CoG - 적국의 정치적 지지 기반 - 를 공격하면, 그래서 적국이 자신의 계획을 포기하고 우리의 계획을 따르도록 강요한다면 적국을 어느 정도 통제할 수 있게 된다.

이러한 논리들을 요약하면, 각자 상대의 CoG는 분명히 상대방의 정치적 목적과 연관되어 있다. 적군의 CoG는 정치적 목적을 달성(또는 아군의 정치적 목적을 거부)하려는 그들의 의지를 바탕으로 한다. 따라서 CoG를 타격하는 것은 상대의 의지를 고갈 또는 분쇄하는 가장 확실한 수단이다. 손자의 명쾌한 문장에서 보듯, CoG를 식별하고 적극 이용함으로써 주도권, 나아가 전략적 레버리지 차원에서 큰 이점을 얻을 수 있다. 비록 전술적 행동과 전쟁의 물리적 측면도 적국의 목표에 잠

---

26 | Sun Tzu, *Art of War*, p.97.
『손자병법』 제6장 허실편. 「虛實篇. 故我欲戰. 敵雖高壘深溝. 不得不與我戰者. 攻其所必救也.」 (역자 주)

재적인 위협으로 전략적 효과를 낼 수 있지만, 그럼에도 불구하고 CoG 는 물리적인 실체 또는 전술적인 수준의 그 무엇이 아닌 것이다. 다시금 수에즈 운하 위기 사례로 돌아가서, 영국과 프랑스의 의지는 그들의 대의를 지지하지 않겠다는 아이젠하워 대통령의 정치적 결단으로 무너지고 말았다. 이것이 바로 CoG에 대한 직접적인 타격이었다.

일반물리학(기초물리학) vs. 천체물리학

수많은 전문가들은 CoG의 본질이 상대의 정치적 목적의 구성요소이고 비물리적인 성질이라는 것에 동의한다. 그럼에도 불구하고 아직까지 그 개념에 대한 혼란이 왜 이렇게 많은 것일까? 불행하게도 클라우제비츠 시대의 과학의 한계와 물리학에서 나온 이 용어의 기원 때문에 그런 혼란은 계속되고 있다. 클라우제비츠는 19세기 초 과학교육 수준과 그 한계로 인해 물리학에 대한 단편적인 지식만 갖고 있었기 때문에 자신의 논리를 명쾌한 비유법으로 설명할 도구가 없었다. 그러나 오늘날 우리는 그 도구들을 갖고 있다. 첫 번째 단계는 그 개념을 일반물리학에서 떼어내고 그 대신에 천체물리학의 렌즈를 통해 그것을 검토하는 일이다.

클라우제비츠의 물리학

클라우제비츠는 독일의 물리학자인 파울 에르만Paul Erman의 물리학 강의를 듣고 자신의 생각을 정리했던 것으로 보여진다. 에르만은 베를린 대학University of Berlin과 프로이센 전쟁대학Prussian War College

의 물리학 교수였다.[27] 전쟁대학의 학장이었던 클라우제비츠는 에르만과 동료관계였다. 그러나 클라우제비츠는 그 시대의 물리학의 한계에 머물러 있었다. 그래서 우리는 일반물리학의 렌즈를 통해 CoG를 바라보게 된 것이다. 안툴리오 에체바리아도 미 해군전쟁대학 평론지 Naval War College Review의 한 기고문에서 CoG가 강점의 근원이 아니라 약점의 근원이라고 주장하며 이 개념을 일반물리학으로 설명했다.[28] 그는 부메랑, 구슬, 막대기와 인체를 예로 들었다. 이것들도 CoG를 갖고 있지만, 언제나 훨씬 더 강력한 것 - 지구의 중력 - 안에 존재할 때에는 힘을 발휘할 수 없기 때문에 효과적인 사례는 아니다. 그 개념을 명확히 설명하기에는 그 사물들의 크기가 너무 작다. 그 사례가 행성, 아니면 항성 즉 태양 정도라면 좀 더 적절할 수도 있을 것이다.

천체물리학

CoG를 비유적으로 설명할 때, 정중앙에 CoG가 있고 거의 모든 개체가 유사한 형태이나 각기 독립적으로 움직이는 거대한 스케일로 설명한다면 좀 더 타당성이 있을 것이다. 유일한 방법은 우주의 수준에서 물리학으로 들여다보는 것이다. 태양계 또는 항성계는 대기로 인한 마찰처럼 외부의 힘이 존재하지 않는 곳에서 질량과 중력 또는 인력이 어떻게 상호작용하는지 잘 보여준다.

항성계에서 가장 큰 질량을 가진 항성이 전체의 결속력과 통일성을

---

27 | Echevarria, 'Clausewitz's Center of Gravity,' p.110.

28 | Echevarria, *Clausewitz and Contemporary War*, pp.111~113.

유지하고, 하나의 체계 속에서 활력 또는 생명력 - 빛을 통해 - 을 불어 넣는다. 태양계에서는 태양이 행성이나 다른 천체들보다 훨씬 더 큰 질량을 지니고, 주변의 천체들을 각각의 궤도 위에 올려놓고 붙들고 있다. 태양이 끌어당기는 힘[29]을 상쇄하는 원심력이 존재하기에 행성과 위성은 각자의 위치에서 다른 천체들과 연결을 유지하면서 어느 정도 행동의 자유(그래서 태양으로 추락하지 않는다.)를 갖게 된다. 또한 달이나 위성 같은 천체들은 태양이 아닌 고유한 인력을 지닌 행성 주위를 돌고 있다. 더욱이 다른 천체에 영향력을 행사하는 CoG를 가진 블랙홀black holes처럼, 다양한 형태의 항성과 다른 천체들도 존재한다.

전쟁은 각자의 CoG를 가진 두 명 이상의 전투원 사이에서 벌어지는 역학적 상호작용이므로, 비유의 수준을 확대하여 두 개의 항성계의 충돌을 생각해보도록 하자. 이런 대재앙의 사건이 일어나면 한쪽은 다른쪽을 없애려고 할 것이다(대부분 한 쪽이 다른 쪽을 흡수하게 될 것이다). 만일 한쪽 항성계의 행성이 다른 쪽 행성을 치게 되면 그 행성은 원래의 궤도에서 이탈하게 되고, 그 항성계에 손실이 발생할 것이다. 그러나 한쪽의 항성계가 '다른 쪽 항성'에 부딪히게 되면 그 충격은 항성계 전체에 영향을 미칠 것이다. 한쪽의 항성에 변화가 생기면 그 항성계의 모든 행성들도 그에 따라 움직이게 된다.

항성들이 충돌하면 인력 때문에 서로 튕겨 나가거나 또는 두 항성이 합쳐질 수도 있다. 그러나 은하계에서 소위 이러한 당구 게임은 실제로 일어나지 않는다. 그래도 CoG의 개념을 이해하는데 이런 그림이

---

29 │ 정확히 중력은 지구의 만유인력이지만 태양의 중력이라고도 한다. (역자 주)

도움이 될 수도 있다.

항성의 CoG는 각각의 궤도상의 행성들을 붙잡고 있기에 그 항성계 전체의 통일성과 결속력을 만들어내지만 그 행성들에게도 어느 정도의 자유를 보장(원심력을 통해)한다. 전쟁에서도 CoG가 이처럼 동일하게 작용한다. 클라우제비츠가 즐겨 사용했던 나폴레옹의 사례를 살펴보자. 그는 황제로서 혁명 이후 프랑스를 결집시키고 통일성을 만들어냈다. 통치 기간 동안 프랑스 전체가 추구해야 할 정치적 목적을 결정하기도 했다. 그는 각 군단장들을 휘어잡고 있었지만 자신이 구상한 계획의 범위 내에서는 자유를 허용했다. 한 사람의 장군 휘하에 있던 사단들은 달이나 위성에 비유할 수 있다. 또한 나폴레옹은 프랑스 국력의 다른 분야, 이를테면 해군력, 경제적 조치와 외교적 수단까지도 통제했다. 황제라는 존재가 이러한 이질적인 수단까지도 흡수했던 것이다.

물론 나폴레옹이 군대를 직접 지휘하는 총사령관이기도 했다. 이런 경우 대개는 프랑스의 CoG를 가장 거대한 조직인 군대에서 찾게 된다. 그러나 프랑스의 노력에 통일성과 결속력을 제공한 것은 대규모 군대라는 융합체가 아니었다. 오히려 그것은 대규모의 군대를 적시 적소에 집결시킬 수 있는 뛰어난 전술가, 프랑스의 황제, 총사령관인 나폴레옹이라는 정치적 융합체였다. 그는 전장에서도 경제적 사안을 처리하기 위해 프랑스로 칙령을 보내기도 했고 군을 지휘하는 동안 여러 차례 외교적 차원의 국가원수로도 활동했다. 단지 군사적 차원에서만 그를 평가해서는 안 된다.

좀 더 현대적인 예를 들자면, 미군에서는 자체적으로 전쟁수행을 위한 통일성과 결속력을 만들어 낼 수 없다. 미군의 통일성과 결속력은,

총사령관으로서 대통령의 합법적인 권한으로 구축된 미합중국 정부에 대한 충성심과 희생정신에서 나오는 것이다. 지역별 전투사령관은 정부가 정한 범위 내에서 행동하며, 한편으로 막강한 권한을 보유하지만, 그에게는 그런 권한에 따른 커다란 제약도 있다. 정치적 목적과 정치 기구가 근본적인 통일성과 결속력을 만들어내는 것이다. 그런 정부에 대한 충성심이 이 조직 내의 모든 행위자들의 행동에 활력을 불어넣는다. 실제로 이것이 옳은 것인지 확인하는 방법이 있다. 헌법 자체에 상당히 위협적인 사태가 발생했을 때 미국인들의 반응을 살펴보면 된다. 이러한 개념은 비국가 단체에서도 똑같이 적용될 수 있다. 집단의 결속력이 약해졌을 때 활력과 통일성을 만들어 내는 것은 바로 그 집단의 정치적 목적이다. 완벽한 형태로 진화 중인 항성 - 원시성[30] - 의 밀도나 인력은 마찬가지로 약하다. 이런 원리처럼 대개 신생국들의 군대는 국가와의 결속력이 약할 수 있다.

예일 대학의 법학교수 제임스 Q. 휘트먼James Q. Whitman은 『Verdict of Battle : The Law of Victory and the Making of Modern War』에서 전투들이 왜 결정적인 의미를 갖는가, 왜 다양한 수준의 성문화된 국제법적인 틀에 따라 결정되는지에 대한 이유를 탐색한다. 그가 주로 연구 대상으로 삼은 시기는 18세기이나 그때에도 모든 전투가 결정적이지는 않았다. 18세기 중반의 사례를 들자면, 1755년 머논가힐라 전투[31]는 전술적으로 결정적이었지만 전략적 수준에서는 그렇지 않았다. 브

---

30 | 우주에 존재하는 성간 물질이 중력으로 수축되면서 새로운 항성으로 만들어지고 있는 별. (역자 주)

31 | 제13장을 참조할 것. (역자 주)

래드독 장군은 프랑스군에게서 듀케인 요새를 탈취하려 했던 그 전투에서는 분명히 졌다. 그러나 그 외의 전투에서 영국군은 계속해서 승리했고, 두 연대와 한 명의 성질 급한 장군을 잃었지만 전략적 손실이라 할 수는 없었다. 프랑스군도 듀케인 요새를 확보했지만 이 또한 전략적인 효과는 전혀 없었다.

전쟁에서 전투가 결정적인 역할을 했던 또 하나의 사례로, 머논가힐라 전투 후 수십 년 후 벌어진 요크타운 전투[32]를 살펴보자. 영국군은 1개 군 전체와 이번에는 훌륭한 장군을 잃었다. 그러나 이것이 요크타운 전투가 결정적이었던 이유가 아니었다. 이제는 영국이 남부 식민지에서 왕당파의 지지를 얻을 수 있는 능력, 즉 정치적 통제력을 완전히 상실했기 때문에 그 전투가 결정적이었다고 할 수 있다. 남부 식민지가 바로 CoG였던 것이다. 요크타운 전투의 결과가 그곳 주민들의 충성심과 영국의 정책 - 미국을 식민지로 유지하는 것 - 과의 관계에 결정적인 전략적 효과를 만들어냈기 때문이다. 휘트먼이 사례로 들었던 1740년 프리드리히 대제의 슐레지엔Silesia 점령에서도 CoG는 슐레지엔 그 자체였다. 그 지역에 대한 통제가 프로이센과 오스트리아의 정책 목표였기 때문이다. 1741년 몰비츠Mollwitz, 1742년 코투지츠Chotusitz 전투에서 프리드리히 대제의 승리는 결정적이었다. 그들은 군사력으로 그 지역을 놓고 다투었던 오스트리아의 의지를 분쇄했고 슐레지엔을 군대로 통제하려 했던 프리드리히의 능력이 유지되었기 때문이다. 프리드리히 대제의 승리가 결정적인 의미를 갖는데 국제법

---

32 | 1781년 미국 독립전쟁을 종결시킨 전투. (역자 주)

은 거의 또는 전혀 관련이 없었다. 정치적 의지가 작용했던 것이다.

군대 그 자체가 CoG가 될 수 있느냐는 문제에 관한 해답은 상황에 달려 있다고 본다. 어떤 경우에는 군대가 파괴되면 정치적 목적을 변경하거나 포기할 정도로 정치 체제에 강력한 충격을 줄 수도 있다. 디엔 비엔 푸가 그 예에 해당한다.

또 다른 예는 B.C. 425년 벌어진 스팍테리아 전투[33]이다. 아테네군은 스팍테리아 섬에서 292명의 스파르타 병력을 생포했다. 당시 스파르타 본국에는 호플라이트가 매우 부족했고 이들을 양성하기도 어려웠기 때문에 292명의 군인이 생포되자 스파르타는 즉각 협상을 제안할 수밖에 없었다. 하지만 유사한 경우에 결과가 항상 이렇게 되지는 않는다. B.C. 216년 한니발이 칸나이에서 로마의 대군을 격멸했지만 이것이 로마의 정치 체제에 패배감을 안겨 줄 만큼 충격적인 사태는 아니었다. 그로 인해 로마의 일부 동맹이 이탈하기는 했지만 군사력 손실은 오히려 로마인들의 전투 의지를 고무시키는 결과를 낳았다. 로마의 CoG는 로마 시민들에게 강력한 결속력과 통일성을 갖게 해 주었고, 로마 전 군단이 소멸된다고 해도 그것만으로 로마를 무너뜨리기는 불가능했다.

와일리의 반향反響

클라우제비츠가 전략적 CoG의 개념을 만들어냈지만 그보다 더 유용한 것은 해군 제독 J. C. 와일리의 개념이다. 그는 『군사 전략』제8장

---

33 | 제3장을 참조할 것. (역자 주)

에서 CoG를 그의 일반 전략이론의 핵심으로 삼았다. 와일리는 CoG를 이렇게 설명한다. "지리적 의미로 국한해서는 안 되며 상대에게 보통 이상으로 매우 민감한 곳이어야 한다. 또한 원칙적으로 국가적인 경정맥頸靜脈과 같은 급소가 되어야 한다. 최소한 신경을 자극할 수 있는 곳, 그리고 상대의 구조에 매우 위협적이어서 상대편 전략가에게 행동 패턴의 변화를 강요할 수 있는 곳이 되어야 한다."[34] 와일리의 개념은 두 명의 레슬링 선수의 대결을 전쟁으로 생각한 클라우제비츠의 관점과 일맥상통한다. 두 사상가 모두 CoG를 강점이자 취약점으로 인식했던 것이다.

따라서 CoG는 오직 당사자의 사활적인 정치적 이익과 관련될 수 있다. 이는 와일리가 이 개념을 설명하기 위해 활용한 사례에서 분명히 드러난다. 첫 번째는 제2차 포에니 전쟁에서 한니발을 상대했던 스키피오의 전략이다. 먼저 그는 스페인에 대한 카르타고의 통제력을 약화시키고 결국 무너뜨렸다. 그 후 한니발이 지키지 않을 수 없었던 정치적 근거지인 카르타고 본토를 공격했다. 와일리의 두 번째 사례는 남북전쟁시 셔먼의 해안으로의 진격이다. 와일리는 셔먼의 남부에 대한 정치적 압박이 그랜트가 리의 버지니아군을 물리친 것보다 전쟁 종식에 훨씬 더 크게 기여했다고 언급했다(와일리는 이 공로를 셔먼에게 돌렸지만 사실상 이 거국적인 개념도 그랜트의 것이었다).[35]

요컨대 CoG는 전략적 행위자에게 정치적 단일체로서 결속력과 통

---

34 | Wylie, *Military Strategy*, p.77.

35 | Ibid., p.79.

일성을 제공하는 유형 또는 무형의 어떤 것이다. 따라서 만일 CoG가 선정되고, 그것을 지배하면, 분쟁을 추구하는 상대의 의지를 통제, 조정하거나 없애버릴 수도 있다. 전략적 행위자의 정체성과 목표 달성에 매우 중요한 어떤 것이므로 그들은 그것을 보호하거나 쟁취하기 위해 많은 노력을 기울일 것이다. 태양계의 태양처럼 CoG는 집단을 끌어당기기도 하지만 집단 내에 생명력과 활기를 불어넣는다. 이 개념을 더 잘 이해하기 위해 역사상 가장 거대하고 파괴적인 전략적 충돌이었던 스탈린그라드 전투와 그 곳에서의 CoG에 대해 살펴보기로 한다.

스탈린그라드

제2차 세계대전 중 스탈린그라드가 동부전선에서 CoG가 될 만한 군사적 또는 전략적 이유는 없었다. 그곳의 군수공장들은 소련의 산업 생산력의 일부에 불과했고 대부분의 시설들은 훨씬 더 멀리 동쪽으로 이전된 상태였다. 스탈린그라드는 페트로그라드Petrograd[36]나 모스크바와 같은 대도시에 비하면 매우 작은 도시였다. 소련의 정치기구들은 모스크바에 집중되어 있었기에 그곳에는 그런 조직들도 전혀 없었다. 히틀러도 최초부터 그곳을 점령하기를 원했던 것은 아니었다.[37] 단지 그 지역의 명칭에 상징성이 있었고 두 명의 독재자들 때문에 정치적 의미가 부여되었던 것이다. 그들의 체제가 상징주의를 기반으로 구축되었기 때문에 스탈린그라드를 장악하기 위해 경쟁이 벌어졌으며 그

---

36 | 현재의 상트페테르부르크. (역자 주)

37 | Hastings, *Inferno*, p.297.

과정에서 수십만의 목숨이 희생된 것이다.

1942년 봄 아돌프 히틀러의 웅장한 계획, 즉 전격전으로 소련을 무너뜨리겠다는 계획은 진퇴양난에 빠졌다. 소련은 붉은 군대의 완강한 저항과 러시아의 동장군 덕분에 모스크바를 간신히 지켜냈다. 그해 4월 소련의 예비대가 완전히 소모되었다고 확신한 히틀러는 다가올 하계 전역에 대한 지침을 하달했다. 그때까지도 나치는 스탈린그라드를 자신들의 전쟁 목표라고 생각하지 않았다. 전쟁 승리를 위한 히틀러의 원대한 계획인 청색 작전Operation Blue 계획에 스탈린그라드가 포함되었고, 히틀러는 모스크바가 아니라 남부로 모든 노력을 지향하라고 지시했다. 목표는 스탈린그라드와 코카서스Caucasus의 유전지대였다.[38] 대부분의 독일군 장군들은 이 계획에 동의하지 않았고 스탈린그라드를 전략적으로 쓸모없는 지역으로 인식했다. 그러나 당시는 히틀러가 전쟁에 관한 전권을 장악한 시점이었다.

히틀러가 스탈린그라드에 집착한 것은 오로지 그 도시의 이름 때문이었다. 1942년 6월 1일 고위급 장군단과의 회의에서 히틀러의 관심은 오로지 스탈린그라드의 군수공장을 파괴하고 볼가강변에 도달하는 것에 쏠려있었다. 그 도시 자체를 점령하는 것에는 관심이 없었다. 그러나 7월 히틀러의 마음이 바뀌었다. 청색 작전 계획은 수정되었고 그는 제6군에게 그곳을 점령하라고 명령했다.[39]

스탈린의 입장에서도 자신의 이름을 딴 도시의 상징성은 물론, 자신

---

38 | Ibid., p.296.

39 | Beevor, *Stalingrad*, chap 5, p.70.

의 정치적 권력을 위해서라도 그곳을 지켜내야 할 필요성을 잘 알고 있었다. 그는 전략적 예비대였던 3개 야전군을 시베리아에서 그 도시 방향으로 온전한 상태로 이동하도록 명령했다.[40] 이 순간 다가올 전투는 '두 독재자의 개인적 의지 사이의 충돌'로 변해버린 것이다.[41]

제6군이 스탈린그라드에 도착하기도 전부터 그 도시는 나치의 전쟁 노력을 끌어당기는 힘을 발휘했다. 7월 말, 히틀러는 코카서스 공세에 투입될 제4기갑군을 빼내어 제6군 사령관 프리드리히 파울루스 장군을 지원하라고 지시했다. 8월에 연료와 여타의 보급품 부족으로 그 공세가 돈좌되자 그 공세에서 사용할 예비대들을 제6군 방면으로 모두 쏟아 부었다. 9월에는 "거의 모든 가용한 공군력이 스탈린그라드로 전환되었다."[42] 히틀러와 스탈린 - 그들이 인식했든, 못했든 - 양쪽에게 스탈린그라드는 CoG가 되어버렸고 그 주변에 있던 모든 것들을 통제했다. 즉 병력, 물자, 도의적 힘까지도 그 세력권 내로 끌어당겼던 것이다.

스탈린도 예비대를 투입하여 반격했지만 히틀러 입장에서 막대한 전투력을 투입한 스탈린그라드 점령은 거의 성공 직전까지 갔다. 한때 제6군은 볼가강변까지 100m 거리를 남겨둔 지점까지 진격해 있었다. 독일군이 전략적으로는 과도하게 분산되어 있었지만 스탈린그라드에서 그들의 전술적 우수성은 여전히 입증되었다. 소련군도 사상자가 발생하는 상황에 냉담한 반응을 보였다. 독일 공군은 600여대의 항공기로 공격을 개시하여 단 몇 주만에 스탈린그라드를 골조만 남은 건

---

40 | Ibid.

41 | Hastings, *Inferno*, p.297.

42 | Ibid., p.301.

물로 가득한, 참혹한 폐허로 만들어버렸다.[43] 9월 13일 독일군은 이 죽음의 도시 내부로 첫 번째 지상 공격을 감행했다. 스탈린의 "한 발짝도 물러서지 말라!"는 명령으로, 서쪽의 독일군 전차부대와 볼가강 사이에 껴 있었던 스탈린그라드는 그곳의 러시아인들에게 감옥이나 다름없었다. 거의 200,000명의 주민들이 어떤 형태로든 군에 징집되어 도시를 방어하는데 동원되었다. 11월 8일 히틀러는 스탈린그라드 점령을 독일 국민들에게 약속하고 이것은 단지 그것의 이름 때문이 아닌 일종의 목표임을 분명히 언급하는 성명서를 발표했다.[44] 장군들의 반대에도 그가 왜 그렇게 스탈린그라드 점령을 고집했는지 도무지 이해할 수 없다. 왜냐하면 독일 공군의 폭격 후 그 도시는 단지 하나의 전쟁터였을 뿐이기 때문이다. 더욱이 그 약속 때문에 히틀러는 자신의 군대에게 끝까지 그 도시를 사수하라고 명령했던 것이다.

독일군이 그 도시에 막대한 자원을 투입했지만 소련군의 끈질긴 방어로 11월에 제6군의 공세는 사실상 돈좌된 상태였다. 이 시점에 소련은 독일군을 향해 두 번의 대규모 공세를 감행했다. 그 첫 번째인 화성 작전에서 소련군은 667,000명의 병력과 1,900대의 전차를 투입하여 독일 제9군을 포위하려 했으나 실패했다. 약 100,000명의 장병이 전사했다.[45] 스탈린그라드의 중력重力은 분쟁의 역사마저 왜곡시킬 만큼 영향력이 컸다. 이런 엄청난 규모의 전투였음에도 오늘날 화성 작전을 기억하는 사람들은 거의 없다.

43 | Ibid., pp.302~304.

44 | Beevor, *Stalingrad*, p.97, p.213.

45 | Hastings, *Inferno*, p.308.

소련군이 스탈린그라드와 제6군을 포위했던 천왕성 작전은 비교적 널리 알려져 있다. 파울루스의 측방을 엄호했던 루마니아군이 소련군의 집중적인 공세를 받아 독일군의 전선이 완전히 무너졌고 2중의 포위망이 형성되었다. 약 200,000명의 독일군이 스탈린그라드 내부에 갇히고 말았다. 그전에 독일군은 동쪽에서 이 포위망을 뚫었으나, 이번에는 스탈린그라드의 정치적 의미가 부각되면서 히틀러 쪽에서 탈출을 금지하는 명령을 하달했다. 12월 말에는 만슈타인 장군이 포위망 외부에서 지원군을 투입했으나 완전히 포위된 제6군과 접촉하는데 실패하고 말았다. 기상 문제와 항공기 부족으로 충분한 전력을 가동할 수 없었던 독일 공군은 기아에 시달리던 제6군에게 보급품을 공급하지 못했다. 히틀러가 파울루스를 원수로 진급시키는 등의 상징적인 노력을 기울였지만 포위된 부대를 구해내기에는 역부족이었다. 결국 파울루스는 1월 31일에 항복했다.[46]

얼마나 많은 노력과 자산이 스탈린그라드의 소용돌이에 빨려 들어갔는지는 이 전투에서 발생한 전사상자의 규모에서 잘 알 수 있다. 대략 240,000명의 소련군이 목숨을 잃었고 320,000명이 병들거나 부상을 입고 후송되었다. 여기에 민간인 사망자까지 더하면 그 숫자는 600,000명에 육박한다.[47] 약 10,000명으로 편성된 소련군 1개 사단 중 하나인 제13근위소총사단의 경우, 전투가 종식된 후 생존자는 단 320명에 불과했다.[48] 독일군 제6군은 완전히 소멸되었다. 독일 공군은 제6군에 보급

46 | Ibid., p.308, p.313.

47 | Ibid.

48 | Beevor, *Stalingrad*, p.135.

품 공수작전을 시도했지만 결국 다양한 기종의 항공기 495대를 상실
했다. 약 147,000명의 독일군과 루마니아군 장병이 전사했으며 포로가
된 91,000명 중 전쟁이 종결된 후 살아남은 자는 겨우 5,000명이었다.[49]

스탈린그라드 전투는 결정적이었다. 그러나 그 도시를 소유하는 것
자체가 어느 쪽에 특별한 이득이 되기 때문에 그런 것은 아니었다. 사
실상 스탈린의 전리품은 한때 도시였지만 이제는 폐허가 된 땅덩이뿐
이었다. 또한 독일군의 입장에서도 제6군의 손실 때문에 이 전투가 결
정적인 것도 아니었다. 1943년 1월 이후에도 독일군은 상당한 전투력
을 보유했기 때문이다. 단지 이 전투가 결정적이었던 것은 아돌프 히
틀러와 이오시프 스탈린의 정치적 목적 - 야욕이라고 말할 수도 있다.
- 과 관련되어 있었기 때문이다. 이러한 정치적 권력과의 관계 때문에
스탈린그라드가 CoG였고 그러한 CoG로서의 지위가 이 전투의 결과
를 결정적으로 만들어버렸다.

스탈린그라드의 이야기는 CoG가 무엇인지를 명확히 보여주는 사
례이다. 그 전투는 결정적인 전환점으로 널리 알려져 있고 또한 확실
한 사실이었다. 그러나 그 전투가 결정적이었던 이유는, 독일의 제6군
의 손실도, 소련의 입장에서 그 도시를 물리적으로 확보했기 때문도
아니었다. 오히려 양측에 미친 도의적 효과 때문이었다. 나치 독일은
패배를 은폐하려고 무척이나 노력했지만 1943년 1월 이후 승리하는 듯
한 상황을 연출하기가 더욱 어려워졌다. 스탈린그라드가 CoG로 변해
버렸기 때문에, 스탈린이 히틀러에게 그 도시를 빼앗기지 않은 것 자

---

49 | Murray and Millet, *A War to Be Won*, pp.289~291.

체가 나치 독일의 통일성과 결속력에 위협을 주는, 치명적인 타격이었던 것이다. 스탈린그라드에서의 승리로 소련군의 사기는 크게 높아졌다. 이러한 효과들은 결정적이었다. 스탈린의 이름을 딴 도시의 정치적 의미와 히틀러의 실패 때문이기도 했다.

전략적 CoG의 핵심은 전략적 행위자의 정치적 목적과의 관련성이다. CoG는 긍정적이든 부정적이든 전략적 노력에 통일성과 결속력을 부여하는 것이다. 스탈린그라드에서 보았듯 그 도시의 정치적 가치가 그것을 CoG로 만들었고 모든 자원들이 빨려 들어갔다. 히틀러는 그곳을 점령하기 위해 동부전선의 다른 곳에서 부대와 물자들을 빼냈고 이는 총체적인 전쟁 노력에 끔찍한 영향을 미쳤다. 스탈린도 똑같이 행동했지만 소련은 나치 독일보다 훨씬 더 많은 예비대를 보유하고 있었다. 정치가 스탈린그라드에 중력의 힘을 불어 넣었기 때문에 히틀러가 그 도시 점령에 실패한 것은 부정적인 전략적 효과를 초래한 반면, 스탈린의 입장에서는 도시를 지켜낸 것이 사기와 자신감을 고취하는 긍정적인 전략적 효과를 낳았다. 스탈린그라드에서 소련군은 처음으로 나치의 전쟁 승리를 당연시하는 분위기를 깨뜨렸다. 그런 분위기의 종말은 정치적 목적과 스탈린그라드와의 관련성 때문에 확실히 결정적이었다. CoG가 국가 간의 대규모 충돌 사태의 한가운데서 또는 소규모 반란전의 상황에서 식별되든, 그것의 정치적 가치가 바로 핵심적인 개념이다. 콜린 그레이가 언급한 대로, 전략적 효과를 얻는 것이 전략적 목표라면, CoG를 타격 및 확보하며, 지켜내거나 고수하기 위한 노

력이 전략적 목표를 달성하기 위한 최상의, 가장 효과적인 방법이다.[50]

결론

『전쟁론』의 위대한 가치는 전쟁을 어떻게 생각해야 하는지에 관한 최고의 프레임워크를 제공한다는 점이다. 전쟁에서 어떻게 승리할 것인가를 우리에게 가르치려는 의도는 전혀 없다. 그러나 클라우제비츠는 CoG에 관해서만큼은 그러한 목적에 가장 근접해서 기술했다. 만일 CoG를 정확히 식별했다면, 궁극적이고 포괄적이며 가장 먼저해야 할 판단의 대부분을 끝낸 것이다. 실제로 클라우제비츠는, 가장 먼저 해결해야 할, 가장 포괄적인 이러한 모든 전략적 문제들을 "뒤에서, 전쟁 계획을 다루는 장에서 상세히 살펴볼 것이다."[51]라고 기술했다. 그곳이 바로 CoG에 관해 가장 상세히 기술된 부분이다.

과학적 유추를 활용하여 천체물리학으로 CoG를 설명하면 그 개념을 이해하는데 매우 유용할 것이다. 파괴, 변화의 측면, 그리고 극히 드물게 진보라는 측면에서 아마도 전쟁은 인간이 만들어낸 가장 거대한 현상일 것이다. 정치적인 힘으로서 CoG는 정치적 권력의 중력에 속해있고 또한 그 스스로 정치적 권력을 행사할 수 있다. 그와 동시에 그것은 통일되고 응집된 힘이자 그 자체가 중력을 지니고 있다. 스탈린그라드 전투의 규모는 비극적인 측면에서, 그리고 양적인 측면에서도, 또한 두 개의 거대 정치 권력이 하나의 불행한 도시를 놓고 충돌했다

---

50 | Gray, *Strategy Bridge*.

51 | Clausewitz, *On War*, p.89.
         본 텍스트는 『전쟁론』 제1권 1장 27항이며 전쟁 계획은 제8권임. (역자 주)

는 측면에서 그런 세력들의 정치적 목적에 관한 연구사례로 이상적이라 할 만하다.

CoG는 전략가에게도 중요한 개념이지만 전술가에게도 중요하다. 상대의 CoG를 정확히 식별하고 실전에서 전략을 구현해야 할 전술가에게 명확히 전달되었다면, 세부적인 전략 지침이 필요가 없고, 그런 것 없이도 전술가들의 행동의 우선 순위를 정하고, 자신의 행동을 지향할 것이며, 전략에 기여하기 위해 자신들의 계획을 조정할 수 있을 것이다. 이처럼 전술가는 아군의 어떤 CoG를 반드시 지켜야 할지, 때로는 다른 것들을 위해 지킬 필요가 없는 것들이 무엇인지 알아야 한다.

은하계와 마찬가지로 전쟁에는 거의 무한한 순열順列과 변형이 존재한다. 따라서 CoG를 단지 군대나 수도, 왕, 황제 또는 장군으로 한정해서는 안 된다. 모든 전쟁의 CoG는 독특하며 두 교전국의 정치적 목적을 검토해야만 찾아낼 수 있다. 즉 CoG와의 정치적 관련성을 통해 이러한 정치적 목적에 영향을 발휘하기 위해 어떤 유형적, 또는 무형적인 지점들을 공격해야 할 것인지 찾아낼 수 있다. 이렇게 식별이 되면 그때부터 전략과 전술이 올바르게 작동할 것이다. CoG가 조직을 통합 및 결집시키는 힘으로 작용하여 전략적 노력을 동기화, 선도할 것이기 때문이다. 개념으로서 CoG와 발생 가능한 전쟁의 전략적 CoG를 정확히 식별하고 구분해야 한다. 이는 한 국가나 조직이 수행하려는 전쟁의 본질을 이해시키려 했던 클라우제비츠의 선견지명이 담긴 가르침의 핵심이며 궁극적으로는 전략을 검토하는 것이다.

21세기에 미국은 전략을 검토하는데 두 차례나 실패했다. 주민에 대한 정치적 통제력을 중대한 CoG로 식별하는데 과도하게 많은 시간을 허비했고, 너무나 많은 생명을 희생했다. 그릇된 전략을 추구하는 과정에서 너무나 많은 피를 흘렸던 것이다. 심지어 CoG를 식별한 후에도 미군의 군사교리에서는 그것이 왜 CoG인지를 설명하는 논리가 부족했고 대반란전을 어떻게든 정치적인 것으로, 특별한 것으로 설명하려는 기조를 고수했다. 이는 반란전과 국가 간의 재래식 전쟁, 두 가지 모두에 대한 위험천만한 오해를 초래할 수 있다. 마치 후자가 전혀 정치와 관련 없다는 오류처럼 말이다. 전술적 CoG와 전략적 CoG 간의 지속적인 논란은 단지 언어학적인, 의미론상의 문제가 아니다. 그런 혼란의 대가는 고스란히 일선의 전투부대의 희생으로 이어질 것이다.

부록 D

정규전 vs. 게릴라전
CONVENTIONAL VS. GUERILLA WARFARE

승리에 대한 의지가 확고한 쪽이 전투에서 승리한다.

레오 톨스토이 Leo Tolstoy, 『전쟁과 평화』 중에서

본서에서 다룬 대부분의 사례들은 정규전 전술을 도출하기 위한 것이었다. 게릴라전이나 비정규전 전술은 거의 제시하지 않았다. 이는 전술 체계에서 그런 차이는 분명 의미가 없다는 판단에서였다.[1] 비정규전 전술은 단지 화력과 수적 우세, 충격력의 부족, 열세를 상쇄하기 위해 기동, 템포, 기만, 기습을 더 많이 활용하는 전술일 뿐이다. 군복을 입은 군인이든, 전투원으로 돌변한 농부든, 전술가로서 자신이 승리하기 위해 할 수 있는 어떠한 전술이든 사용할 것이다.

그렇지만 선택한 전술에 중요한 영향을 미치는 것이 바로 전략인 만큼, 중대한 차이는 전략적 수준에 있다. 전략은 전술을 시행함으로써 보장되는 것이므로 전략의 성질이 전술의 형태를 결정할 것이다. 이러한 논리는 매우 중요하다. 정규전과 비정규전의 구분이 군을 혼란에 빠뜨리기 때문이다. 휴 스트라챈은, "전쟁을 이분법으로 구분하는 시

---

1 │ 이 부록은 저자가 전술적 수준에서 정규전과 비정규전의 차이가 무의미하다고 주장한 글의 후속편이다 (Friedman, 'Blurred Lines').

각은 일관성을 저해하고 군을 분열시키는 결과를 초래한다."라고 말한다.[2] 소위 전문직업군대에서 대부분의 지휘관들은 자신들이 정규전 또는 비정규전 중에 하나를 선택해서 훈련해야 한다고 생각한다. 이는 잘못된 판단이다. 그들은 전술적으로 능숙하기 위해 훈련해야 하고 전략적 환경을 평가한 후 어떤 전술이 필요한지 판단해야 한다. 이를 위한 성공의 열쇠는 바로 유연성과 적응력이다. 상대의 전투원이 정규군이든 비전문적인 게릴라든 전술 원칙은 동일하기 때문이다. 더욱이 모든 군대가 그들만의 특별한 강점과 약점에 기반한, 상이한 원칙을 강조할 수 있어도 상황은 마찬가지다. 전쟁에 관한 이분법적 시각은 구시대적 이론의 유물이다. 이런 현상은 다름 아닌 젊은 시절 클라우제비츠에게서 비롯되었다고 볼 수 있다. 그는 프로이센 전쟁대학에서 학생들에게 정찰을 위한 척후병과 정규전 부대는 각기 다른 전투 방법을 사용해야 한다고 가르쳤던 것이다.[3] 이렇게 수렴된 편견은 오랫동안 기정사실이 되었고 이론만 뒤처지는 현상이 나타났다.

본 부록에서는 전술이 운용되는데 지침이 되는 전략적 수준에서 상이함을 제시함으로써 정규전과 비정규전 간의 진정한 차이점을 분석해 볼 것이다. 이로써 하급제대의 교전 수준에서 전술은 실질적으로 다르지 않다는 것을 결론으로 제시할 것이다.[4] 이러한 다양한 형태의 전략에 대한 이분법적인 관점들을 심도 있게 고찰할 것이다. 즉 클라우제비츠의 공격-방어 패러다임, 한스 델브뤽Hans Delbrück의 섬멸-소모

2   Strachan, *Direction of War*, Location 4203.

3   Paret, *Clausewitz and the State*, p.189.

4   Friedman, 'Blurred Lines,' pp.25~28.

패러다임, J. C. 와일리의 순차-누적 패러다임을 살펴볼 것이다. 또 다른 견해들도 있다. 하지만 이 세 쌍의 개념은 전략적 수준에서 정규전과 비정규전의 전투원들이 다르다는 것을 확실히 강조하고 있다. 물론 이 세 개의 이론은 상호 배타적이지 않고 각각은 하나의 스펙트럼 위에 존재한다. 본인은 단지 여기서 그것을 분석 도구로 활용할 것이다.

클라우제비츠 : 전략적 공격 vs. 전략적 방어

클라우제비츠는 전략적, 전술적 수준에서 공격과 방어를 이분법으로 바라보았다.[5] 그는 주로 타국에 대한 침략을 공격으로, 그러한 침공을 거부하는 것을 방어로 인식했다. 그러나 반란전과 대반란전의 맥락에서 쌍방은 진압군과 반군의 입장으로 명확하게 맞아 떨어지지 않는다. 제3세력인 진압군은 명확히 전략적 공세를 취하고 있다. 그러나 적들에게 둘러싸인 기존의 정부는 전략적 방자일 수도 있다. 그들은 소극적인 목적(정권을 유지하는 것)을 지니고 있지만 적극적인 목적(반군 때문에 잃어버린 통제권을 되찾는 것)을 가질 수도 있다. 반군은 적극적인 목적(분쟁 지역이나 국가에 대한 정치적 통제권을 쟁취하는 것)을 갖고 있지만 통상 전략적 방어의 이점, 즉 그 지역에 대한 지식을 갖고 있고 지원을 활용할 수 있다. 반대로 반군에게는 소극적 목적도 있다. 정권에 대한 폭력이나 위협으로 정치적 상황에 영향력을 행사할 수 있는 자신들의 능력을 보존하는 것이다. 더욱이 반군은 시간이 흐름에 따라 이익을 얻는데, 그들의 존재 자체가 진압군의 적법성을 저하시키기 때문이

---

5 | Clausewitz, *On War*, p.363.

다. 클라우제비츠의 말대로, 마치 "씨를 심지 않은 곳에서 수확을 얻는 것"[6]과 같은 현상이 나타난다. 두 교전 상대가 상반된 특성을 보이지만, 진압군이 전략적 공세를, 반군은 전략적 수세를 취하고 있다고 보면 우리가 이 주제를 분석하는데 유용할 것이다.

반군이 전략적 수세를 취하면서 얻는 이점은 매우 많다. 첫째, 방어는 전쟁에서 더 강한 형태이고 원래 취약한 전투력을 가진 그들이기에, 모순이지만 빠른 회복력을 갖고 있다. 또한 자신들의 활동뿐만 아니라 진압군의 행위나 실책으로, 또는 무반응으로도 전략적 이익을 얻을 수 있다. 이를테면 아부 그라이브Abu Ghraib 교도소에서 미군이 수감자들을 학대하는 사진이 공개된 것이 이라크의 반군에게는 이익이 되었다. 클라우제비츠는 주민들에게서 얻는 이익도 있다고 말한다. "모든 종류의 마찰이 감소되고 모든 군수물자의 공급원이 더 가까워지고 물자도 풍족해진다."[7]

한편, 진압군은 전략적 공세의 난제들 때문에 대담해지기보다는 위축될 수도 있다. 주된 위협은 작전한계점이다. "적부대 격멸이 군사적 목표가 될 수 없는 미래의 모든 전쟁에서는 승리의 정점이 계속해서 나타날 것이다."[8] 반군의 지지 세력을 없앨 수는 있어도 반군을 완전히 격멸하기는 어렵기 때문에, 진압군은 언젠가 결전을 수행하는데 충분한 자산을 투입할 수 없는 어떤 상태에 도달할 것이다. 시간은 한정되어 있고 지나간 시간은 반군보다 진압군에게 더 이익이 된다는 측면

6 | Ibid., p.357.

7 | Ibid., p.365.

8 | Ibid., p.570.

에서 시간은 진압군의 편이 아니다.

베트남 전쟁이 이러한 역학을 잘 보여주었다. 미국은 전략적 공세의 위치에 있었다. 본토에서 멀리 떨어진 나라에 군사력을 전개했기 때문이다. 그러나 그들의 목적은 소극적이었다. 북베트남의 침략과 남베트남 내 공산주의를 추종하는 반군으로부터 남베트남을 보호하고, 이로써 공산주의의 확산을 방지하는 것이었다. 더군다나 미국은 의도적으로 특유의 주도권과 전략적 공세의 도구들을 포기해버렸다. 중국과 러시아가 전쟁에 개입할 수 있다는 우려 때문에 지상군 전투부대들이 절대로 북베트남 영토를 공격할 수 없다는 제한을 두었던 것이었다. 미국은 이렇듯 모호한 전략적 선택을 한 탓에 전략적 공자의 주요 이점인 결정성을 상실하였고, 공자의 최대 약점인 작전한계점이라는 부담을 떠안게 되었다. 당연히 북베트남은 이를 적극 활용했고, 전술적 측면에서 미군은 엄청난 강점을 갖고 있었지만 결국 철수하고 말았다.

한스 델브뤽 : 소모전략 vs. 섬멸전략

한스 델브뤽은 『병법사 *History of the Art of War*』에서 군사전략을 두 개로, 즉 섬멸전략Niederwerfungsstrategie과 소모전략Ermattungsstrategie으로 구분했다. 그리고 '오로지 목표 자체가 결정적 전투'로 설정된 것을 섬멸전략이라고 기술했다.[9] 이는 전형적인 나폴레옹의 방식으로, 적군을 찾아내어 가급적 단일의 대규모 전투에서 적군을 격멸하는 것이다. 그와 반대인 소모전략은 소규모의 전술적 행동을 점진적으로 누

---

9 | Gordon, 'Delbrück,' p.341.에서 인용.

적하고 전투력을 절약하는 방법을 통해 적군보다 오래 버티는데 초점을 둔다. 고대 소모전략의 사례는 로마의 파비우스가 제안한 전략으로, 그는 당시 로마가 한니발과의 대규모 전투를 피하고 그 대신 그의 전초기지들을 하나둘씩 차례로 제압해야 한다고 주장했다. 전투가 계속되더라도 한쪽의 전체 또는 주력이 노출되는 것을 피해야 하며, 전군이 상대에게 격멸되지 않도록 해야 한다.

소모전략은 전투력 절약을 중시하고, 아군의 전투력을 보호하면서 적군의 전력을 서서히 감소시키는 전략이다. 다시 말해 전술적 행위자는 분산, 매복, 치고 빠지는 공격, 위장과 소규모 적부대를 표적으로 선택하는 방법을 주로 활용한다. 반대로 섬멸전략은 적군 전체를 완전히 격멸할 수 있는 대규모 전투에 사활을 건다.

델브뤽의 이분법을 가장 잘 설명할 수 있는 사례는 바로 나폴레옹의 러시아 전역이다. 나폴레옹은 자신의 강점인 섬멸전략을 고수했다. 그러나 공교롭게도 러시아는 소모전략을 택했다. 쿠투조프Kutuzov 장군은 가능하면 대규모 전투를 회피했고 보로디노 전투에서도 사실상 수세적이었다. 적군을 격멸할 기회를 놓친 나폴레옹은 차선책으로 모스크바 점령을 시도했다. 그러나 보급품 부족으로 전투력이 소진되었던 그는 모스크바를 포기해야 했고 더욱이 러시아의 혹한과 코자크Cossack 기병대의 게릴라식 공격 때문에 퇴각할 수밖에 없었다. 나폴레옹은 섬멸전략으로 목표를 달성했다. 즉 대규모 전투에서 승리하고 모스크바를 점령했다. 그러나 자신의 전략을 고수하면서 러시아의 소모전략에 맞서 실패하고 말았다. 그는 이미 취약해진 병참선을 과도하게 신장시켰고 러시아군이 회피했던 게임에서 자신의 목표를 달성하기 위해 전투력을 소진했던 것이다. 러시아군이 소모전략을 추구했지만 그것이 비정규전의 양상이 아니었음에 주목할 필요가 있다. 러시아군의 전략은 보다 더 수세적이고 경제적인 전술을 사용했지만 그들은 여전히, 특히 보로디노에서처럼 정규전 전술로 대응했다.

J. C. 와일리 : 순차전략 vs. 누적전략

클라우제비츠는 목적으로, 델브뤽은 방법으로 전략을 구분했다. 반면 해군 소장 J. C. 와일리는 시간을 기준으로 이분화했다. 『군사 전략』에서 그는 순차전략에 대해, "각 일련의 개별적인 단계, 또는 행위들로 이루어져 있으며, 이러한 일련의 행위들은 앞서 시행된 것으로부터 자연스럽게 생겨나서 그것에 영향을 받게 된다."라고 기술했다. 전술적 행위들은 시작부터 최종 단계까지 체계적으로 계획된다. 그러나 누적전략은 철저히 계획되기 보다는 개별적인, 연계성이 없는 전술적 행위들을 활용하여 궁극적으로 적의 의지를 분쇄하는 것이다. "전체적인 패턴은 소규모 행위들의 집합체로 구성되지만, 이러한 소규모 또는 개별적인 행위들 간에 순서도, 상호 관련성도 없다. 각각의 행위들은 단지 최종 결과를 만들어내는 임의의 표본, 독립된 플러스 또는 마이너스 요인에 불과할 뿐이다.[10]

이런 경우에도 역시 전략이 전술적 패턴을 어떻게 조절하는지 쉽게 알 수 있다. 순차전략은 실질적으로 중앙집권화된 계획수립, 지휘, 통제를 필요로 한다. 반면 누적전략은 분권화된 방식으로 움직이는 군대

10 │ Milevski, 'Revisiting J. C. Wylie's Dichotomy of Strategy,' p.224.에서 인용.

에서 가장 잘 실현될 수 있다. 누적전략을 추구하는 국가, 군대에게는 대규모 전투가 필요하지 않다. 그래서 전투력 집중에 따른 위험을 감수할 필요도 없다. 엄격한 수직적인 지휘통제 구조와 반드시 준수해야 할 교리적 계획수립절차를 보유한 정규군은 전투도 잘 못할뿐더러 누적전략을 이해할 수도 없을 것이다. 루카스 밀레브스키Lukas Milevski 는 "선형 논리를 지닌 순차전략이 누적전략 앞에서 처참하게 무너질 것이다."[11]라고 말했다. 한편으로, 느슨하게 결합된 반군 단체들 - 아프가니스탄의 반군처럼 - 의 이질적인 결합체는 누적전략을 선택할 수밖에 없고 그렇게 하기에 이상적인 조직이다.

아프가니스탄 반군은 여러 조직들이 어설프게 얽혀 있는 형세를 취하고 있다. 단순히 지역의 자치권을 유지하려는 지역 유력자로부터 범죄 조직, 아프가니스탄과 파키스탄의 계파를 포함한 실제 탈레반 세력까지 다양하다. 하카니 네트워크Haqqani Network와 헤즈비 이슬라미 굴부딘Hezb-e-Islami Gul-budden 같은 반군 조직들은 탈레반과 다소 느슨한 동맹관계에 있고, 게다가 알카에다의 잔여 세력들도 그 지역에 남아 있다.[12] 이 모든 상이한 세력들은 카불에 세워진 정부와 서방 연합군에 대한 적개심과 자신들의 정치권력을 장악하려는 열망으로 미약한 수준이지만 뜻을 함께 했다. 이런 상황 때문에 그들에게는 누적전략이 필요했다. 다양한 조직들이 그들의 전술적 행위들을 조정하고 통제할 수 없었기 때문이었다. 물론 각 조직들이 저마다 순차전략을

11 | Ibid., p.239.

12 | Simpson, *War from the Ground Up*, p.75.

시행한다고 해도, 그런 다양한 노력에 대응해야 하는 서방 연합군 쪽에서는 누적전략의 효과가 나타날 것이다. 서방 연합군이 아프가니스탄 정부에 피와 자금을 계속해서 쏟아부을 의지가 있는 한, 반군의 누적전략은 결정적인 효과를 나타낼 것이다. 서방 연합군은 불필요하게 추가 병력과 장비를 투입하고 다양한 개발 사업에 거의 무한대의 자금을 투자하고 있다. 이는 언젠가 자신들의 의지가 꺾일 한계점에 도달하는 것을 가속화할 뿐이다. 순차전략을 시행하는 입장에서 이러한 투자는 일면 타당할 수도 있다. 하지만 그곳의 상황에서는 상대의 전략에 말려들고 있는 꼴이다.

전략적 대칭성Symmetry과 비대칭성Asymmetry

위에서 제시한 사례들과 설명은 모두 비대칭성을 내포하고 있다. 한쪽은 전략적 방식, 즉 소모 또는 섬멸, 순차 또는 누적전략 중 하나를 채택하는데, 다른 한쪽은 전술적 방어를 취하는 등의 모습이다. 전술적 수준에서의 비대칭 - 단지 게릴라전에서 명칭만 바꾼 수준의 비대칭전 - 은 그리 중요한 의미가 없다. 오히려 전략적 수준에서 비대칭의 상황을 구현하는 것이 중요하며 그것이 분쟁 당사국이 선택한 전략의 비대칭성이다. 이런 상황에서는 어느 쪽도 능동적인 방책으로 결전을 감행할 수 없을 것이다. 상대적으로 강자의 입장에서도 공세를 취할 수도, 특정한 표적을 완전히 소멸시킬 수도 없을 것이다. 그리고 약자는 상대가 필사적으로 원하는 것을 양보 또는 포기하지 않고서는 충분한 전력을 집중하지 못할 것이다. 사실 그럴 필요도 없다. 한쪽의 전력이 완전히 소진되거나 갑자기 약화되는, 우연한 상황에서만 결전이 벌어진다. 이런 상황에 더 적합한 용어는 평행 전략parallel strategies이라고 본다. 양측은 결코 서로 만나지 않으나 한쪽이 다른 쪽보다 먼저 종말을 맞을 수 있는 상황이니 말이다. 비대칭전의 지지자들이 제기한, 비대칭적인 적과 어떻게 싸워야 하는가라는 질문은 사실상 무의미하다. 우리는 우리와 다른 전략을 추구하는 상대보다 더 오래 버티면 된다. 또는 전략을 변경하여 우리가 짜놓은 판에서 상대를 물리칠 수도 있다. 상대의 전략에 대응하기에 급급한, 실패할 전략을 고수하느라 시간과 에너지, 피와 자원을 낭비해서는 안 된다. 오히려 개방된 경쟁의 장에서 상대와 대면하는데 노력을 투입해야 한다. 비대칭 전략을 선택한 상대를 어떻게 제압할 것인가라는 물음에 대한 해답은 평행이 아닌 수직으로 움직이는 것이다. 상대를 질식시키는 포괄적인 전략도 하나의 옵션이 될 수 있다.[13] 하지만 밀레브스키가 주장한 대로 누적 전략에 맞서면 장기간의 교착 상태가 초래된다.[14] 이런 경우에 전략가는 상대의 누적전략에 대응하기 위해, 자신의 순차적, 공세적 전략을 성공시킬 기회가 찾아올 때까지 자원을 절약해야 한다. 이러한 측면에서 워싱턴은 가히 천재적이었다. 다른 전략으로의 결정적인 전환이 필요한 시기가 될 때까지 그는 한 가지 전략을 고수했다. 그는 가능한 대륙군Continental Army[15]의 섬멸을 피하고 동시에 전력을 보존하는 전략을 구사했다. 가능한 장기간 수세를 취하면서 대륙군의 전력을 유지하는 한편, 콘월리스Cornwallis에 맞서 소모전을 수행하기 위해 너새니얼

---

13 | Friedman, "Creeping Death."

14 | Milevski, 'Revisiting J. C. Wylie's Dichotomy of Strategy,' p.241.

15 | 미국 독립전쟁 당시 미국 식민지에서 대륙회의를 통해 창설된 군대. (역자 주)

그린Nathaniel Greene을 남쪽으로 파견했다. 어느덧 콘월리스의 영국군이 요크타운에서 전투력을 소진하여 진퇴양난에 처하자, 그 즉시 워싱턴은 공세전략으로 전환하여 영국군을 격멸하고자 남쪽으로 진격, 콘월리스의 항복을 받아냈다. 어떤 때라도 전술 - 워싱턴의 후퇴, 그린의 치고 빠지는 전투, 워싱턴의 최종적인 남진 - 은 순간의 전략에 의해 결정된다. 워싱턴은 마오쩌둥에게까지 영감을 주었는데, 마오쩌둥은 이렇게 주장한다. "반군은 스스로 순차전략을 실행할 정도로 강해질 때까지 누적전략을 사용해야 한다."[16] 유감스럽게도 전략가에게는 자신이 개입된 상황에서 전략적 역학관계를 바꿀 수 있는 방법이 없다. 다른 선택지가 없는 적군은 대개 누적전략과 소모전략을 선택하게 된다. 만일 상대가 전략적 방어의 이점을 누리고 있다고 해도 그러한 상황을 바꿀 수 있는 방법은 거의 없을 것이다. 그러한 적과 싸워야 하는 전략가는 두 명의 거장, 즉 손자와 클라우제비츠의 가르침을 따라야 한다. 손자는, "전쟁에서 최상의 방책은 적의 전략을 공격하는 것이다."[17]라고 말했다. 클라우제비츠도, "국가 지도자와 군지휘관이 해야 할 첫 번째, 가장 중요한, 가장 원대한 결심 행위는 자신들이 수행할 전쟁의 본질을 검토하고 정립하는 것이다. 이러한 일에 실수가 있어서는 안 되고, 그것의 본질에서 벗어나도록 변질시켜서는 안 된다."[18]고 기술했다. 전략가는 자신이 수행하는 전쟁의 본질을 이해해야 하고 그 후 본

16 │ Ibid., p.233.

17 │ Sun Tzu, *Art of War*, p.77.
   『손자병법』제3장 모공편. 「故上兵伐謀.」(역자 주)

18 │ Clausewitz, *On War*, p.88.

질의 범주 안에서 상대의 전략에 대응해야 한다. 상대의 전술을 다루는 것만으로는 부족하다. 적은 아군의 의지가 소멸될 때까지 우리보다 오래 버티고, 우리의 허를 찌르며 우리보다 오래 살아남으려 한다. 전략가가 이러한 적을 상대해야 한다는 것을 정확히 인식한다면, 전투력, 시간, 공간 면에서 과도하게 확장된 전쟁을 피해야 할 것이다. 전략가는 인명과 자원을 보호하는 자신만의 전략을 선택해야 한다. 또한 감언이설로 대중을 속이면서 대책없이 인명과 자원을 소모해서는 안된다. 워싱턴처럼 호기를 포착할 준비를 하고 있어야 한다.

부록 E

교육 훈련
TRAINING AND EDUCATION

숙달하지 못한 것은 전장에서도 행동으로 옮길 수 없다.

미해군 (예비역) 대령 웨인 P. 휴즈

전투에서 승리하는 방법은 무궁무진하다. 본서에서 제시된 전술 체계는 그중 일부일 뿐이다. 모든 사례에서 나타나듯, 아무리 탁월한 전술적 수준의 계획이라도 승패를 결정하는 것은 지상에서 전술을 실행하는 인간이다. 승리를 실현하느냐 아니면 그저 염원으로 남을 것인가를 결정하는 것은 혼돈과 전투의 고통 속에서 행동하는 인간의 능력이다. 즉 모든 것은 인간의 자질에 달려 있다. 따라서 전장이 아닌 훈련장에서 전투의 승패가 결정된다는 격언처럼, 부대의 훈련은 전투에서 승리하는데 매우 중요한 요인이다.

스파르타의 청소년 교육기관이었던 아고게로부터 오늘날의 패리스 아일랜드Parris Island[1]와 레인저 스쿨Ranger School[2]에 이르기까지 군대는 고강도의 훈련에 대해 스스로 자부심을 가져왔다. 육체적, 정신적

---

1 | 미 해병대 훈련장. (역자 주)

2 | 미 육군의 특수부대 교육과정. (역자 주)

고통을 경험하는 것은 매우 중요하고 그것은 장차 조직의 결속력과 헌신을 촉진하는 통과의례의 의미를 갖고 있다. 갓 입대한 신병에게 사고하는 방법과 습관을 배양하는 것도 훈련 프로그램의 또 다른 효과적 측면이다. 이를 통해 배양된 가치관은 한 군인의 전체 군생활에 지속적인 영향을 미치게 된다. 스파르타의 호플라이트들이 테르모필레의 좁은 통로를 이탈하지 않고 지켜냈던 것은 아고게 교육 기간 중 배양된 가치관 덕분이었다. 대부분의 신병 훈련소의 최우선 과업은, 부여된 명령을 즉각 이행할 수 있는 신병을 양성하는 것이다. 그러나 실제 전장에서는 주도권을 행사하고 전투현장에서 창의성을 발휘하는 것이 점점 더 중요해졌으며, 훈련소에서 그런 능력을 배양하는 것도 중시되고 있다. 일례로, 미 해병대의 신병교육 중 최종 단계인 크루셜 Crucial 과정에서는 신병들에게 기본적인 전술 과제와 함께 리더십을 발휘해야 하는 지휘자의 역할을 맡긴다. 장교 양성 및 보수교육 과정에서는 이런 상황들에 대한 훈련이 훨씬 더 강도 높게 시행되고 있다. 바로 이 훈련이 전쟁의 원칙을 경험할 수 있는 기회이다.

그러나 본인의 경험을 비추어 볼 때, 전쟁의 원칙에 대해 배운 것은 거의 없다. 신병들은 단지 그 시대의 최신 교리에 쓰인 목록과 때때로 공격과 방어에 관한 추가적인 원칙들을 무조건 암기해야 한다. 어리숙한 신병들이 그것들을, 특히나 전후 맥락과는 상관없이 이해하기에는 무리가 있다. 본서에서 제시된 것과 같이 전술 이론을 상식화common system하면 단 시간 내에 가르칠 수 있고 또한 신병, 소부대 지휘자, 장성급 장교들까지 모두가 알아야 할 공통의 참조 체계common reference system로 활용하면 앞에서 제기한 문제를 해결할 수 있을 것이다.

한편, 오늘날 또 다른 문제가 벌어지고 있다. 군의 훈련과 교리에 상당 기간 특별한 혁신이 없었다는 점이다. 이는 전적으로 군의 책임이다. 이것이 미군만의 문제일 수도 있지만 그나마 다행인 것은 미군에 다수의 베테랑 즉 실전에 참가해본 장병들이 많다는 것이다. 미국인의 한 세대가 이라크와 아프가니스탄 전쟁에 참가했고, 21세기 초부터 혼란과 불확실성이 가득한 전투를 경험했다. 또한 수많은 청년 장교들이 그 즉시 정보화시대의 대반란 작전의 시급성을 인식했고, 수십 년 동안 평시의 경험만 가진 고위급 장교들보다 이런 시급성을 절실히 느꼈다. 참전용사들은 미국으로, 물론 평시의 군으로 복귀하자마자, 이상한 조직과 대면했다. 교육과 훈련은 과거 방식을 답습하고, 실전과는 전혀 관련이 없는 것들만 생각하는 군대였던 것이다. 군지도부의 주된 생각은, 만일 군대가 '큰 놈 하나the big one'[3]를 상대할 수 있다면 작은 놈은 몇 명이라도 제압할 수 있다는 논리였다. 이라크와 아프가니스탄에서 그것이 불가능하다는 것이 입증되었고 젊은 참전 용사들도 군 지휘부가 쳐놓았던 커튼 사이로 실상을 간파했다. 21세기에 이런 상황은 비단 미국에만 해당되는 것이 아니다. 프랑스와의 혁명전쟁에서 복귀한 17세의 클라우제비츠가 본 프로이센의 훈련과 전쟁 준비 상태는 다음과 같았다. "군에서 최고라는 사람들이 주도하여 사전에 신중히 논의한, 모든 세부사항까지 정해져있는, 오랫동안 훈련했던 전투 방식은 모두 엉터리였다. [⋯] 완전히 한곳에 매몰되어 약점으로 가득한,

---

3   '큰 놈 하나'는 미국과 소련 간의 재래식 전쟁양상에 관한 공상에서 생겨난 용어. 하지만 소련이 존재했을 때에도 양측의 핵무기로 인해 그런 전쟁의 가능성은 전혀 없었다. (역자 주)

심각한 수준이었다."[4] 군에서 최악의 재앙은 특정한 전술 형태에 매몰되어, 그것들만을 무조건 고수하는 군사 관료주의에서 초래된다. 이 부록의 앞부분에서 인용했듯, 예비역 해군 대령 웨인 P. 휴즈는, 금지된 전술을 시도하는 것이 함대가 존재하는 중요한 목표일 수도 있다는 점에서 영국 해군의 전술이 얼마나 경직되어 있었는지를 설명했다. 이런 현상들은 다른 시대, 다른 지역에서도 발생했고, 오늘날 미군의 훈련 실태와 완벽히 일치한다. 캘리포니아California, 포트 어윈Fort Irwin에 위치한 미 육군의 국립훈련센터National Training Center에서 시행하는 훈련은 한 가지 예외라고 할 만하다. 여타의 훈련장과 다른 것은 훈련부대가 살아 움직이는 대항군 부대를 상대해야 한다는 점이다. 다른 훈련 기관에서는 정해진 시나리오와 그에 따라 행동하는 가상의 적군을 사용한다. 캘리포니아에 위치한 미 해병대 29팜스 기지Marine Corps Base Twenty-nine Palms에는 군사훈련에 관해서만큼은 역사상 최고의 훈련장 중 하나가 설치되어 있다. 그러나 해병대원들이 실사격 훈련을 할 때에는 텅 빈 모래밭에 꽂아 둔 표적을 가상의 적으로 사용한다. 훈련 중에 교리에서 조금이라도 벗어난 행동을 하게 되면 공개적으로 비난을 받는다. 좋은 의도든 아니든 이런 관행은 군사 조직에 최악의 영향을 미치게 된다.

그런 시나리오 기반의 훈련 및 교리와 규칙을 벗어난 창의성도 실전과 긴밀한 관련이 있다면 어느 정도 효과적이라 할 수 있다. 미군의 훈련 체계에서 잘못된 점은 공식적인 피드백 시스템이 전혀 없다는 것이

---

4 | Paret, *Clausewitz and the State*, p.45.에서 인용.

다. 오늘날 전술과 과학기술 그리고 절차의 혁신은 교리와 훈련 과정에 매우 즉흥적인 방식으로 유입되고 있다. 이를테면 전투부대에서 무작위로 인원을 차출하여 병과학교로 보내거나 교리를 집필하는 임무를 부여한다. 그러면 그들은 자신들의 경험을 교육과정과 교리에 반영한다. 이라크 자유 작전 이후 이러한 비정상적인 체계의 문제점이 절반 정도만 노출되었고 그 절반만 해결하는 조치가 취해졌다. 이라크와 아프가니스탄 전쟁 기간 중 나타났던 전술의 변화에 상응하여 육군과 해병대는 각각 육군 전훈분석센터Center for Army Lessons Learned, 해병대 전훈분석센터Marine Corps Center for Lessons Learned를 창설했다. 그 조직들은 당시 시행한 작전에서 교훈을 얻기 위해서 설립되었지만 그들은 오로지 아군이 무엇을 했는가를 연구하는데 몰두했다. 더욱이 도출된 교훈이 교리와 훈련에 적용되는 정형화된 메커니즘도 존재하지 않았고 이런 체계적인 단계가 전혀 작동하지 않았다. 또한 정보 조직과의 공식적인 협조 관계도 아니었기에 전훈분석에 적군이 무엇을 하고 있는지에 관한 정보는 전혀 담겨 있지 않았다. 최근의 전쟁 교훈을 단지 한 쪽 눈으로만 바라보고 있는 것이 미군의 실상이다.

그 해결책은 피드백 루프feedback loop로 작동하는 훈련, 교리, 정보, 교육 체계를 개발하는 것이다. 화기의 초탄 장전 및 격발이 차탄의 장전을 용이하게 하듯, 자동장전방식처럼 전술 개념을 구축해야 한다. 이것은 조직의 구성원들을 활용함으로써 달성할 수 있는 것이다. 피아 간의 전술에 대한 정보를 수집하고, 양측의 전술을 분석하며, 그런 정보를 교리에 반영하고, 그 교리를 군사훈련에 적용, 새로운 전술을 습득해야 한다. 훈련을 받은 군인들은 다시 정보를 수집하는 기관에 새로운 전술의 효과와 그 정보를 피드백해주는 등의 이러한 사이클이 계속되어야 한다. 모든 군사조직은 새로운 전술을 수집하고 분석하며 체계적으로 정리하여 훈련하고 그 결과를 실행해야 한다. 상대보다 그런 과정을 더 빨리 행동에 옮기는 군대가 장차전에서 승리할 것이다. 체계적으로 정보를 수집, 분석하고 전술을 체계적으로 정리하여 훈련 및 실행하는 조직은 혁신을 선도할 수 있고 조직은 그러한 기능을 촉진할 수 있는 형태를 갖추어야한다. 미 해병대의 교육훈련사령부Marine Corps Training and Education Command와 미 육군의 교육사령부Army's Training and Doctrine Command는 이런 방식으로 조직되어 있지 않다. 게다가 야전부대와 동일한 수직적인 편성을 갖추고 있다. 혁신을 추진할 동력이 없고 그래서 각 군은 발전하기보다 답보 상태에 머물러 있다.

그나마 학교 기관의 교육 시스템은 훌륭한 편이다. 해군 전쟁대학, 육군 전쟁대학, 국방대학원과 같은 학교가 전 세계적으로 유명한 것은 충분한 이유가 있다. 그러나 장교들은 10년 이상 군 복무를 해야 학생장교로서 그 학교에서 수학할 수 있다. 그런 학교에서 제공하는 교육은 매우 유용하고 그 장교가 군복무 중일 때에는 필수적인 것이지만 적어도 수료 후 다음 10년 동안은 교육의 기회가 없다. 본서를 통해 주장하려는 것들 중 하나는, 전술이 항상 전략에 기여 - 그렇지 않으면 해가 된다. - 해야 한다는 것이었다. 어떤 직위에 보직되었든 모든 장교에게는 그 순간부터 전략을 실행할 책임이 있다. 장교들에게 직무수행에 필요한 교육을 시켜야한다고 주장하는 사람들도 있지만 군이 이를 거부하고 있다. 소위나 장교후보생은 전략가가 아니고 전술가라는 이유에서다. 만일 독자들이 본서를 잘 이해했다면, 그런 이유가 부적절하다는 것을 충분히 납득할 것이다. 중대급에 근무하는 장교는 전술가인 동시에 전략을 구현하는 주체인 것이다.

존 보이드는, 미군이 올바른 생각을 가진 사람들, 아이디어 그리고 과학기술을 순서대로 보유하고 있는지 검증해봐야 한다고 말했다. 아무리 좋은 전술 체계가 있어도 그것을 활용할 탁월한 전술가가 없다면, 그것을 실행할 잘 훈련된 부대가 없다면 무용지물이다. 미군은 둘 모두를 많이 보유했기에 운이 좋았다고 할 수 있다. 하지만 이제는 그러한 요행만을 믿고 의지해서는 안 될 것이다. 탁월한 전술가와 잘 훈련된 부대를 양성하기 위한 현대화된 훈련과 교육이 이제는 반드시 실천해야 할 필수적인 사안이다.

부록 F

필립의 선물
: 전술적 수준에서 성공한 군사 조직
PHILIP'S GIFT
: THE ORGANIZATION OF TATICALLY SUCCESSFUL MILITARIES

B.C. 2025년부터 612년까지 메소포타미아Mesopotamia에 존재했던 아시리아 제국Assyrian Empire의 군사 조직이 사실상 최초의 '현대식modern' 군대라고 할 수 있다. 물론 이는 비상식적이고 '현대식'이라는 용어가 부적절할 수도 있다. 여기서 말하는 '현대식 군대'라는 표현은 단지 제1부에서 제시된 전술을 모두 실행할 수 있는 조직이라는 의미이다. 또한 그들에게는, 오늘날 우리가 알고 있는 '전문성'이 없었기에 그들이 '전문적professional' 군사조직이었다는 표현도 부적절하다. 그러나 그들이 '전문적'이든 아니든, 그들 모두가 상대방보다 훨씬 더 나은 전술적 세련미를 갖추었음은 사실이다.

첫 번째, 아시리아인들은 전투 효율성을 높이려 이륜 전차를 운용했다. 메소포타미아의 평원과 촌락이 드문드문 형성된 지형은 그런 무기를 활용하는 데 이상적이었다. 그러나 아시리아인들의 이러한 탁월성은 정복 과정에서 학습된 것이었다. 그들은 패전한 적군의 전법을 익히고 적군을 흡수하는 과정에서 전문적인 군대로 성장했다.[1] 상황 변화에 기반을 둔 급속한 전술적 혁신을 도모했고, 궁수로부터 보병, 투석병, 기병과 각종 이륜 전차에 이르기까지 다양하고 특화된 부대들로 편성된 대규모 군대로 발전했다. 그들은 가장 낮은 수준의 제병협동 개념을 적용했다. 아시리아 궁수는 창과 방패를 든 보병과 팀을 이뤄 함께 전투했다. 대형 안에서 보병은 적 기병과 보병으로부터 궁수를 보호하고 궁수는 그들의 엄호하에 활시위를 당겼다. 최초의 전차에는 두 명의 전사가 탑승하여 한 명은 활을 쏘았고 다른 한 명은 말을 몰았다. 이후의 전차는 탑승 공간을 넓혀서 네 명의 전사가 탑승했다. 한 명은 말을 몰고, 한 명은 궁수, 두 명은 방패병으로, 사실상 기동력과 화력, 방호력이 결합된 고대의 탱크였다.

아시리아인들은 잔혹한 폭력과 테러리즘으로 제국을 유지했는데 결국 이것이 자멸의 원인이 되었다. 아무리 그들의 군대가 진보되었다고 해도, 적국들의 대규모 동맹군을 상대할 수는 없었다. 바빌로니아 Babylonians와 메디아Medes, 스키타이Scythians로 구성된 동맹군은 B.C. 612년에 아시리아의 수도 니네베Nineveh를 점령, 파괴했다.[2]

역사는 다음과 같은 사실을 분명히 보여주고 있다. 성공적인 군사 조직을 보유한 국가는 인접국 또는 적국을 지배하는 패권국이 되지만, 반反 아시리아 동맹국들처럼 적대국들이 그 전법을 익히고 전술적인 능력 면에서 따라잡게 되면, 기존의 패권국은 쇠퇴하게 된다. 일반적

---

1 │ Archer, Ferris, Herwig, and Travers, *World History of Warfare*, p.23.

2 │ Ibid., p.29.

으로 역사가들은, 알렉산더 대왕이 위대한 야전사령관이었음을 인정하나, 그의 정복은 그 아버지인 필립 2세가 만든 탁월한 도구를 잘 활용한 결과였다고 말한다. 필립이 창설하고 훈련시켰으며, 그가 최초로 운용한 마케도니아의 군사력은 아시리아의 군대가 사라진 시대에 가히 혁명적인 조직이었다. 다른 그리스 국가들의 군대는 호플라이트, 즉 중무장보병을 주력으로 하는 팔랑스에 집착했고 테베의 에파미논다스와 같은 개혁가들조차도 팔랑스를 기본으로 운용했다. 마케도니아 군대의 혁명적인 성향은 이런 것이었다. 기병의 기동성을 활용하고, 궁수와 펠타스트[3]같은 경무장부대를 상설부대로 편성했으며, 여기에 당대의 최신 공성기술을 통합시켰다. 또한 전투의 필수요소였던 팔랑스를 지속 운용하고 발전시켰는데, 그들은 이 네 가지를 거의 같은 비중을 두고 군대를 운용했던 것이다. 중무장보병, 경보병 및 궁수, 기병, 이 세 가지 병종을 운용한 방법은 크세르크세스의 군대와는 대조적이었다. 그가 그리스를 침공할 때 동원한 군대의 규모를 가늠하기는 불가능하지만 오늘날의 기준으로 보면 엄청난 규모였을 것이다. 크세르크세스도 기병과 보병, 궁수와 더욱이 공병과 같은 여타의 전문기술자들을 보유했다. 또한 지상군과 해군을 함께 운용하기도 했다. 그러나 이들은 광활한 페르시아 제국 전역에서 동원된 군대였기에 상호협조된 훈련이나 예행 연습할 기회도 없었다. 테르모필레 전투의 이야기들이 사실이라고 가정한다면, 페르시아군은 제병과가 결합된 팀이 아닌 각 집단이 개별적으로 전투에 투입되었던 것이다.

---

3 │ 제3장을 참조할 것. (역자 주)

그래서 진정한 군사혁신RMA은 다양한 군사력을 독자적으로 움직이는 것이 아니라, 소위 제병협동부대, 즉 합동부대로 통합하는 것을 포함한다. 잘 훈련된 군사력은 예리한 도구가 된다. 군대의 질적인 측면도 중요하지만 그것을 잘 운용하는 숙달된 사람이 반드시 필요하다. 알렉산더가 바로 그 예이다. 그는 군사력을 운용하는데 매우 탁월했고 그와 동시대의 지휘관, 그 이후 대부분의 지휘관들보다 훨씬 뛰어났다고 해도 과언이 아니다. 알렉산더는 이러한 혁신적인 군사 조직을 활용하는 방법을 정확히 이해했다. 그 시대에 군대의 유연성, 지구력, 즉응성과 전투기량을 활용한 것은 획기적인 것이었다. 천부적인 능력을 지닌 군사 지휘관이 그러한 군대를 지휘했기에 언제나 연전연승이었다.

역사상 가장 성공적이었던 군사 조직들은 아시리아와 마케도니아 군대의 이런 특성을 공유했다. 그들이 오늘날 전설적인 승리를 일궈낸 것은 제1부에서 소개된 전술을 효과적으로 활용했기 때문이며, 한편으로는 그 조직과 편성 덕분이었다. 그런 조직을 구축한 것은 전통과 체계적인 행정 또는 예산상의 이유가 아니라 전술을 효과적으로 실행하기 위해서였다. 전자의 이유로 편성된 군대는 실패했지만 후자의 군대는 승리했다. 스티븐 비들도 자신의 저서 『군사력 : 현대전에서의 승리와 패배』에서, 군대의 수적, 기술력 우위보다도 군대의 편성을 전쟁 승리에 더 중요하고 결정적 요인으로 평가했다. 비들은 20세기에 초점을 두었지만 이는 군사사를 통틀어 충분히 타당한 논리이다.

한 군대의 성공 여부 또는 효과성을 측정하는 것은 매우 어려운 문제이다. 굳이 해법을 찾자면, "군대의 효과성은 그 군대가 자원을 전투력으로 전환하는 과정으로 판단할 수 있다."[4] 이렇게 군대의 효과성을 평가해야 한다. 또한 역사상 몇 개의 군대가 전술적 수준에서 명백히 전술적 승리를 달성했다는 차원에서 그 군대의 성공 여부도 측정 가능하다. 물론 독일 육군처럼 전략적으로 달성 불가능한, 터무니없는 목표를 부여받은 군대도 있었다. 그러나 역사상 가장 성공적이었던 전술 조직들을 검토해보면 성공적인 군대를 만드는 요인에 대해 몇 가지 결론을 얻을 수 있을 것이다.

로마의 군단 Region

최근에 고대 그리스의 호플라이트, 즉 중무장보병에 대한 관심이 증대되었지만, 로마군은 고대 그리스의 어떤 군대보다 훨씬 더 성공적인 군대였다. 이는 피로스 전쟁Pyrrhic War[5] 이후 도입된 그들의 독특한 군사 조직, 레기온 즉 군단 덕분이다.

당시에 군대는 통상 1개 전열로 구성되었지만 로마 군단은 3개 전열로 편성되었다. 제1전열은 하스타티hastati[6], 즉 젊은 경무장 병사들로 구성되어 있었고 제2전열에는 하스타티보다 경험이 많고 중무장을 한 프린키페스principes[7]가 위치했다. 마지막 전열에는 위기 상황

---

4 | Millett and Murray, *Military Effectiveness Volume I*, p.2.

5 | B.C. 280~275년까지 로마가 이탈리아 반도를 통일한 전쟁. (역자 주).

6 | 초기 공화정 로마군의 보병 편제 중 하나. 경제적으로 빈곤한 젊은 층이었기에 가벼운 사슬 갑옷 등 간소한 장비만을 갖추고 있었다. (역자 주)

7 | 초기 로마군에서는 창병이었으나 시간이 흐르면서 검병으로 변경됨. 부유한 계층으로 양질의 장비를 갖출 여유가 있어 큰 방패와 질 좋은 장비로 무장한 군단의 중보병. 군단의 제2열을 형성하고, 보조병들의 지원을 받았다. B.C. 107년 마리우스의 군제개혁으로 해체됨. (역자 주)

에 투입할 예비대로, 가장 나이가 많은 백전노장들인 트리아리$_{\text{triarii}}$[8]를 배치했다. 이러한 기본대형 주변에는 경무장 투창병인 벨리테스$_{\text{velites}}$, 기병인 에쿼테스$_{\text{equites}}$, 다양한 부족의 동맹군으로 구성된 아욱실리아$_{\text{auxilia}}$도 편성되어 있었다. 이들의 전면은 팔랑스만큼 강했고 측방의 방호력도 팔랑스보다 훨씬 좋았다. B.C. 3세기 마케도니아 전쟁 Macedonian Wars[9]에서 로마 군단은 그리스의 팔랑스를 완전히 압도했다.

이렇듯 로마군은 각 분야의 전문화를 통해 유연성을 확보했다. 어떤 종류의 적군이 나타나도 그들은 대응할 수 있었다. 적의 궁수는 에쿼테스로, 적 기병은 트리아리와 투창병으로 제압했다. 로마인들은 팔랑스처럼 전면의 방호력을 높이기 위해 방패를 사용했고 장창보다는 단검을 선호했다. 일반적으로 고대 전장에서의 승자는 전선 전면의 치열하고 참혹한 전투에서 더 오래 버티는 쪽이었다. 로마군은 간단한 트릭을 사용함으로써 그들의 지속능력을 증대시키고 전투의 템포를 자신들에게 유리하게 이끌어 나갔다. 로마 군단에 속한 병사들은 전열 단위로 움직였다. 어떤 신호가 울리면 첫 번째 전열이 물러나고 그 다음 전열이 그 자리로 이동했다. 이러한 로마군의 움직임은 철저한 훈련이 필요했고 그 효과는 탁월했다. 지쳐있던 적군은 몇 분 단위로 새로운 로마군과 싸워야 했던 것이다.

본 부록에서 살펴볼 군사 조직들 가운데 로마 군단만이 보유한 독특

---

8 | 초기 로마 군단에 편성. 주로 연장자이자 가장 부유한 계층으로 최고급 장비를 보유. 중무장 금속 갑옷과 큰 방패를 들고, 군단의 제3열을 형성하여 군단 내에서 엘리트로 인정받음. (역자 주)

9 | B.C. 214~148년 로마 공화국과 그리스 동맹군의 전쟁. (역자 주)

한 능력이 있다. 그들은 타국과의 전투에서 승리하여 그 지역에 대한 억제를 달성할 뿐만 아니라 그 지역을 지배, 통치하는 능력을 갖고 있었다. 알렉산더와 그의 후계자들도 적국의 영토를 점령했지만 그들이 지배했던 기간은 매우 짧았다. 몽골인들도 적국을 정치적으로 통제했지만 그 기간이 십 수 년에 불과했다. 반면 로마인들은 수 세기 동안 적국의 영토를 지배했다. 로마 군단의 역사는, 군대가 적국을 격멸하거나 정복한 영토를 통제하는 등의 목적에 따라 편성, 조직되어야 한다는 논리에 일침을 가한다. 로마 군단은 영토를 점령하기만 한 것이 아니라 직접 지배했다. 즉 공공사업 프로젝트와 경제적 조치(오늘날의 민사업무)를 이행하면서 그 지역을 로마에 동화시켰다. 물론 반란과 폭동도 있었고 잔혹한 방식으로 진압되곤 했지만 어쨌든 로마의 군대가 달성한 위업은 전무후무한 수준이다.

로마 군단의 사령관은 콘줄consul 즉 집정관이었다. 언제나 두 명이었지만 오늘날의 대통령과 같은 국가원수이기도 했다. 이렇게 정치와 군사 권력이 한 사람(또는 두 사람)에게 통합된 것도 일종의 분권화된 지휘 형태였다. 로마 시민과 원로원의 권력이 선출된 집정관에게 부여된 것이며, 그 권한으로 군단을 지휘했던 것이다.

로마군이 성공했던 또 다른 중요한 요인은 새로운 아이디어를 기꺼이 받아들였던 그들의 개방성이었다. 로마 군단은 자신들이 맞서 싸운 적들로부터 새로운 전술, 기술과 방법들을 재빨리 습득하고 적극적으로 수용했다. 이는 스파르타와 현격한 차이가 있는 부분이다. 스파르타인들은 자신들이 활용하는데 가장 용이한 전술 외에 다른 전술을 모두 경멸했다. 또한 로마군은 패배했을 때 또는 승리했을 때에도 그에 대한 후속 조치로 대대적인 군사 개혁을 단행했다. 로마 군단도 피로스의 에피루스Epirus와의 힘겨운 전쟁을 겪은 후에 개발된 것이다. 로마 해군은 제1차 포에니 전쟁의 후속 조치로 단 몇 개월 만에 창설되어 실제 운용되었다. B.C. 107년 유구르타 전쟁the Jugurthine War[10]에서 패배한 후 마리우스의 군제개혁Marian Reform[11]을 단행하여 로마군의 구조와 병력 정책에 커다란 변혁이 있었다. 아구스투스Augustus 황제의 통치하에서 광활한 영토를 지켜야 했던 로마 군단은 다시금 편성과 운용 측면에서 변화하게 된다. 본 부록의 첫 번째 사례로 스파르타 군대가 아닌, 로마 군대를 선택한 이유는, 전자가 변화를 거부했던 반면, 후자는 끊임없는 변화와 혁신을 했기 때문이다.

몽골의 호르드 Horde

12~13세기에 비교적 단기간이었지만 몽골은 역사상 가장 넓은 대륙을 지배했다. 당시 동, 서쪽에 발달된 문명을 보유한 중국과 호라즘 제국Khwarezm Sultanate[12]과 접해 있던 몽골은 아시아의 초원지대에 존재했던 일개 부족에 불과했다. 그러나 그 부족의 지도자, 칭기즈칸의 등장으로 몽골 부족이 통합되었고 그는 광활한 대륙을 정복하여 대제국을 건설했다. 정말로 그들은 전쟁에서 단 한 번도 패배한 적이 없었다. 오히려 몽골 제국의 몰락 원인은 내부의 분열이었다.

---

10 | B.C. 112~106년 로마와 누미디아가 누미디아 왕위계승을 놓고 벌인 전쟁. (역자 주)

11 | 징병제 폐지. 모병제로 전환. 무기를 국가에서 지급. 종군기간을 25년으로 변경하는 등. 로마 군단의 질적인 문제와 양적인 문제를 모두 해결하고자 시행함. (역자 주)

12 | 1077년에 건국하여 1231년 멸망한 서아시아. 중앙아시아의 이슬람 왕조. (역자 주)

칭기즈칸이 제국을 건설하는데 기반이 된 것은 고도로 훈련된 기마 궁수들이었다. 몽골의 기병들은 세 살 때부터 말을 타기 시작했고 사실상 말안장에서 성장했다고 해도 과언이 아니다. 당시 그들은 말안장에 앉아서 며칠을 지낼 수도 있었고 자신의 생존을 위해 말가죽을 도려내 말의 피를 마시기도 했다. 몽골 궁수들의 활쏘기 연습은 끝이 없었고 그 기량은 최고 수준이었다. 대다수의 병력이 고도로 기동화된 타격 능력을 갖춘 것 자체가 승리의 토대였다.

나아가 몽골은 사냥하는 기술로부터 자신들만의 전술 체계를 개발했다. 그들은 마치 사냥을 하듯 전투했다. 초원에 서식하는 수많은 야생동물들을 한 곳으로 몰아서 도살하듯, 그들은 전장에서도 기동, 수적 우세, 화력 그리고 템포를 활용했다. 예를 들어 동물의 행동을 관찰하면서 포획하는 방법을 습득했다. 그 짐승이 달아날 확실한 통로를 열어두고 그 통로 상에 다른 병력을 매복시켜 포획하는 방법이었다. 몽골군이 이런 방식을 인간에게 적용한 사례가 바로 모히 전투(제10장 참조)이다. 공황에 빠진 헝가리 기병들은 몽골병사들에게 놀잇감에 불과했다. 여러 지역으로 분산되어 있던 지휘관과 부대들이 이러한 공통된 전술관을 기반으로, 칭기즈칸의 군대로서 똑같은 방식으로 작전을 수행할 수 있었다. 이로써 그런 방식이 꼭 필요했던 그 시대에 분권화된 지휘가 촉진되었던 것이다.

끝으로 몽골인들은 의도적으로 적들에게 공포심을 심어주었다. 몽골 군대의 방침은 자신들에게 즉각 항복하지 않는 도시의 주민들은 모조리 도륙한다는 것이었다. 이러한 행위는 잔혹하고 조직적인 방식으로 이뤄졌으며 또한 널리 알려지게 되었다. 초기 몽골군에게는 공성장비와 기술이 부족했기 때문에 그들이 승리했을 때의 무자비함은 이러한 약점을 상쇄시켰다. 즉 향후 점령할 도시들에게는 항전보다는 항복을 유도하기 위한 것이었다. 실제로 많은 효력이 있었다. 또한 로마 군단처럼 몽골군도 적군이 보유한 효과적인 방법을 적극적으로 도입했다. 몽골은 중국의 일부를 점령한 후 공성장비를 제작하기 위해 중국인 기술자들을 강제 동원했으며, 포로로 잡은 외국 국적의 부대를 호르드에 강제로 편입시켜 몽골 기병을 지원하기도 했다.

나폴레옹의 군단 Napoleonic Corps

나폴레옹 보나파르트 휘하의 프랑스군이 성공한 것은 어쩌면 대부분 한 사람의 천재성에 기인했다고 볼 수도 있다. 그의 전술적 천재성, 그리고 자신을 따르는 병사들의 사기를 고양시킨 측면에서의 천재성이다. 그러나 나폴레옹이 그런 전술을 실행에 옮길 수 있는 군대로 탈바꿈시켰던 중대한 변혁이 없었다면 그의 전술적 걸작들은 탄생하지 못했을 수도 있다. 워털루 전투가 벌어지기 전까지 그가 유럽의 모든 군대를 휩쓸어버릴 수 있었던 것도 그러한 변혁 덕분이었다. 오늘날의 미군처럼 당시 나폴레옹의 전쟁 기계들war machine 즉, 그의 군대가 너무나 강해서 스페인과 러시아와 같은 적대국들의 경우, 전면전으로는 감히 상대할 수 없었기에 게릴라 전술로 전환해야 했다.

이렇듯 압도적이었던 프랑스군 편성의 핵심은 군단Corps d'armée이었다. 그들이 의도한 군단은, 우세한 적과 조우해도 일정 기간 버틸 수 있는 충분한 전투력을 보유하고, 적과 조우하기 전까지는 전체 군보다 훨씬 더 신속히 기동할 수 있는 규모였다. 또한 제병협동작전을 수행할 수 있는 조직이었다. 군단에는 보병, 기병과 포병부대가 통합, 편성되어 있었고 군단마다 편제가 동일하지는 않았다. 하지만 나폴레옹은 자신의 상황평가를 기초로 이들의 편성을 변경시켰다. 이러한 적응 능력 또한 그들이 승리하는데 크게 기여하였다.

군단의 편성은 모두 상이했지만 나폴레옹은 거의 같은 방식으로 그들을 운용했다. 각 군단이 개별적으로 이동하여 나폴레옹이 지시한 지점에 집결했다. 프랑스군 증원부대들이 언제, 어디서 밀고 들어올지 몰랐기 때문에 적군의 입장에서는 나폴레옹 군대의 전력을 정확히 가늠하기가 몹시 어려웠다. 그가 즐겨 사용한 전술은 적군의 후방으로 신속히 우회 기동하여 거대한 포위망을 구축하는 방식이었다. 그의 군단은 적보다 빠른 기동성을 갖고 있었고 이를 통해 완벽하게 적군의 측방을 파고들 수 있었다. 나폴레옹 전술의 핵심은 속도와 권한 위임이었고, 이로써 중앙집권적인 지휘는 불가능했다. 나폴레옹은 대담한 전술을 이행하기 위해 분권화된 지휘를 여러 차례 시도했다.

예나Jena - 아우어슈테트Auerstedt에서 이러한 시스템은 대단히 성공적이었다. 나폴레옹의 본대가 소규모의 프로이센 분견대를 조우, 격멸하는 동안, 그의 군단장 중 한 명은 자신의 군단보다 더 우세한 프로이센군을 상대해야 했다. 하지만 엄청난 열세에도 불구하고 결국 그와 그의 군단은 프로이센군을 제압했다.

기갑사단 Panzer Division

기갑사단은 제2차 세계대전 이전에 독일의 국방군에 의해 발전되었고, 아돌프 히틀러에 의해 인류 역사상 가장 사악한 전쟁에 활용되었다. 그럼에도 불구하고 여전히 그 조직과 효율성 측면에서 연구할 가치는 충분하다. 독일인들 스스로 '전격전'이라는 용어를 사용한 적이 없다고 해도, 당시 전투상황을 묘사하는데 '전격전' 만큼 적절한 용어도 없다. 그 당시 전차의 전투 효율성이 입증되었기 때문이다.

기갑사단은 작전적 템포를 발휘하기 위해 창설되었는데, 적군의 전선 상에 돌파구를 만들고 이를 확대할 수 있는 충분한 충격력과 탁월한 기동성을 보유했기에, 속도만으로도 적군의 균형을 무너뜨릴 수 있었다. 이는 제1차 세계대전 후 독일인들이 감당할 수 없다고 깨달았던 수적 열세에 대한 해결책이었다. 기갑사단에는 전차부대를 주축으로 차량화보병부대와 직접지원 항공기와 포병부대까지 편제되어 있었다. 편성을 수시로 바꿀 수 있었고 역시 적응력이 필요했다. 그러나 전차-보병-화력지원으로 이루어진 제병협동은 항상 유지되었다. 물론 자원이 부족했던 국방군은 모든 부대를 기갑사단으로 편성할 수는 없었지만 이들 사단은 확실히 날카로운 창끝, 예봉과 같은 부대였다. 또한 최종적으로 차량화된 보급수송을 포함한 현대적인 군수지원체계가 있었기에 전차부대가 전장에 투입될 수 있었다.

기갑사단이 충격력, 적응력 그리고 제병협동능력을 위해 편성되었지만 그들이 승리하는데 결정적인 역할을 한 진정한 열쇠는 바로 *임무형 지휘*라는 독일군 장교단의 문화와 장교단 내부에 형성된, 주도권을 중시하는 교육훈련체계였다. 하인츠 구데리안과 에르빈 롬멜과 같은 전설적인 기갑군단장, 기갑사단장들은 십여 년 동안의 사고력과 결단력을 중시하는 교육을 통해 배출되었다. 단지 비극적인 사실은 아돌프 히틀러가 그런 무기들을 자신의 목적 달성을 위해 사용했다는 것이다.

오늘날 Today

오늘날 전 세계에서 가장 강력한 군대는 미군이다. 미 육군의 여단 전투단Army Brigade Combat Team과 해병대 공지기동부대Marine Corps Marine Air Ground Task Force(이들은 세 가지 형태이다. 1개 보병대대를 주축으로 편성된 해병기동부대MEU, Marine Expeditionary Unit, 1개 보병연대를 주축으로 편성된 해병기동여단MEB, Marine Expeditionary Brigade, 1개 보병사단을 주축으로 편성된 해병기동군MEF, Marine Expeditionary Force)[13]는 알렉산더의 군대와 그 후에 출현한 군대와 동일한 개념으로 편성된 현대적인 군사 조직이다. 그러나 이런 부대들의 전투 능력을 실제로 시험한 적은 없다. 베트남 전쟁 이후 편성되어 1991년과 2003년에 이라크군을 상대로 좋은 활약을 했지만 두 번의 전쟁은 진정한 시험 무대라고 볼 수 없다. 두 차례 모두 이라크군의 지도력이 매우 저급했고 기술적으로도 미군과 상대가 되지 못했기 때문이다. 전투부대의 사기는 형편없었고 사담 후세인 정권에 대한 충성심은 부족했으며 훈련 상태도 매우 미흡했다. 설령 두 번의 전쟁이 훈련이었다고 해도 대항군으로서 이라크군이 보여준 모습은 최악이었다. 이런 저급한 대항군으로 미군의 전투 능력을 정확히 평가하기에는 매우 부적절하다.

결론

지금까지 결코 완벽한 수준은 아니지만 개략적으로, 전술적 차원에서 성공한 군사 조직에 대해 살펴보았다. 하지만 이 정도만으로도 우

---

13 | 'Expeditionary'는 '원정'이라는 의미를 갖고 있으나, 한국군 해병대에서는 이를 '기동'으로 번역하고 있다. (역자 주)

리는 전투에서 승리하기 위해 군대를 어떻게 편성해야 할지에 관해 몇 가지 확실한 결론을 도출할 수 있다.

1. 제병협동전투를 수행할 수 있는 부대가 가장 이상적인 조직이다. 이러한 부대는 원활한 전투력 발휘가 가능하고 고도의 템포로 독립적으로 움직일 수 있으며 수적 우세를 달성하기 위해 타부대와 협동전투를 수행할 수도 있다. 또한 다양한 병과의 단위부대들로 편조되어 유연성과 적응성을 발휘하는 것이 매우 중요하다.

2. 승리의 열쇠는 수적 우세와 화력을 하나의 패키지로 결합하는 것이다. 따라서 빠른 템포로 행동할 수 있어야 하며 그래서 적의 허를 찌를 수 있어야 한다.

3. 전술적 혁신을 기꺼이 수용해야 한다. 설령 적군의 혁신이라도 마찬가지다. 이것이 장기적인 성공과 생존을 위한 요건이다.

4. 몽골의 사례를 제외하고, 앞서 기술된 군사 조직들은 결정적인 패배 이후 각성을 통해 피아간의 강약점을 냉정하게, 이성적으로 평가한 후에 도출된 결과물이다. 군대는 주기적으로 진솔하게 스스로를 평가하고 그 결과를 혁신의 추동력으로 활용해야 한다.

5. 군대의 지도자가 될 엘리트들에게 최고 수준의 교육과 훈련의 기회를 부여하는 것과 분권화된 지휘는 고도의 템포와 효과적인 유연성을 발휘할 수 있게 하는 유일한 방법이다. 이를 통해 수적 우세, 기동과 화력을 사용할 수 있는, 더욱더 다양한 방책을 얻게 될 것이다.

용어 해설
GLOSSARY

기奇 : 손자의 개념으로, 비범한 또는 간접적인 전투력 운용

기동maneuver : 상대적으로 유리한 지점에서 적군을 공격하는 것

기만deception : 아군에게 유리한 상황을 조성하기 위해 적군으로 하여금 상황을 오판하도록 속이는 것

기습surprise : 아군의 행위를 통해 적군이 이에 정신적으로 대비할 수 없는 상황 또는 대비할 수 없는 무능함이 드러난 상태

디에크플루스diekplous : 고대 그리스 해군이 적 함대의 전열로 침투하여 배후에서 공격하기 위해 사용했던 해상 전술

도의적 단결력moral cohesion : 구성원들의 사기, 효율성, 윤리, 전문성, 헌신과 리더의 능력이 결합되어 형성되는 군대의 유대감, 일체감, 전우애

마스키로브카maskirovkar : 위장을 뜻하는 러시아어

매뇌브 드 데리에르manoevre de derriére : 적 배후로의 기동을 의미하는 프랑스어

벨리테스velites : 로마 경보병

사기moral : 군의 전투의지, 열의를 표현하는 용어. 도의적 단결력에 기여하는 요소 중 하나

섬멸전략Niederwerfungsstrategie : 섬멸전략 strategy of annihilation을 뜻하는 독일어

소모전략Ermattungsstrategie : 소모전략 strategy of exhaustion을 뜻하는 독일어

수적 우세mass : 공간 및 시간 측면에서 우세를 달성하기 위한 전투력의 집중

아고게agoge : 스파르타에서 모든 남성 시민의 의무였던 호플라이트 훈련 과정

아욱실리아auxilia : 로마의 예비대. 다양한 부족의 동맹군으로 형성

임무형 지휘Führen mit Auftrag, 임무형 전술Auftragstaktik : 임무형 지휘, 임무형 전술의 독일어. 부하에게 임무를 부여할 때 시행방법을 세부적으로 지시하지 않는 지휘방법

전략strategy : 비교적 장기간에 걸쳐 정치적 목표를 달성하는 폭력적 수단의 활용 방법

전술tactics : 비교적 단기간에 적군을 상대로 승리하기 위한 군사력 운용

전쟁권jus ad bellum : 전쟁 이전의 정의正義. 국제법상 합법적으로 전쟁을 일으킬 수 있는 권리를 뜻하는 라틴어

전쟁법jus in bello : 전쟁 중의 정의正義. 전쟁 중 준수해야 할 법을 뜻하는 라틴어

정正 : 손자의 개념으로, 평범한 또는 직접적인 전투력 운용

정책 또는 정치policy : 한쪽의 정부가 상대

국가 또는 상대 지역에 대해 그들의 의지를 강요하는 정치적 역학에 대한 용어. 정치적인 전쟁의 최종상태

준칙tenet : 본서에서 사용된 tenet은 주요한 전술적 개념을 뜻하며, 반드시 준수해야 하는 원칙principle이나 법칙law과는 다름.

중점Schwerpunkt : 주력 또는 주노력을 뜻하는 독일어

충격shock : 한쪽의 돌발적인 또는 예상하지 못한 행동으로 초래된 상대편의 심리적 과부하 상태

템포tempo : 한쪽이 유리하고, 상대에게 불리한 상황을 조성하기 위해 전투의 속도를 조절하는 능력

트리아리triarii : 로마군 제3전열을 형성하는 보병

펠타스트peltasts : 투창으로 무장한 그리스 경보병

프린키페스principes : 로마군 제2전열을 형성하는 보병

하스타티hastati : 로마군 제1전열을 형성하는 보병

헬로트helots : 스파르타 사회의 노예들

호플라이트hoplite : 그리스의 중보병

혼란confusion : 한쪽이 상대로 하여금 사태에 대한 대응과 상황 파악을 어렵게 하여, 상대가 정신적으로 과도한 부담을 느끼거나

곤혹스러운 상태

화력firepower : 적군을 상대로 원거리 무기를 유리하게 운용할 수 있는 능력

CoG center of gravity : 전략적 행위자의 정치적 목적과 관련. 전략적 행위자를 중심으로 결속시키거나 활력을 불어넣는 힘

참고문헌

Andrews, Frank. 'Tactical Development.' U.S. Naval Institute Proceedings (April 1958): 65–73. Reprinted in Wayne P. Hughes Jr., The U.S. Naval Institute on Naval Tactics. Annapolis, MD: Naval Institute Press, 2015.

Archer, Christon I., John R. Ferris, Holger H. Herwig, and Timothy H. E. Travers. World History of Warfare. Lincoln: University of Nebraska Press, 2002.

Beevor, Antony. D-Day: The Battle for Normandy. New York: Penguin, 2009.
———. The Second World War. New York: Little, Brown, 2012. Kindle edition.
———. Stalingrad: The Fateful Siege 1942–1943. New York: Penguin, 1998.

Bengo, Yakov, and Shay Shabtai. 'The Post Operational Level Age: How to Properly Maintain the Interface between Policy, Strategy, and Tactics in Current Military Challenges.' Infinity Journal 4, no. 3 (2015).

Biddle, Stephen. Military Power: Explaining Victory and Defeat in Modern Battle. Princeton, NJ: Princeton University Press, 2006.

Boyd, John. 'Aerial Attack Study.' 1964.
———. 'A Discourse on Winning and Losing.' Project on Government Oversight. Washington, DC. http://dnipogo.org/john-r-boyd/, 2007.

Cartledge, Paul. Alexander the Great: The Hunt for a New Past (1st ed.). New York: Overlook Press, 2004.

Chandler, David. The Campaigns of Napoleon. New York: MacMillan, 1966.

Chief of the Defence Staff. Canadian Forces Joint Publication 01: Canadian Military Doctrine. Ottawa, ON: Department of National Defence, 2009.

Citino, Robert M. Blitzkrieg to Desert Storm: The Evolution of Operational Warfare. Lawrence: University of Kansas Press, 2004.

Clausewitz, Carl Von. On War. Translated by Peter Paret and Michael Howard. Princeton, NJ: Princeton University Press, 1976. Original published 1832.
———. Principles of War. Translated by Hans W. Gatzke. Mineola, NY: Dover, 2003.

Cordesman, Anthony. The Iraq War: Strategy, Tactics, and Military Lessons. Westport, CT: Praeger, 2003.

Corram, Robert. Boyd: The Fighter Pilot Who Changed the Art of War. New York: Back Bay Books, 2004.

Craighill, W. P., and G. H. Mendell. Translated by Baron de Jomini. The Art of War. Philadelphia: J. B. Lippincott & Co., 1862. Reprinted Westport, CT: Greenwood Press, 1971.

Dempsey, Martin. Mission Command White Paper. Washington, DC: Government Printing Office, 2012.

Du Picq, Ardant. Battles Studies. Project Gutenberg, 2005. Kindle edition.

Echevarria, Antulio Joseph. Clausewitz and Contemporary War. Oxford, UK: Oxford University Press, 2007.

———. 'Clausewitz's Center of Gravity: It's Not What We Thought.' Naval War College Review 55, no. 1 (2003).

———. 'Principles of War or Principles of Battle?' In Rethinking the Principles of War, edited by Anthony D. McIvor. Annapolis, MD: Naval Institute Press, 2012.

———. Reconsidering the American War of War. Washington, DC: Georgetown University Press, 2014. Kindle edition.

Encyclopaedia Britannica online. 'Entropy.' https://www.britannica.com/science/entropy-physics.

Fehrenbach, T. R. Fire and Blood: A History of Mexico. New York: De Capo Press, 1995.

———. This Kind of War. Herndon, VA: Potomac Books, 2008.

Fick, N. C. One Bullet Away: The Making of a Marine Officer. Boston: Houghton Mifflin Harcourt, 2005.

Foch, Ferdinand. The Principles of War. Translated by J. De Morinni. New York: The H. K. Fly Company, 1918. First published 1903. Reprinted Middleton, DE: University of Michigan Library, 2016.

Frederick, Jim. Black Hearts: One Platoon's Descent into Madness in Iraq's Triangle of Death. New York: Broadway Books, 2011.

Freedman, Lawrence. Strategy: A History. Oxford, UK: Oxford University Press, 2013.

Friedman, Brett A., Ed. 21st Century Ellis: Operational Art and Strategic Prophecy for the Modern Era. Annapolis, MD: Naval Institute Press, 2015.

———. 'Blurred Lines: The Myth of Guerrilla Tactics.' Infinity Journal 3, no. 4 (2014).

———. 'Creeping Death: Clausewitz and Comprehensive Counterinsurgency.' Military Review (January–February 2014).

Frost, Robert S. 'The Growing Imperative to Adopt 'Flexibility' as an American Principle of War.' U.S. Army War College Strategic Studies Institute, Carlisle, PA, 1999.

Fuller, J. F. C. The Foundations of the Science of War. Leavenworth, KS: U.S. Army Command and General Staff College Press, 1993. Original published 1926.

Goerlitz, Walter. History of the German General Staff 1657–1945. Lancaster, UK: Gazelle, 1995. Kindle edition.

Gordon, Craig A. 'Delbrück: The Military Historian.' In Makers of Modern Strategy from Machiavelli to the Nuclear Age, edited by Peter Paret. Princeton, NJ: Princeton University Press, 1986.

Grant, Ulysses S. Personal Memoirs of U.S. Grant. New York: De Capo Press, 1982. Original published 1885.

Gray, Colin S. The Strategy Bridge: Theory for Practice. Oxford, UK: Oxford University Press, 2010.

Griffith, Paddy. Forward into Battle: Fighting Tactics from Waterloo to the Near Future. New York: Ballantine Books, 1990.

Grossman, Dave, and Loren W. Christensen.

On Combat: The Psychology and Physiology of Deadly Conflict in War and Peace (2nd ed.). United States of America: PPCT Research, 2007.

Gudmonsson, Bruce. On Artillery. Westport, CT: Praeger, 1993.
————. Stormtroop Tactics: Innovation in the German Army, 1914–1918. Westport, CT: Praeger, 1989.

Guevara, Ernesto. Guerrilla Warfare. Translated by J. P. Morray. Lexington, KY: BN Publishing, 2012. Original published 1961.

Hanson, Victor Davis. Carnage and Culture. New York: Random House, 2002.
————. The Western Way of War: Infantry Battle in Classical Greece. Berkeley: University of California Press, 1989.
————. The Western Way of War: Infantry Battle in Classical Greece (2nd ed.). Berkeley: University of California Press, 2000.

Hastings, Max. Inferno: The World at War, 1939-1945. New York: Alfred A. Knopf, 2011.

Hawking, Stephen. The Illustrated A Brief History of Time: Updated and Expanded Edition. New York: Bantam Books, 1996.

House, Christopher M. Combined Arms Warfare in the Twentieth Century. Lawrence: University of Kansas Press, 2001.

Hughes Jr., Wayne P. Fleet Tactics and Coastal Combat. Annapolis, MD: Naval Institute Press, 2000.
————. The U.S. Naval Institute on Naval Tactics. Annapolis, MD: Naval Institute Press, 2015.

Hutton, Brian G. [Director]. Kelly's Heroes. Metro-Goldwyn–Mayer, United States, 1970.

Joint Chiefs of Staff. Doctrine for the Armed Forces of the United States. Washington, DC: Joint Chiefs of Staff, 2013.

Jones, Dan. The Plantagenets: The Warrior Kings and Queens Who Made England. New York: Penguin, 2012.
————. The Wars of the Roses: The Fall of the Plantagenets and the Rise of the Tudors. New York: Penguin, 2014.

Jünger, Ernst. Storm of Steel. New York: Penguin, 2003.

Karnow, Stanley. Vietnam: A History. New York: The Viking Press, 1983.

Keegan, John, Ed. The Book of War: 25 Centuries of Great War Writing. New York: Penguin, 2000.
————. The First World War. New York: Knopf Doubleday, 1998.

Kelly, Justin, and Mike Brennan. Alien: How Operational Art Devoured Strategy. Carlisle, PA: U.S. Army War College Strategic Studies Institute, 2009.

Kennedy, Hugh. The Great Arab Conquests: How the Spread of Islam Changed the World We Live In. Philadelphia: De Capo Press, 2007.

Kilcullen, David. Counterinsurgency. Oxford, UK: Oxford University Press, 2010.
————. Out of the Mountains: The Coming Age of the Urban Guerilla. Oxford: Oxford University Press, 2013. Kindle edition.

Kissinger, Henry. 'The Vietnam Negotiations.' Foreign Affairs 48, no. 2 (January 1969).

Knights, Michael. 'ISIL's Politico — Military Power in Iraq.' CTC Sentinel 7, no. 8 (August 2014).

Leckie, Robert. George Washington's War: The Sage of the American Revolution. New York: Harper Collins, 1992.

Leonhard, Robert R. The Principles of War for the Information Age. Novato, CA: Presidio, 1998.

Liddell Hart, Sir Basil. Strategy. New York: Meridian, 1991.

Lind, William. Maneuver Warfare Handbook. Boulder, CO: Westview Press, 1985.

May, Timothy. The Mongol Art of War. Yardley, PA: Westholme, 2007.

McPherson, James M. Battle Cry of Freedom: The Civil War Era. New York: Oxford University Press, 1988. Kindle edition.

Meier, Christian. Caesar: A Biography. New York: Harper Collins, 1995.

Miles, Richard. Carthage Must Be Destroyed: The Rise and Fall of an Ancient Civilization. New York: Viking, 2011. Kindle edition.

Milevski, Lukas. 'Revisiting J. C. Wylie's Dichotomy of Strategy: The Effects of Sequential and Cumulative Patterns of Operations.' Journal of Strategic Studies 35, no. 2 (2012).

Millett, Allan R., and Williamson Murray. Eds. Military Effectiveness Volume I: The First World War. Boston: Unwin Hyman, 1988.

Moorehead, Alan. Gallipoli. New York: Perennial Classics, 2002. Morris, Donald R. The Washing of the Spears: A History of the Rise of the Zulu Nation under Shaka and Its Fall in the Zulu War of 1879. New York: Simon and Schuster, 1965.

Morris, Marc. The Norman Conquest: The Battle of Hastings and the Fall of Anglo-Saxon England. New York: Pegasus Books, 2014. Audiobook. Narrator Frazer Douglas.

Murray, Williamson, and Allan R. Millett. A War to Be Won: Fighting the Second World War. Cambridge, MA: Belknap Press, 2000.

Naylor, Sean. Relentless Strike: The Secret History of Joint Special Operations Command. New York: Saint Martin's Press, 2015.

Oman, C. W. C., J. H. Beeler, and S. C. Oman. The Art of War in the Middle Ages: AD 378–1515 (4th ed.). Ithaca, NY: Cornell University Press, 1960.

O'Reilly, Francis Augustin. The Fredericksburg Campaign: Winter War on the Rappahannock. Baton Rouge: Louisiana State University Press, 2006.

Owen, William. 'The Operational Level of War Does Not Exist.' Journal of Military Operations 1, no. 1 (Summer 2012).

Paret, Peter. Clausewitz and the State. Oxford, UK: Clarendon Press, 1976.

————. Ed. Makers of Modern Strategy:
From Machiavelli to the Nuclear Age.
Princeton, NJ: Princeton University Press,
1986.

Polybius. Polybius: The Rise of the Roman
Empire. Translated by Ian Scott-Kilvert. New
York: Penguin, 1979.

Pope, Dudley. The Battle of the River Plate:
The Hunt for the German Pocket Battleship
Graf Spee. Ithaca, NY: McBook Press, 2005.

Rabinovich, Abraham. 'From Futuristic
Whimsy to Naval Reality.' Naval History 28,
no. 3 (June 2014).

Rommel, Erwin. Attacks. Provo, UT: Athena
Press, 1979.

Scales, Robert. 'Adaptive Enemies: Achieving
Victory by Avoiding Defeat.' Strategic Review
27, no. 5 (Winter 1999).

Showalter, Dennis. Hitler's Panzers: The
Lightning Attacks That Revolutionized
Warfare. New York: Berkley Caliber, 2009.

Simpson, Emile. War from the Ground
Up: Twenty — First — Century Combat as
Politics. New York: Oxford University Press,
2013.

Smith, Rupert. The Utility of Force: The Art
of War in the Modern World. New York:
Knopf, 2007.

Spector, Ronald H. Eagle against the Sun:
The American War with Japan. New York:
The Free Press, 1985.

Staff of the U.S. Army Combat Studies

Institute. 'Wanat: Combat Action in
Afghanistan, 2008.' U.S. Army Combined
Arms Center. Combined Studies Institute
Press, 2010.

Storr, Jim. The Human Face of War. London:
Continuum Books, 2009.

Strachan, Hew. Clausewitz's On War: A
Biography. New York: Atlantic Monthly
Press, 2007.
————. The Direction of War: Contemporary
Strategy in a Historical Perspective. New
York: Cambridge University Press, 2013.
Kindle edition.

Sumida, Jon Tetsuro. Decoding Clausewitz:
A New Approach to On War. Lawrence:
University Press of Kansas, 2008.

Sun Tzu. The Art of War. Translated by
Samuel B. Griffith. Oxford, UK: Oxford
University Press, 1963. Original published
fifth century B.C..

Tanner, Stephen. Afghanistan: A Military
History from Alexander the Great to the
War against the Taliban. New York: De Capo
Press, 2009.

U.S. Army. Army Doctrinal Reference
Publication (ADRP): 3 — 90 Tactics.
Washington, DC: Government Printing
Office, 2012.
————. FM 3-24 Counterinsurgency.
Washington, DC: Government Printing
Office, 2006.
————. FM 3-90 Tactics. Washington, DC:
Government Printing Office, 2001.

U.S. Government. Joint Publication 1-02
Department of Defense Dictionary of

Military and Associated Terms. Washington, DC: Government Printing Office, 2008.

———. Joint Publication 2-01.3: Joint Intelligence Preparation of the Operational Environment. Washington, DC: Government Printing Office, 2009.

U.S. Marine Corps. Doctrinal Publication (MCDP): 1: Warfighting. Washington, DC: Government Printing Office, 1995.

———. Doctrinal Publication (MCDP): 1-0: Operations. Washington, DC: Government Printing Office, 2011.

———. Doctrinal Publication (MCDP): 4: Logistics. Washington, DC: Government Printing Office, 1997.

Vego, Milan. Joint Operational Warfare: Theory and Practice, Volume 1. Digital. Washington, DC: Department of the Navy, 2009.

Warner, Denis, and Peggy Warner. The Tide at Sunrise: A History of the Russo-Japanese War 1904–1905. New York: Charterhouse, 1974.

Waters, S. D. The Official History of New Zealand in the Second World War, 1939–1945. Wellington: Royal New Zealand Navy, Historical Publications Branch, 1956. http://nzetc.victoria.ac.nz/tm/scholarly/tei — WH2Navy — c4.html.

Wedgwood, C. V. The Thirty Years' War. New York: New York Review Books, 1938.

West, F. J., and B. West. No True Glory: Fallujah and the Struggle in Iraq: A Frontline Account. New York: Random House, 2005.

Whitman, James Q. The Verdict of Battle: The Law of Victory and the Making of Modern War. Cambridge, MA: Harvard University Press, 2012.

Wilson, Andrew R. Masters of War: History's Greatest Strategic Thinkers. Newport, RI: U.S. Naval War College, 2013. Audiobook.

Wylie, J. C. Military Strategy: A General Theory of Power Control. Annapolis, MD: Naval Institute Press, 2014.

색인
인명

색인
지명, 사건 외

역자 후기

    이 책은 통상의 공동번역서와는 다르다. 일반적으로 공역자가 네 명이라면, 책을 네 부분으로 나눠서 각자 맡은 부분을 번역한다. 그래서 번역의 일관성이 미흡한 책들도 있다. 하지만 우리는 다른 방식을 택했다. 후배 세 명이 세 부분으로 나눠서 우리말로 옮기고, 내가 처음부터 끝까지 그들의 해석본과 비교하면서 번역했다. 나의 번역본을 다시 나눠주고 세 명이 나의 그것을 원문과 비교해가며 교정작업을 진행했다. 우리는 넷이었지만 마치 한 명이 번역하듯 텍스트의 일관성을 유지하기 위해 노력했고 오역도 최소화할 수 있었다. 후배들은 내게 번역 방법을 지도받았고, 나도 번역시간을 대폭 단축할 수 있었다. 내가 단독으로 번역할 때에는 원서를 최소한 세 번 정도 읽으면서 교정작업을 했지만 이번에는 두 번 정도의 정독만으로 충분했다.

    또한 교리에 관해서만큼은 명실공히 군내 최고 수준인 육군대학 교관들답게, 이들은 내게 군사 용어, 이를테면 Tenets, CoG 그리고 Moral Cohesion 등의 번역 문제에 관해 심도있는 토의를 요청했다. 나도 흔쾌히 후배들의 주장을 경청하면서 우리말을 함께 결정했다. 나아가 후배들은, 저자가 상세히 설명하지 않은 전투사례와 세계사의 영역까지도 흔쾌히 각주로 작업하는 훌륭한 정성을 보여주었다. 그들은 아마도 번역이라는 작업이 얼마나 고된 노동인지 실감했을 것이며, 자신이 번역한 책이 세상의 빛을 보는 이 순간에 큰 보람을 느낄 것이다. 내게도 후배들과 각별한 동료애를 느꼈던, 매우 뜻깊은, 감사했던 시간이었다.

B. A. 프리드먼은, 이 책에 등장하는 로렌스 프리드먼이나 콜린 그레이처럼 저명한 전략가나 학자가 아니다. 그러나 내가 이 책을 접했을 때의 첫 느낌은, '내가 쓰고 싶었던' 바로 그런 책이었다. 저자나 이 책을 부정적으로 평가하는 이들도 있을 수 있다. 어쩌면 저자는 손자나 클라우제비츠, J.F.C. 풀러와 존 보이드의 주장을 그대로 답습했다고 볼 수도 있다. 이를테면 기奇와 정正, 수적 우세, 기습, 기만, 이를 물리적, 정신적, 도의적 준칙으로 구분한 것은 너무나 진부한 논리다. 그러나 보통사람들은 당연한 논리를 '당연'으로 수용하면서 증명하기를 꺼려하고 어려워한다. 내가 이 책에서 발견한 것은 저자의 통찰력이다. 이렇게 진부한 사실, 진리들을 매우 적절한 역사적 사례들을 통해 그것들을 하나하나 증명해 나가는 논리에서 그의 탁월한 혜안이 느껴졌다. 그는 특히 고대로부터 현대의 전쟁, 전투사례로 전술의 본질을 완벽하게 증명해 내고 있다. 더욱이 프리드먼은 군인들이 '전략'과 '전략 교육'의 중요성을 간과해서는 안 된다고 경고하는데, 우리 역자들도 전략을 교육하는 교관의 입장에서 크게 공감하는 부분이다.

이 책을 번역하면서, 저자가 미군의 개혁을 주장하듯, 나는 우리 육군의 전략과 전술 교육에도 관점의 대전환이 필요하다는 점을 절실히 깨달았다. 내 개인적인 관점에서 앞으로의 육군대학에서 학생장교들에게 던져야 할 질문, 또는 시험문제는 이런 내용이어야 한다.

1. 귀관이 달성해야 할 전략 목표는 무엇이며, 어떻게 달성할 것인가?

2. 현 상황에서 적군을 물리적으로 제압하기 위해, 기동과 수적 우세를 어떻게 달성하고, 화력을 어떻게 운용하고, 템포를 어떻게 발휘할 것인가?

3. 적군을 정신적으로 제압하기 위해, 어떻게 적을 기습, 기만하고 혼란에 빠뜨리고 충격을 줄 것인가?

4. 적군의 도의적 단결력을 어떻게 와해시킬 것인가?

5. 귀관의 생각은 어떤 원칙들을 창의적으로 역발상한 것인가?

　

최근에 육군의 교육계에서 '창의적·비판적 사고'가 핵심 이슈로 부상하고 있다. 나는, 감히, 그리고 항상 '창의적·비판적 사고'의 기반이자 근본은 '개개인의 풍부한 지식과 경험'이라고 주장한다. 지식과 경험 없이는 '창의성'을 발휘할 수도, '비판적 대안'을 제시할 수도 없다. 직접적으로 경험을 쌓는데는 상대적으로 많은 시간이 필요하다. 그래서 학교 교육으로는 제한되며, 야전에서 쌓을 수밖에 없다. 우리 군의 야전부대에서는 '간접 경험'을 할 수 있는 교육도 제한되고 독서할 여유도 없는 것이 현실이다. 하지만 학교에서는 '지식'을 쌓고 상대적으로 '간접 경험'할 수 있는 여유가 있다. 수십 년 전부터 모두들 '교실에서는 강의를 최소화해야 한다!'고 주장한다. 100% 찬성하는 바는 아니나, 강의로 학생장교들에게 지식을 심어 줄 수 없다면 방법은 하나다. 바로 '독서'다. 특히 저자가 이 책에서 간략하게 다루지만 전쟁, 전투사례들은 우리 군인들에게 필수적인 지식이다. 학생장교들이 이런 책들을 많이 접하게 되면 자연스럽게 '창의적·비판적 사고'의 기반을 다질 수 있을 것이다.

또한 저자는 초급장교에게도 전략을 교육해야 한다고 강조한다. 우리도 처음 '전략'을 접하는 소령들에게, 육군대학에서 전략에 관해 무슨 교육을, 어떻게 할지 진지하게 고민해야 할 때가 도래했다. 최근 상급부대, 대학 외부의 전문가들이 '전략 교육 강화'를 지지해 주는 바로 지금이 최적기이다!

감사의 인사를 올려야 할 분들이 많다. 내 평생 스승이시며, 책을 출간할 때마다 친히 세세하게 교정까지 해주시고 추천사를 주시는 주은식 장군님, 2021년부터 내가 학문적으로 한층 더 성숙하게 가르침을 주신 스승이시며 기꺼이 추천사를 주신 최영진 교수님, 육군 교육훈련의 총책임자로서 公私多忙하신 가운데서도 친히 추천사를 주신 교육사령관 이규준 장군님, 불철주야 육군대학의 日新又日新을 위해 고뇌하시면서 흔쾌히 추천사를 주신 육군대학 총장 하대봉 장군님께 감사의 말씀을 올린다. 또한 이 책의 진가를 확인하시고 추천사를 주신 전술학처장 김인석 대령님과 이상칠 대령님, 전투발전처장 류의걸 대령님께, 그리고 학처 교관들과 작업하는 내내 격려를 아끼지 않으신 전략학처장 권영호 대령님께도 감사드린다. 이 책을 흔쾌히 출간해주신 원종우 사장님, 오세찬 편집자님께도 감사의 인사를 올린다. 번역 작업에 동참하면서 배움도 있었겠지만, 번뇌와 고통을 함께 해준 신의철, 장찬규, 모영진 후배에게 거듭 감사를 표하며, 격려와 조언을 해주신 전략학처 교수님들, 선후배 교관님들께도 고마움을 전한다.

우리 역자들이 이 책의 출간으로 바라는 두 가지가 있다. 첫째는, 군인, 장교, 부사관이 되려는 사람들이, 이미 군복을 입고 있는 사람들이 이 책을 일독하고 전술에 대해 모두가 각자의 전술관을 확립하면서도, 나아가 우리 군 전체가 공통의 전술관을 갖는 것이다. 둘째는 그러한 전술관을 통해 달성해야 하는 올바른 전략을 수립하기 위해, 우리 군 구성원 모두가 전략의 중요성을 깨닫고 최종적으로 후배학생장교들을 위한 바람직한 전략 교육체계가 정립되는 것이다. 만일 이 졸역에도 오역이 있다면 이는 전적으로 본인의 책임임을 분명히 하며 실수를 겸허히 받아들이고 다른 누군가가 바로 잡아주기를 기대한다. 아무쪼록 이 졸역을 통해 우리 국군의 초급장교들과 초급부사관, 병사들이 많은 것을 느꼈으면 하는 바람을 가져 본다.

자운대에서 역자가

MF CLASSIC 고금동서를 관통하는 전장의 진리!
밀리터리프레임 클래식

진흙 속의 호랑이 (독일어 완역판)
—
오토 카리우스 저, 진중근·김진호 역
신국판(152×225mm) | 24,000원
—
사상 최강의 전차 에이스 오토 카리우스. 그의 생생한 수기를
통해 제2차 세계대전과 당대 일상을 만난다. 현역 육군 중령
의 정확한 번역으로 돌아온 독·일·어·완·역·판·!

독일군의 신화와 진실 (개정판)
—
게하르트 P. 그로스 저, 진중근 역
신국판 양장(152×225mm) | 30,000원
—
근현대 독일군사사 최고의 권위자가 효율적인 전쟁 기계,
합리로 무장한 이성적인 전술가 등 프로이센부터 현대까지
이어지는 신화들을 고찰하고 진실을 끌어낸다.

롬멜과 함께 전선에서
—
한스 폰 루크 저, 진중근·김진완·최두영 역
신국판(152×225mm) | 20,000원
—
폴란드 전역부터 소련침공 북아프리카 전선 노르망디 상륙 그
리고 베를린 부근에서 벌어진 할베 포위전까지 독일군의 주요
전역에 참전했던 한스 폰 루크 대령의 회고록.

이스라엘 국방군 제7기갑여단사

한종수 저
신국판(152×225mm) | 20,000원

총을 든 민간인 수준의 소규모 부대에서 출발해 명실상부한 조국의 간성이 된 이스라엘 국방군 제7기갑여단, 그들의 역사.

스컹크 웍스

벤 리치 저, 이남규 역
신국판(152×225mm) | 20,000원

미국 항공 업계의 '전설'이라 일컬어지는 엔지니어 켈리 존슨이 세운 '스컹크 웍스'. 그 2대 치프로 '전설'이 직접 지명한 후계자 벤 리치가 술회하는 스컹크 웍스의 모든 것!

거대 항공기의 시대

와타나베 신고 저, 김정규 역
변형 국배판(210×256mm) | 20,000원

창공을 누비는 거인! 거대 항공기는 하늘을 향한 인류의 꿈과 도전, 로망을 가슴에 품고 날아간다!

미육군 서바이벌 가이드

존 F. 케네디 특수작전센터 저, 홍희범 역
신국판(152×225mm) | 20,000원

극한 상황에서 살아남기 위한 생존 기술을 담은 미육군 생존술 훈련 기본 교재.

타임라인M 1권

김기윤 저, 우용곡·초초혼·판처·금수 그림
국배판(210×297mm) | 27,000원

구한말부터 현대에 이르기까지 대한민국 군사사의 뿌리를 탐구한다. 읽기 쉬운 근현대 군사사 프로젝트 제1권.

타임라인M 2권 (예정)

김기윤 저, 우용곡·초초혼·판처·금수 그림
국배판(210×297mm) | 27,000원

우리에게 가장 가까운, 그러나 가장 몰랐던 역사를 알아본다. 읽기 쉬운 대한민국 근현대 군사사 프로젝트 제2권.

2차대전의 마이너리그

한종수 저, 굽시니스트 그림
국판(148×210mm) | 15,000원

열정의 폴란드, 패기의 핀란드 그리고 허세의 이탈리아. 그들의 제2차 세계대전 참전사.

8월의 폭풍

데이비드 M. 글랜츠 저, 유승현 역
46배판(188×257mm) | 18,000원

제2차 세계대전의 불바다에서 피와 철로 가르침을 받으며 급성장한 소련군, 그들이 만주 전역에서 어떻게 일본군에 맞서 싸웠는지를 다루는 연구서.